中国草原监测

ZHONGGUO CAOYUAN JIANCE

农业部草原监理中心　组编

中国农业出版社

图书在版编目（CIP）数据

中国草原监测/农业部草原监理中心组编．—北京：中国农业出版社，2015.11
ISBN 978-7-109-21335-7

Ⅰ.①中… Ⅱ.①农… Ⅲ.①草原—监测—中国
Ⅳ.①S812.6

中国版本图书馆 CIP 数据核字（2015）第 308727 号

中国农业出版社出版
（北京市朝阳区麦子店街 18 号楼）
（邮政编码 100125）
责任编辑 张艳晶

北京通州皇家印刷厂印刷 新华书店北京发行所发行
2015 年 11 月第 1 版 2015 年 11 月北京第 1 次印刷

开本：787mm×1092mm 1/16 印张：15.5
字数：300 千字
定价：120.00 元

编委会

EDITORIAL COMMITTEE

主　　编：刘加文

副 主 编：杨　智　邢　旗

编写人员（以姓氏笔画为序）：

王加亭　乌尼图　尹晓飞　邢　旗　囡　丁

刘　帅　刘　诚　刘爱军　杨　勇　杨秀春

陈会敏　赵恩泽　徐　斌　董永平

前 言
FOREWORD

草原是指以草本植物为主体的生物群落及其环境构成的陆地生态系统，包括天然草原和人工草地。草原是我国面积最大的陆地生态系统，具有防风固沙、保持水土、涵养水源、固氮储碳、净化空气、调节气候、维护生物多样性等生态功能，对于维护国家生态安全具有重要作用。草原是发展牧区畜牧业的基础，是牛羊肉、奶、毛、皮张等特色畜产品的重要生产供应基地。我国草原大多位于祖国边疆和少数民族地区，保持草原牧区繁荣稳定，对于维护边疆稳定和促进民族团结具有重要意义。

为准确掌握全国草原资源与生态状况，促进草原保护建设与合理利用，农业部从2005年开始组织开展了全国草原监测工作，重点对全国草原植被生长状况、生产力、利用状况、灾害状况、生态状况和保护建设工程效益等进行监测分析，连续11年编制《全国草原监测报告》，为及时指导草原生产管理提供了重要依据，为提升草原科学管理水平发挥了重要作用。这11年，是全国草原监测工作起步和快速发展的时期，草原监测工作机制逐步健全完善，监测工作能力不断提升，监测成果丰硕，指导支撑及时有力，全国草原监测工作成效明显、成绩突出。

党的十八大把生态文明建设提到了前所未有的新高度，提出了经济建设、政治建设、文化建设、社会建设、生态文明建设五位一体总体布局。十八届三中全会进一步提出必须建立系统完整的生态文明制度体系。十八届四中全会再次提出，要用严格的法律制度保护生态环境，促进生态文明建设。2015年4月，中共中央国务院印发《关于加快推进生态文明建设的意见》，为加快生态文明建设作出重大战略部署。草原是我国面积最大的陆地生态系统，是生态文明建设的主战场，加强草原监测工作，掌握草原生态状况，以便为国家制定宏观政策提供科学依据，对贯彻落实加快生态文明建设的客观要求，具有十分重要的意义。

鉴于草原监测工作的重要性，它不仅是把握自然资源动态变化的基本手段，还是自然资源生态状况研究的重要内容之一，也是草原科学理论研究与生产实践的核心内容。本书围绕草原资源的类型与分布、特点、草原资源监测技术与方法等内容，是在借鉴国内外先进研究成果的基础上，并结合多年的实践经验完成的。相信该书的出版，将对总结草原监测知识、促使草原监测实践起到积极推动作用。

本书第一篇由邢旗编写，第二篇由刘爱军编写，第三篇由董永平、徐斌、杨秀春、刘诚、囡丁编写，第四篇由刘帅编写。全书由邢旗、杨秀春统稿。由于编者能力水平有限，书中难免有不足之处，敬请指正！

编　者

2015 年 8 月

目录
CONTENTS

01 第一篇 中国草原概况

DIYIPIAN ZHONGGUO CAOYUAN GAIKUANG

中国拥有各类天然草原近4亿公顷，占全国国土面积的41%，在我国农田、森林和草原等绿色植被生态系统中占到63%，是我国面积最大的陆地生态系统。长期以来，草原因其广阔的分布，宝贵的经济、社会价值受到社会各界的广泛关注。随着全球气候变暖和局部生态环境的持续恶化，草原在维护国家生态安全中的地位和作用日益凸显。近年来，国家出台了一系列保护建设草原的政策，实施了严格保护草原、科学利用草原、合理开发草原的各项制度措施，经过全社会的努力，全国草原生态持续恶化的局面得到了一定程度的遏制。开展草原监测工作，及时掌握草原动态变化和发展趋势，是今后维护国家生态屏障、发展现代化畜牧业、构建社会主义和谐社会的客观需要。

第一章
中国草原资源与环境

第一节　草原的战略地位与作用

中国丰富的草原资源是国家重要的战略资源。草原是发展国民经济的物质基础，是边疆少数民族生存和发展的依托，同时也是维护国家生态安全的重要天然屏障。我国草地资源中蕴藏着极为丰富的生物多样性，是亚洲乃至世界的最大生物基因库。保护建设草原，事关国家生态安全和食物安全，事关资源节约型和环境友好型社会建设，事关经济社会全面协调可持续发展，意义非常重大。

一、草原具有不可替代的多种生态服务功能

（一）陆地上最大的生态系统和绿色屏障

我国草原属于欧亚草原区的重要组成部分，作为覆盖中国国土面积最大的植被景观，跨越热带、亚热带、温带、寒带，以大兴安岭—阴山山脉—秦陇山地—青藏高原东麓为界，分为西北和东南两大部分，划分为 4 个区域。西北部是我国草原集中分布区，占据着森林与沙漠之间的广阔中间地带，包括北方干旱半干旱草原区和青藏高原草原区；东南部的草地主要分布于山地、丘陵，占据着除林地和农田之外的草山草坡，包括东北华北湿润半湿润草原区和南方草地区。草原覆盖着地球上许多不能生长森林或不宜垦殖为农田的生态环境较严酷的地区，占领了我国的半壁江山。草原是陆地的“皮肤”，保卫着陆地表面不被风蚀水蚀，具有多种生态服务功能，是我国面积最大的陆地生态系统和生态屏障。

（二）涵养水源、防风固沙

草原是江河上游保持水土、防止水土流失的主要植被类型，有着极其重要的水源涵养功能，对减少地表水土流失和江河泥沙淤积，降低水灾隐患具有重大作用。我国黄

河、长江、澜沧江、怒江、雅鲁藏布江、辽河、黑龙江等几大水系的源头和上中游地区都位于草原，黄河水量的80%、长江水量的30%、东北河流的50%以上水量直接来源于草原区，其兴衰直接关系到我国的水系变化。草原从东到西绵延数千千米，塔克拉玛干、古尔班通古特、巴丹吉林、腾格里、乌兰布和、库布齐六大沙漠，毛乌素、浑善达克、科尔沁、呼伦贝尔四大沙地皆被草原包围环绕，在我国北方防风固沙、阻止或减少沙尘暴危害中起着重要作用。

（三）拦截径流、保持水土

草原植物贴地面生长，根系发达，能覆盖地表，深入土壤，一方面能减少地表风蚀作用，一方面能减少地表土壤水分蒸发，保持土壤水分。草原植物对风蚀作用的发生具有很强的控制作用。有研究证明，当草原植被盖度为30%～50%时，近地面风速可削弱50%。草原具有截留降水的功能，因其根系细小，且多分布于表土层，因而比裸露地和森林有较高的渗透率，2年生的草原植被拦蓄地表径流的能力为54%，高于3～8年生森林的20%。研究成果表明：草地对防止水土流失具有显著作用，种草的坡地与不种草的坡地相比，地面径流量可减少47%、冲刷量减少77%。草地植被在土壤表层下面具有稠密的根系并残留大量的有机质，这些物质在土壤微生物的作用下，可以改善土壤的理化性状，并能促进土壤团粒结构的形成。

（四）净化空气、调节气候、固氮储碳

草原对大气候和局部气候都具有调节功能，草原植物通过叶面蒸腾，能提高环境的湿度、云量和降水，缓冲极端气候对环境和人类的不利影响，草地上的湿度一般较裸地高20%左右。草原植物通过光合作用进行物质循环的过程中，可吸收空气中的CO_2并放出O_2。草原不仅可以改善大气质量，还具有减缓噪声、释放负氧离子、吸附粉尘、去除空气中污染物的作用。草原生态系统通过光合作用，除了向大气提供氧气外还把大量碳贮存在牧草组织及土壤中，草原生态系统中的植物、凋落物、土壤腐殖质构成了系统的三大碳库，是全球碳循环中的重要环节，研究认为：全国草原植被碳储量约为30.6亿吨，土壤碳储量约为410.3亿吨，草原总碳储量约为440.9亿吨，健康的草原生态系统可起到抑制温室效应的作用。

（五）维系着丰富的生物多样性

我国是生态多样性、物种多样性和遗传多样性最丰富的国家之一，拥有原生的草甸、草原、荒漠、沼泽和次生的灌草丛等多种类型，同世界各主要草地国家相比，我国的草地植被种类丰富、齐全，并因有青藏高原的高寒草原分布而独具特色。草原植物有乔木、灌木、草本多年生和一年生植物，它们以不同的生活型和旱生态类型适应着不同的生态环境。草原自然条件复杂和多样性形成维系了生态系统丰富的生物多样性。

二、草原为发展绿色产业提供了物质基础

（一）宝贵的动植物基因库

草原不仅提供人类使用的大部分畜产品，还为各种动植物的农业改良提供基因支撑。我国天然草原野生植物有万种以上，繁衍的野生动物上千种，草原动植物既是草原生态系统重要的组成部分，又都是一个独特的基因库，它们对于家畜改良、生命科学研究、生态平衡等都有至关重要的作用。所有的主要谷类粮食——玉米、小麦、稻米、大麦、黍米、黑麦和高粱都产自草原，野生草种也可以为改良粮食作物提供基因物质。几乎所有的家养草食畜禽——马、牛、绵羊、山羊、骆驼、驯鹿、鹿、兔、鹅、鸵鸟等都产于草原。草原上的植物在长期生长进化过程中，获得了适应干旱、寒冷、冬季漫长缺乏营养环境，这些宝贵的基因是人类赖以生存和发展的物质财富。在当今世界地方品种资源日趋贫乏的情况下，这些丰富的品系品种，对今后植物、家畜育种将起到重要的作用。

（二）绿色食物和药品原料生产基地

草原植物资源为食草动物提供了丰富的饲草料，众多的食草动物又为食肉动物的生存和发展提供了基础。天然草原上已知有饲用植物 6 704 种，草原上的药用植物多达6 000种，还有许多食用保健植物都生长在草原上。草原上还分布着大量具有经济开发价值的各类植物，这些植物体内常富含多种生物碱、苷类、萜类、纤维、油脂、芳香精油、黄酮、色素、多糖、淀粉，以及蛋白质、维生素、氨基酸、微量元素等对人类有用的天然化学物质，它们有较大的商品开发价值和广阔的应用前景。我国天然草原上有放牧和饲喂家畜品种 250 多种，通过草食家畜，把人们不能直接利用的绿色植物体转化为可以直接利用的肉、奶、皮、毛等畜产品。草原远离工业发达、污染严重的城市，既不受废气、废水等的污染，又不受农药、化肥等化学合成物的侵染，草原动植物资源是发展草原畜牧业、牧草产业、草坪花卉业、饮食业、中医药业等多个产业的物质基础，是绿色食物和药品原料安全的生产基地。

（三）发展生态旅游的理想之地

旅游业在世界范围内正处于蓬勃发展时期，随着经济的发展和人们生活水平的提高，旅游已成为现代人类社会重要的生活方式和社会经济活动。我国天然草原大部分保存着原生景观，草原景观素以其辽阔、奇特、坦荡、优雅闻名于世，它与数以千计的草原植物、动物及传统游牧文化、民族风土人情相结合，构成诱人的游览处所，成为现代旅游业的热点。草原旅游不仅具有能够满足人们休憩、娱乐、审美、求知、探险等需求的自然景观和人文景观，而且对调查、考查等科学研究亦具有重要意义。草原生态旅游不仅向人们提供娱乐场所，而且使游客在娱乐过程中接受自

然与人类和谐共生的生态教育。生态旅游业在草原牧区占有重要的地位，将成为地区经济发展的重要支柱产业。

三、草原是国家繁荣和边疆稳定的依托

（一）牧民赖以生存的家园

我国草原牧区主要集中分布在边疆地区、江河上游以及少数民族居住区，西藏、内蒙古、新疆、青海、四川和甘肃六省（自治区）是我国的六大牧区，草原面积占全国草原总面积的75.1%。以草原为主体的土地资源是牧民赖以生存的物质基础，他们的生产、生活、文化与草原息息相关、密不可分，牧民从饲养牲畜中获取大部分生活资料，肉、奶是牧民主要的食物，毛绒、皮张是其制作帐房、衣物、鞋帽的主要原料，草原畜牧业是牧民赖以生存和发展的主要产业，牧民收入的90%以上来自于出售畜产品。草原畜牧业不仅是振兴民族地区的优势产业，也是维护我国少数民族地区社会稳定的基础产业，重视草原畜牧业的发展，稳定提高牧民的收入水平，使边疆少数民族尽快富裕起来，缩小这些地区的经济、文化差距，是国家长治久安的重要战略。

（二）传承草原文化的载体

草原不仅养育了伟大的马背民族，而且也孕育了灿烂的草原文化，多样化的草原，孕育了多姿多彩的草原文化。草原文化是中华文化的一个重要组成部分，更是草原的重要社会资源。牧人在同严酷的自然界做斗争的过程中，锤炼出强健的体魄、刚毅的性格，驯养出优良畜种，形成了尊重自然、利用自然规律的文化，草原不但是牧民的物质家园，也是牧民的精神家园。草原生态经济系统孕育了草原文化的自身功能，它是绿色文化与生态文化的结合。现代经济和社会的发展，正深刻改变着人们传统的生产、生活方式，把草原资源作为生活和生产资料的单一经济需求，逐步发展为提供畜产品、食物产品、保护生物多样性、保护自然文化遗产、发展草原文化多样化需求。

（三）边疆繁荣稳定的保障

我国有2.2万千米的陆地国境线，经辽、吉、黑、蒙、甘、新、藏、滇、桂9个省份与14个国家接壤，这些省份一半以上位于草原地区，边疆少数民族牧民不仅从事畜牧业生产，还承担着守土固边、保家卫国的重任。边境地区的牧民与邻国边境居民大多在民族、宗教信仰、语言文字、生活习惯等方面相同或接近，他们往来密切，相处和睦。草原的保护与发展关系着这些地区的繁荣和人们的生存、生活，关系着我国边疆地区的安全和社会稳定。草原的保护建设不仅能促进我国民族文化的发展，同时也具有政治、经济、军事等意义。当前国家确立了草原的战略地位，不断加大对草原生态保护建

设的投入，随着市场经济的发展和科学技术进步，牧区经济和农牧民生活的现代化水平得到不断提高，促进了草原地区的社会稳定和繁荣发展。

第二节　草原资源概述

中国天然草原地域辽阔，东西横越经度 61°，南北跨越纬度 31°，面积居世界第二位，类型之多位居世界各国之首。

一、草原类型面积与分布

（一）草原类型

根据 20 世纪 80 年代全国草原资源调查的《中国草地类型分类系统》，中国草原划分为 18 个大类、21 个亚类、53 个组、824 个草原类型（图 1-1）。18 个大类中，地带性草原在温带半湿润、半干旱、干旱、极干旱的气候条件下，发育为温性草甸草原类、温性草原类、温性荒漠草原类、温性草原化荒漠类、温性荒漠类；在高山（高原）亚寒带、寒带的半湿润、半干旱、干旱、极干旱的气候条件下，发育了高寒草甸草原类、高寒草原类、高寒荒漠草原类、高寒荒漠类；在暖温带的湿润、半湿润的气候下，以及亚

中 国 草 地 类 型 图

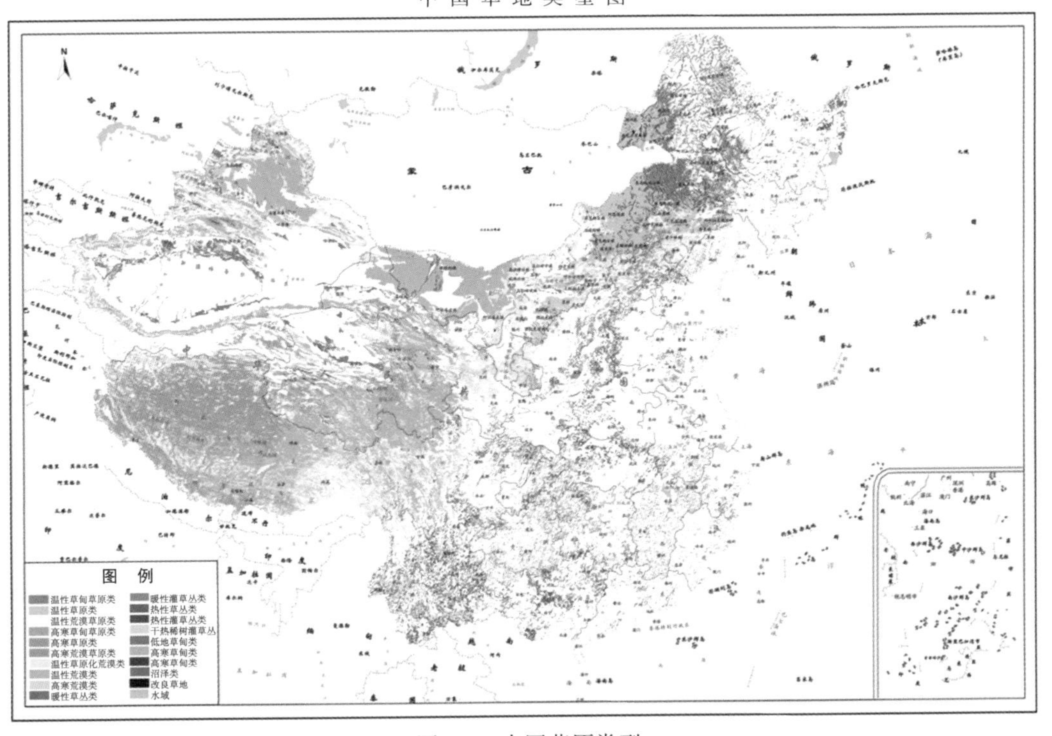

图 1-1　中国草原类型

注：根据《中国草地资源数据》《1∶100 万中国草地类型图》整理。

热带、热带的湿热的气候和干热的气候条件下，由于森林遭到破坏而次生形成了暖性灌草丛类、暖性草丛类，热性灌草丛类、热性草丛类，干热稀树灌草丛类。隐域性草原是在土壤湿润或地下水丰富的生境条件下，形成了低地草甸类；在山地温带气候条件下，在山地垂直带形成了山地草甸类；在高山(高原)亚寒带、寒带的湿润气候条件下，形成了高寒草甸类；在地表终年积水或季节积水的条件下，形成的隐域性草原类是沼泽类。

（二）草原面积与分布

在中国草原 18 个大类中，面积较大、占全国草原总面积的 10%以上的有 4 类草原，按面积大小排列有高寒草甸类（面积 6 372.05 万公顷）、温性荒漠类（面积 4 506.08万公顷）、高寒草原类和温性草原类（面积分别为 4 162.32 万公顷、4 109.66 万公顷），高寒草甸、高寒草原类集中分布在青藏高原，温性草原类、温性荒漠类主要分布在内蒙古高原和我国西北部干旱地区，这 4 类草原面积之和占全国草原总面积的 48.74%。草原面积占全国草原总面积 4%～10%的有 4 类草原，依次为低地草甸类、温性荒漠草原类、热性灌草丛类和山地草甸类，这 4 类草原中除热性灌草丛类主要分布在长江以南各省份外，其余 3 类主要分布在中国北方地区和青藏高原；其余各类草原面积占全国草原总面积不足 4%（表 1-1）。

表 1-1　中国各类草原面积及在省份的分布

草原类型	总面积（万公顷）	占全国草原比例（%）	主要分布省份
高寒草甸类	6 372.05	16.22	四川、西藏、甘肃、青海、新疆
温性荒漠类	4 506.08	11.47	内蒙古、甘肃、青海、新疆
高寒草原类	4 162.32	10.6	西藏、青海、新疆
温性草原类	4 109.66	10.46	内蒙古、甘肃、青海、新疆
低地草甸类	2 521.96	6.42	内蒙古、辽宁、黑龙江、山东、甘肃、青海、新疆
温性荒漠草原类	1 892.16	4.82	内蒙古、甘肃、宁夏、新疆
热性灌草丛类	1 755.13	4.47	长江以南各省份
山地草甸类	1 671.89	4.26	内蒙古、四川、云南、西藏、甘肃、新疆
温性草甸草原类	1 451.93	3.7	内蒙古、吉林、黑龙江、新疆
热性草丛类	1 423.72	3.62	长江以南各省份
暖性灌草丛类	1 161.59	2.96	京、冀、晋、辽、鲁、豫、鄂、川、滇、藏、陕、甘
温性草原化荒漠类	1 067.34	2.72	内蒙古、甘肃、宁夏、新疆
高寒荒漠草原类	956.60	2.44	西藏、甘肃、新疆
高寒荒漠类	752.78	1.92	西藏、青海、新疆
高寒草甸草原类	686.57	1.75	西藏、甘肃、青海
暖性草丛类	665.71	1.69	冀、晋、辽、鲁、豫、鄂、川、滇、黔、陕
沼泽类	287.38	0.73	内蒙古、吉林、黑龙江、四川、新疆

（续）

草原类型	总面积（万公顷）	占全国草原比例（%）	主要分布省份
干热稀树灌草丛类	86.31	0.22	海南、四川、云南
成片草地	35 531.20	90.45	全国
零星草地	3 658.77	9.31	全国（除黑龙江、西藏、甘肃、宁夏、新疆未调查）
未划类型草地	93.29	0.24	西藏
全国合计	39 283.26	100	全国

注：根据《中国草地资源数据》（中国农业部畜牧兽医司编，1994）整理，引自《中国草业可持续发展战略》。

按地理区域划分，中国北方温带草地面积最大，占全国草地总面积的41%；青藏高原草地占38%；南方及东部次生草地占全国草地总面积的21%。北部和西部牧区草原主要以集中连片的天然草原为主，主要分布在西藏、内蒙古、新疆、青海、四川、甘肃等6省（自治区），面积共29 335.40万公顷，占全国草原总面积的74.68%。其中西藏自治区草原面积最大，为8 205.19万公顷，其次为内蒙古自治区7 880.45万公顷，新疆排第三位，后边依次为青海、四川、甘肃。中部和南方草原以草山、草坡以及部分人工草地为主，占全国草原总面积的25.32%，其中草原面积较大的省（自治区）主要有云南（1 530.84万公顷）、广西（869.83万公顷）、黑龙江（753.18万公顷），以后依次为湖南、湖北、吉林、陕西等，其余省份面积都在500万公顷以下（表1-2）。

表1-2　中国各省市区天然草原面积统计

地区	天然草原总面积		在全国排序	地区	天然草原总面积		在全国排序
	面积（万公顷）	占本省土地面积（%）			面积（万公顷）	占本省土地面积（%）	
西藏	8 205.19	68.10	1	河南	443.38	26.76	17
内蒙古	7 880.45	68.81	2	贵州	428.73	24.40	18
新疆	5 725.88	34.68	3	辽宁	338.88	23.23	19
青海	3 636.97	51.36	4	广东	326.62	18.34	20
四川	2 096.49	42.16	5	浙江	316.99	30.57	21
甘肃	1 790.42	42.07	6	宁夏	301.41	58.19	22
云南	1 530.84	40.11	7	福建	204.80	16.54	23
广西	869.83	36.75	8	安徽	166.32	11.89	24
黑龙江	753.18	16.57	9	山东	163.80	10.45	25
湖南	637.27	30.07	10	重庆	157.38	24.07	26
湖北	635.22	34.23	11	海南	94.98	27.93	27
吉林	584.22	30.60	12	江苏	41.27	4.08	28
陕西	520.62	25.32	13	北京	39.48	24.07	29
河北	471.21	25.06	14	天津	14.66	12.97	30
山西	455.20	29.03	15	上海	7.33	11.64	31
江西	444.23	26.58	16	全国合计	39 283.26		

注：根据《中国草地资源数据》（中国农业部畜牧兽医司编，1994）整理。

二、产草量与“等级”

（一）产草量

全国统一的草原调查数据显示（表 1-3）：我国草原平均产草量为 911 千克/公顷。从草原类来看，单位面积产量大于全国平均产草量的有 9 个，主要分布在水热条件较好的南方草山草坡和东部湿润区水分条件好的草地，平均产草量最高的为热性草丛类，其次是热性灌草丛类、沼泽类，往下依次为干热稀树灌草丛类、暖性灌草丛类、低地草甸类、山地草甸类、暖性草丛类、温性草甸草原类。草原单位面积产量小于全国平均产草量的有 9 个草原类，主要分布在水热条件较差的北方温带草原区和青藏高原草原区。北方温带草原区除温性草甸草原外，温性典型草原到温性荒漠类产草量由东向西逐渐降低。青藏高原牧草生长期短，草层低矮，产草量低，产草量随东西部降水差异显著。东部高寒草甸地带产量相对较高，中部的藏东、藏南高原的高寒草甸草原类、高寒草原类次之，水热条件差的西部地区高寒荒漠草原类、高寒荒漠类单位面积产量最低（表 1-3）。

我国草原年总产干草约 3 009.9 亿千克，各类草原总产量多少主要受单位面积产量及可利用草原面积两个因素的影响。中国 18 个大类草原总产草量中，高寒草甸类总产量最高，占全国草原总产草量的 17.2%；低地草甸类占全国草原总产草量的 12.1%；热性灌草丛类、热性草丛类以其单位面积产量高而位居第三、第五位，总产量分别占全国草原总产草量的 11.2%、10.0%；第四位是温性草原类，总产量占全国草原总产草量的 10.7%；山地草甸类、温性草甸草原类和暖性灌草丛类草原总产量分别占全国草原总产草量的 8.2%、6.2%和 5.8%，其余各类草原总产量占全国草原总产草量不足 5%（表 1-3）。

表 1-3　中国各类草原产草量统计

类号	草地类别	可利用面积（公顷）	单产（干草）（千克/公顷）	总产草量（干草）（千克）	各类草原占全国总产的比例（%）
Ⅰ	温性草甸草原类	12 827 411	1 465	$1\ 879\times10^7$	6.24
Ⅱ	温性草原类	36 367 633	889	$3\ 233\times10^7$	10.74
Ⅲ	温性荒漠草原类	17 052 421	455	776×10^7	2.57
Ⅳ	高寒草甸草原类	6 011 528	307	184×10^7	0.61
Ⅴ	高寒草原类	35 439 220	284	$1\ 006\times10^7$	3.34
Ⅵ	高寒荒漠草原类	7 752 078	195	151×10^7	0.50
Ⅶ	温性草原化荒漠类	9 140 926	465	425×10^7	1.41
Ⅷ	温性荒漠类	30 604 131	329	$1\ 007\times10^7$	3.34
Ⅸ	高寒荒漠类	5 592 765	117	65×10^7	0.22
Ⅹ	暖性草丛类	5 853 667	1 643	962×10^7	3.19
Ⅺ	暖性灌草丛类	9 773 518	1 769	$1\ 757\times10^7$	5.83

（续）

类号	草地类别	可利用面积（公顷）	单产（干草）（千克/公顷）	总产草量（干草）（千克）	各类草原占全国总产的比例（%）
Ⅻ	热性草丛类	11 419 999	2 643	$3\ 018\times10^{7}$	10.03
XⅢ	热性灌草丛类	13 447 569	2 527	$3\ 359\times10^{7}$	11.16
XⅣ	干热稀树灌草丛类	639 429	1 770	113×10^{7}	0.37
XⅤ	低地草甸类	21 038 409	1 730	$3\ 640\times10^{7}$	12.09
XⅥ	山地草甸类	14 923 439	1 648	$2\ 459\times10^{7}$	8.17
XⅦ	高寒草甸类	58 834 182	882	$5\ 189\times10^{7}$	17.24
XⅧ	沼泽类	2 253 714	2 183	492×10^{7}	1.63
	全　国	330 995 458	911	$30\ 099\times10^{7}$	100

注：根据《中国草地资源数据》（中国农业部畜牧兽医司编，1994）整理。

从中国草原畜牧业占比重较大的省份来看（23个省份合计干草产量约占全国干草产量的94%），23个省份2006—2015年年平均干草产量约28 280.5万吨，内蒙古草原总产草量5 573.5万吨，占全国23个省份干草总产草量的19.71%，居全国首位；新疆总产草量2 949.2万吨，占10.43%，排第二位；四川省总产草量2 700.1万吨，西藏总产草量2 620.3万吨，分别占全国23个省份干草总产量的9.55%、9.27%，排第三、第四位；青海干草总产量2 506.5万吨，占8.86%，排第五位；云南、甘肃两省总产草量1 469.3万吨、1 209.6万吨，占5.20%、4.28%，排第六、第七位；其他省份干草总产量在1 000万吨以下，其中黑龙江、湖北、广西、贵州、陕西、河北等省干草产量相对较高(表1-4)。

（二）"等级"评价

按照《中国草原资源》全国草原调查规定的生产力"等级"评定标准，依据草群的地上部分产量从高向低划分为1～8级。全国天然草原产草量总体处于中偏下水平：高产的1、2级草原面积在全国草原总面积中占比例最小，分别为4.9%、4.0%，中产的3、4、5级草原占比例为8.7%、8.9%、11.9%，3级合计占全国草原总面积30%左右；低产的6、7、8级草原面积较大，所占比例分别为20.9%、18.4%、22.3%，在全国草原总面积中占比例达61.2%。从全国天然草原面积较大的省份草原"级"的评定结果看出：中西部草原面积大的省份草原"级"的评定结果均表现为低产草地面积大，中产草地次之，高产草地面积最小；西南部草原面积大的几个省份，显示为高产草原面积大，中产草原次之。

按照《中国草原资源》全国草原调查规定的生产力"等级"评定标准，依据草群的品质从优到劣划为Ⅰ～Ⅴ等。全国草原Ⅲ等（中等）草原面积最大，占全国已划等级草原的39.6%；Ⅱ等草原次之，占26.7%；以下依次为Ⅳ等占17.4%；Ⅰ等（优等）草原占10.3%；Ⅴ等草原最少，占全国已划等级草地面积的6.0%。全国天然草原面积较大的省份Ⅱ等、Ⅲ等、Ⅳ等草地面积之和可占当地草原面积的80%以上，显示了中国

表 1-4　2006—2015 年重点监测省（自治区、直辖市）草原产草量

单位：万吨

省（自治区、直辖市）	2006	2007	2008	2009	2010	2011	2012	2013	2014	2015	均值
河北	768.9	709.5	761.3	690.1	775.1	789.8	809.6	825.5	739.5	783.4	765.3
山西	743.6	520.5	596.5	424.9	442.5	445.0	478.4	480.2	445.2	455.5	503.2
内蒙古	5 305.3	4 737.9	5 624	4 605.2	5 013.7	5 559.4	6 415.9	6 496.9	6 042.7	5 933.9	5 573.5
辽宁	494.1	455.3	487.6	457.0	520.5	489.2	514.4	515.9	458.5	480.8	487.3
吉林	678.5	542.5	572.3	574.6	618.5	626.5	636.0	636.5	620.5	643	614.9
黑龙江	1 090.2	1 041.3	1 047.4	917.4	932.5	968.6	981.4	967.7	961.0	965.4	987.3
安徽	—	—	—	—	—	136.2	131.1	131.7	133.3	139.5	67.2
江西	—	—	—	—	599.5	583.8	594.2	583.1	598.7	603.7	356.3
山东	214.0	209.5	204.4	219.3	206.1	212.1	205.6	208.2	191.9	199.7	207.1
河南	511.6	581.0	549.0	756.3	786.0	759.6	811.6	799.8	730.0	800	708.5
湖北	957.6	896.7	828.6	916.6	940.7	921.5	947.3	945.0	924.6	926.9	920.6
湖南	—	—	—	—	796.7	849.7	813.5	804.8	830.8	833	492.9
广西	1 028.4	1 131.4	951.5	824.1	783.5	882.8	861.0	874.5	849.7	933.9	912.1
重庆	327.5	436.1	388.5	484.1	469.6	463.8	449.3	448.9	437.9	439.4	434.5
四川	2 449.9	2 638.8	2 567.1	2 670.6	2 768.1	2 757.0	2 792.4	2 840.5	2 716.1	2 800.8	2 700.1
贵州	669.6	806.2	761.5	871.9	879.1	917.2	894.2	883.3	928.4	968.5	858.0
云南	1 367.3	1 642.2	1 459.5	1 379.5	1 334.0	1 469.2	1 445.1	1 444.2	1 473.5	1 678.2	1 469.3
西藏	2 338.3	2 374.1	2 576.0	2 550.2	2 514.5	2 812.1	2 776.8	2 789.5	2 854.3	2 617.4	2 620.3
陕西	853.6	758.8	755.0	775.6	809.5	717.5	810.4	822.4	772.1	762.3	783.7
甘肃	1 059.9	1 173.5	1 121.2	1 171.1	1 213.8	1 207.5	1 327.0	1 320.3	1 266.4	1 235.7	1 209.6
青海	2 501.2	2 287.7	2 188.2	2 570.2	2 724.4	2 450.7	2 702.7	2 590.3	2 594.1	2 455.1	2 506.5
宁夏	138.7	183.4	149.8	157.1	163.4	138.8	160.0	156.0	153.8	130.9	153.2
新疆	3 025.0	3 056.1	2 361.9	2 730.4	3 142.7	2 947.2	3 096.3	3 216.4	2 816.4	3 100	2 949.2
以上省份合计	26 523.2	26 182.5	25 951.3	25 746.2	28 434.4	29 105.2	30 654.2	30 781.6	29 539.4	29 887.1	28 280.5

注：根据《全国草原监测报告》（中华人民共和国农业部编，2015）整理。

草原质量总体处于中等偏上水平。

天然草原按五等八级组合后综合评价（表 1-5）看出：全国草原以中质低产为主。其中Ⅲ等 8 级草原面积最大，占全国草原面积的 10.8%，Ⅲ等 6 级、Ⅱ等 6 级草原次之，占 7.6%、7.5%；Ⅲ等 7 级排第四位，占 6.4%，Ⅱ等的 5、6、7 级草原占全国草原面积的 3%～5%，其余组合所占面积都在 3%以下（图 1-2）。

表 1-5　中国草原资源等级组合统计

等级		1	2	3	4	5	6	7	8	合计
Ⅰ	面积	2 316 968	1 323 982	1 654 977	2 316 968	4 633 936	8 605 882	10 922 850	2 316 968	34 092 531
	%	0.7	0.4	0.5	0.7	1.4	2.6	3.3	0.7	10.3
Ⅱ	面积	4 633 936	3 971 945	6 619 909	10 260 859	14 232 805	24 824 659	15 225 791	8 605 882	88 375 786
	%	1.4	1.2	2	3.1	4.3	7.5	4.6	2.6	26.7
Ⅲ	面积	6 288 914	5 295 927	14 563 800	10 922 850	11 915 836	25 155 655	21 183 709	35 747 509	131 074 200
	%	1.9	1.6	4.4	3.3	3.6	7.6	6.4	10.8	39.6
Ⅳ	面积	2 316 968	2 316 968	4 964 932	4 964 932	7 281 900	8 274 886	9 929 864	17 542 759	57 593 209
	%	0.7	0.7	1.5	1.5	2.2	2.5	3	5.3	17.4
Ⅴ	面积	661 991	330 995	992 986	992 986	1 323 982	2 316 968	3 640 950	9 598 868	19 859 726
	%	0.2	0.1	0.3	0.3	0.4	0.7	1.1	2.9	6
合计	面积	16 218 777	13 239 818	28 796 605	29 458 596	39 388 460	69 178 051	60 903 164	73 811 987	330 995 458
	%	4.9	4	8.7	8.9	11.9	20.9	18.4	22.3	100

注：根据《中国草地资源数据》《1∶100 万中国草地等级图》整理。

中 国 草 地 等 级 图

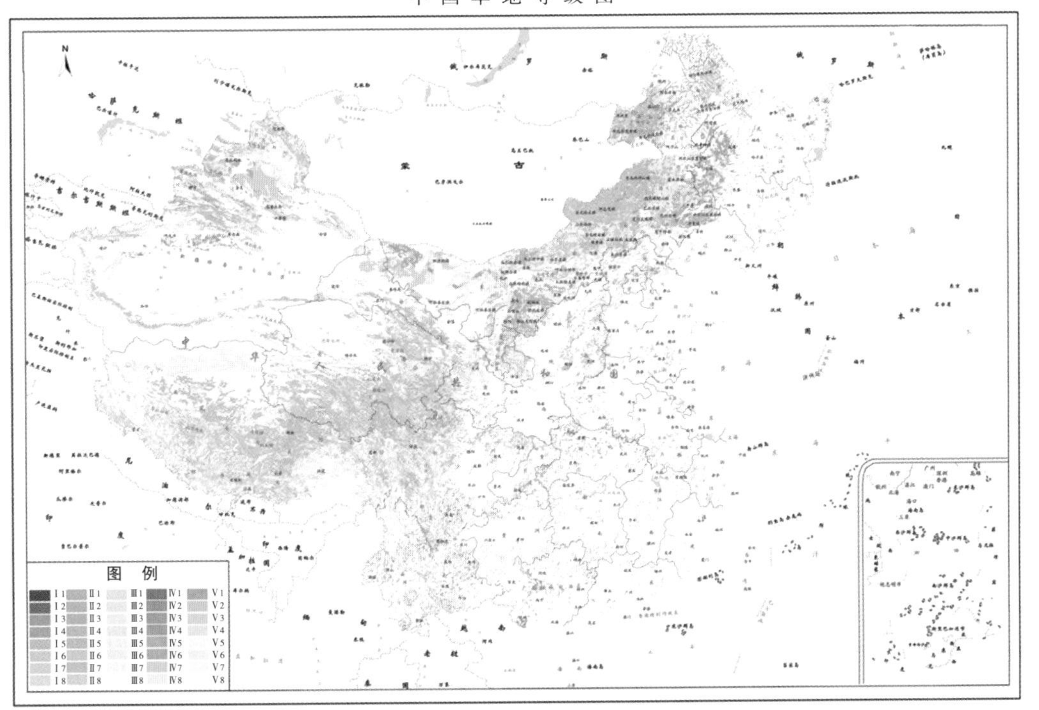

图 1-2　中国草原“等级”

注：根据《中国草地资源数据》《1∶100 万中国草地类型图》整理。

三、草原动植物资源

（一）野生植物资源

中国天然草原野生植物从用途上分为饲用植物资源、药用植物资源、沙生植物资源、芳香植物资源、观赏植物资源等几类。据全国草原资源调查资料统计，全国共有草原饲用植物 6 704 种（包括亚种、变种和变型），分属 5 个植物门、246 个科、1 545 个属，按科内所含饲用植物的种类来看，超过 100 种的有豆科、禾本科、菊科、莎草科、蔷薇科、藜科等 9 个科。天然草原药用植物绝大部分为中、蒙、藏医药学中常用的草药，著名的有甘草、柴胡、防风、蒙古黄芪、知母、麻黄、龙胆、肉苁蓉等；还分布有冬虫夏草、雪莲等名贵珍稀的药用植物。草原食用植物如百合、蕨菜、沙芥、沙葱、苦苣菜、蒲公英、黄花菜、多种蘑菇，以及半荒漠和荒漠中广泛分布的地皮菜、发菜等，这些植物是食品加工的重要原料。草原是芳香植物、观赏植物的宝库，已被开发应用的芳香植物有艾蒿、百里香、薰衣草、薄荷等，还有各种香草、芳香灌木等待开发利用。观赏价值高的植物主要是豆科、唇形科、毛茛科、百合科、杜鹃科、鸢尾科、罂粟科以及一些矮生型的禾本科植物等。

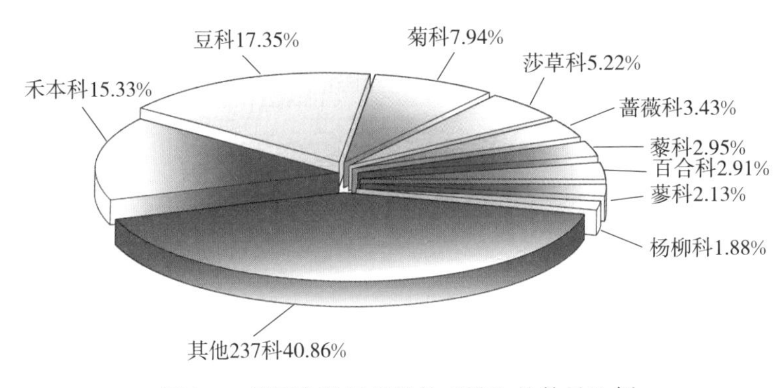

图 1-3　草原各科饲用植物“种”的数量比例

（二）动物资源

据不完全统计，我国北方草原地区人工放牧驯养的主要草食家畜（含地方品种、培育品种、引入品种）共有 253 个，经过多年驯化的地方品种有 169 个，育成品种 39 个，这些地方良种和改良种牲畜为建立专业化生产基地奠定了良好基础。此外，我国草原区珍贵的野生动物有 150 多种，许多属于古北界、中亚亚界中的蒙新区、青藏区的动物种类，多列为国家重点保护动物。中国典型的大型食草动物主要有野骆驼、野马、野驴、野牦牛、白唇鹿、马鹿、黄羊与普氏原羚、藏羚羊等。在我国 400 余种哺乳动物中，小型食草动物啮齿类约 170 种，主要有达乌尔鼠兔、草原黄鼠、喜马拉雅旱獭、三趾跳鼠、布氏田鼠和草原鼢鼠等。草原食草鸟类主要有大鸨、百灵和沙鸡等；

草原湿地分布的鹤类有9种，如丹顶鹤、白头鹤等。草原上已记录了2万余种昆虫，主要代表是草原蝗虫、蜣螂等。草原上发展了以捕食食草动物获得营养来源的各种食肉动物，大型食肉动物有狮、豹、狼、獾、鹰等；小型食肉动物有猫头鹰、兔狲、鼬和狐狸等。

第三节　草原环境条件

中国草原大多处于干旱、寒冷地区，受温度、降水、土壤、海拔、水文等气候和自然条件的制约，同时又受草原环境灾害、生物灾害等灾情的综合影响，各环境要素之间相互制约、相互影响，构成一个有机的、密切联系的综合体。共同的环境造就了草原植被，草原植被又影响着环境。

一、草原形成的环境要素

（一）气候

中国草原气候变化巨大，我国东部和东南部沿海地区邻近太平洋、印度洋，受东南季风环流的影响，气候湿润多雨，年降水量500～2 000毫米，年平均气温－6～22℃，干燥度0.6～3.0；草原多分布于山地、丘陵，草原类型分别为热性及暖性草丛、灌草丛，山地草甸、温性草甸草原等。中西部温带半干旱、干旱气候区远离海洋，受重山阻隔，湿润气流不易到达，降水量由400毫米向西递减到小于50毫米，年平均气温－5～15℃，干燥度3.2～16.5；草原多分布在高平原，草原类型随降水的减少由温性草原过渡到荒漠。青藏高原海拔2 733～4 700米，气候高寒，年平均气温多在－6～3℃，降水受高原季风和来自孟加拉湾西南季风的影响，从东部和东南外缘山地向西北，由700毫米逐渐减少到30毫米左右，干燥度1.9～71.2；草原类型东部为高寒草甸、中部为高寒草原等，西部为高寒半荒漠和高寒荒漠，西南部低海拔的河谷有少量热性和暖性灌草丛、山地草甸。

（二）地貌

中国地处亚欧大陆的东南部，地势西高东低，形成了以青藏高原为最高，向东逐渐降低的3个阶梯状斜面。第一级阶梯为“世界屋脊”——青藏高原，范围包括青海、西藏、川西北高原和滇西北高原，平均海拔4 500米以上，面积占全国总面积的22.7%，草原类型自东南和东部向西北，产生由高寒草甸、高寒草原逐步更替到高寒荒漠。第二级阶梯包括准噶尔盆地、塔里木盆地、四川盆地，以及内蒙古高原、河西走廊、黄土高原、云贵高原及部分山地、丘陵，地貌组成复杂，海拔一般在1 000～3 000米，面积占全国总面积的52.7%，草地类型由西向东逐步由林缘草甸向温性草原和温性荒漠演变。

第三级阶梯包括海拔 200 米以下的东北平原、华北平原、长江中下游平原、珠江三角洲平原及沿海平原，以及大别山、南岭、江南丘陵等山地和丘陵，海拔 50～1 000 米以下，这部分地区占全国总面积的 24.6%，我国东南部因无高大山体的隔离，其水热条件的变化主要受纬度高低和距海洋远近而变化，草原类型由南到北由热性草丛、灌草丛向暖性草丛、温性草甸草原等类型变化。

（三）土壤

中国草原草原土壤在空间分布同气候、地貌一致，分为东南湿润、半湿润铁铝土、淋溶土，西北半干旱、干旱钙层土、漠土和青藏高寒高山土三大土区。东南湿润、半湿润铁铝土及淋溶土区是在我国南方亚热带、热带各种森林植被下发育而成的土壤，由南向北随着热量和水分的逐步减少，土壤依次为砖红壤、砖红壤性红壤、红壤、红黄壤、黄壤、黄棕壤、褐土、棕壤，植被为森林砍伐后次生的草丛、灌草丛。西北干旱、半干旱钙层土、漠土区的土壤类型是在温带草原、荒漠气候条件下发育而成的土壤，从东往西随生物气候和干燥度而变化，最东边是黑钙土，向西依次为栗钙土、棕钙土、灰钙土、灰棕漠土、棕漠土，植被由东到西由旱生的丛生禾草及其他草本植物，向耐旱的小灌木和半灌木转变。青藏高原高山土区的土壤是发育在常年低温的高山、高原上的土壤，在东南部半湿润地区，土壤由黑毡土、草毡土、寒冻土组成，在高原面上土壤由冷钙土、寒钙土、冷棕钙土、寒漠土组成，植被由多种蒿草或稀疏垫状灌木组成。

（四）水文

我国水资源丰富地区主要有东北温带半湿润地区，东南亚热带、热带湿润地区，西南亚热带湿润地区和青藏高原区。我国东北有大小河流 57 条、湖泊 204 个，黑龙江、松花江和乌苏里江造就了三江平原；北部呼伦贝尔草原的达赉湖与克鲁伦河、乌尔逊河、额尔古纳河水系相连，发育了以中生杂类草和中生、湿生大型禾草、苔草为主的低地草甸、沼泽类草地；而松花江、嫩江造就的松嫩平原发育了我国著名的羊草草原。东南亚热带、热带湿润地区几十条江河汇成长江流域中下游，一些河流流经北、东、南部入海，著名的鄱阳湖、洞庭湖、太湖等与江河交叉成网，其河湖滩地、沿海地区分布着面积大小不等的低地草甸、沼泽类草地。西南亚热带湿润区内河流众多，主要是长江及其上游金沙江、长江支流等形成向心水系，云贵高原注入珠江的几条河流，以及河流切割山脉形成的峡谷，为多样化草原的发育创造了条件。以青藏高原为代表的草原地带被誉为“中国水塔”，青藏高原外流水系为长江、黄河、澜沧江、怒江、雅鲁藏布江、印度河等，内流水系属流向盆地向心水系，形成的湖泊多为咸水湖，形成的草原类型有低地草甸、高寒低地沼泽化草甸、高寒盐化草甸等。

二、草原灾害

（一）草原环境灾害

1. 旱灾　干旱是由于气象、水文等外界环境因素导致草原植物水分失衡的现象。中国草原地区有2/3地处干旱、半干旱区，北部、西部广大牧区年降水量小、时空分配不均，旱灾成为我国草原牧区最主要的自然灾害。干旱在我国北方牧区表现明显，其连年旱和连季旱、干旱持续1年的占整个干旱年数的54%左右，连旱2年的占20%～30%，连旱3年的占10%～15%，连旱最长可达7年。草原旱灾导致牧草减产、多样性减少，严重时造成人畜饮水困难、引发沙尘暴等。

2. 火灾　指草原可燃物（牧草枯落物、家畜粪便等）在人为因素、自然因素、境外火蔓延等起因下燃烧，给草原植被、畜牧业生产及其生态环境等带来损失的灾害现象。我国是世界上草原火灾比较严重的国家，在4亿公顷草原中，易发区占1/3，尤其东经110°以东、北纬40°以北的草原区，牧草生长较茂密且集中连片，春秋气候干旱时，极易发生火灾。草原火灾有突发性强、季节性明显、扩展速度快等特点。新中国成立以来，仅牧区就发生草原火灾5万多次，共计受害草原面积2亿多公顷。

3. 雪灾　因长时间大量降雪，造成大范围积雪成灾的自然现象。主要危害方式是积雪埋压牧草，使牲畜无法出牧，造成牲畜死亡；雪后道路被封，交通、通信等基础设施遭到破坏，给牧民的生命安全和生活造成威胁。我国牧区雪灾主要发生在高纬度、高海拔地区，集中分布在内蒙古大兴安岭之西和阴山山脉以北、新疆天山以北，以及青藏高原的青南、藏北高原等牧区。历史上以上牧区经常发生不同程度雪灾，平均2～4年出现一次，特大雪灾平均10年出现一次。

4. 风沙灾　包括风力吹蚀表土和植被根系，流沙对草原的沙埋、磨蚀，还包括破坏牧区生产生活设施，影响放牧、传播牲畜疫病等。风沙灾害不仅造成土地风蚀裸露、干旱，草原植被退化，还造成大气污染、火灾、人畜伤亡、交通供电受阻或中断等。风沙灾害主要发生在我国北方年平均风速达到5～6米/秒、降水少于400毫米的干旱、半干旱地区，大多出现在春季。据统计，我国每年由于沙漠化造成的直接经济损失达450亿元，间接经济损失高达2 700亿元。

（二）草原生物灾害

1. 鼠害　指老鼠、鼠兔等繁殖力强、密度高、破坏性大的啮齿类动物，由于各种原因出现超常增长，大量啃食牧草种子、植株、草根，挖掘土壤从而对草原形成危害的现象。我国害鼠优势种有明显的地域分布，如内蒙古中东部以布氏田鼠为主，内蒙古中西部、宁夏、甘肃主要为长爪沙鼠，新疆则为黄兔尾鼠，青藏高原主要是高原鼠兔和高原鼢鼠等。近些年来我国北方和西部牧区草地鼠害严重，每年鼠害发生面积都在2 000

万公顷以上，其中达到防治指标的受害面积约 1 700 万公顷。

2. 虫害　由于人为或自然因素的干扰，使草原昆虫（节肢动物门昆虫纲），如蝗虫、草地螟等植食性昆虫种群异常增长，大量啃食草原植物，导致家畜饲草短缺而引发的一类生物灾害。我国草原主要害虫包括蝗虫类、毛虫类、甲虫类以及草地螟等数十种。虫害发生的几个主要区域为新疆草原区、青藏高寒草原区、内蒙古典型草原和荒漠草原区、北方农牧交错带。草原重大虫灾直接影响草原畜牧业生产，加重了草原退化、沙化和荒漠化，也为沙尘暴的形成提供了沙源地。

3. 病害　指牧草在生长发育过程中，受到外界一些因素干扰，植株侵染与寄生病原微生物出现了植株变色、变态、腐烂、局部或整株枯萎死亡等现象即为病害。据统计，我国已在 15 科、182 属、903 种牧草上发现 2 831 种病害，其中禾本科占 45.5%、豆科占 27.0%、菊科占 14.5%。草原植物病害使牧草种子及干草产量减产 20%～50%，病害严重时甚至颗粒无收，有些草原植物病害还直接威胁到家畜的健康与生命安全。

4. 毒草害　草原毒草害是指草原植物被家畜采食后，能引起家畜中毒，甚至导致家畜死亡，给畜牧业生产造成严重经济损失的有毒植物引起的灾害。毒草分为常年性有毒、季节性有毒和可疑性有毒植物。据调查，全国草原分布着 132 科、1 383 种有毒有害植物，其中危害严重的有 15 科、33 属、50 余种。危害面积达 5.8 亿亩*，严重危害面积 3 亿亩，主要分布在内蒙古、新疆、西藏等 21 个省（自治区、直辖市）。

第四节　草原生态状况

一个时期以来，随着气候变化和人口的不断增加，草原植被过度利用或遭到破坏，草原退化面积不断加大，干旱、鼠虫灾等各种灾害加剧，沙漠扩展、水土流失、江河断流等生态问题日益凸显。近年来，通过加大对草原生态的保护建设力度，草原生态急剧恶化的势头得到不同程度的遏制。

一、草原退化状况

（一）退化类型

1. 草原退化　指天然草原在干旱、风沙、水蚀、盐碱、内涝、地下水位变化等不利自然因素的影响下，或过度放牧与割草等不合理利用，或滥挖、滥割、樵采破坏草原植被，引起草原生态环境恶化，牧草生物产量降低，品质同步下降，草原利用性能降

* 亩为非法定计量单位，1 公顷＝15 亩。

低，甚至失去利用价值的过程。

2. 草原沙化 指不同气候带具沙质地表环境的草原受风蚀、水蚀、干旱、鼠虫害和人为不当经济活动等因素影响，使天然草原遭受不同程度破坏，土壤受侵蚀，土质变粗沙化，土壤有机质含量下降，营养物质流失，草原和生产力减退，致使原非沙漠地区的草原出现以风沙活动为主要特征的类似沙漠景观的草原退化过程。

3. 草原盐渍化 指干旱、半干旱和半湿润、半干旱区的河湖平原草原、内陆高原低湿地及沿海泥沙质海岸带草地，在受盐（碱）地下或海水浸渍，或受内涝，或受人为不合理的利用与灌溉影响，其土壤处于近代积盐，土壤的盐（碱）含量增加到足以阻碍牧草生长，致耐盐（碱）力弱的优良牧草减少，盐生植物比例增加，牧草生物产量降低，草原利用性能降低，盐（碱）斑面积扩大的草原退化过程。

（二）退化现状

据《中国生态环境状况公报》（1998），我国 90%的天然草原都处于不同程度的退化之中，并且每年以草原可利用面积 2%的速度急速退化，其中中度和重度退化面积占退化草原面积 50%以上。中国退化草原集中分布于北方草原带，西部荒漠草原及荒漠区山地草原、青藏高原高寒草原，部分村寨周围的南方优良草地也出现退化。据调查，20 世纪 80 年代中期，北方 11 片重点牧区退化草地已占可利用草地的 39.7%；90 年代北方 12 省（自治区）草地退化面积已占该区草地总面积的 50.24%。根据 1995 年卫星遥感调查统计：在中国北方各省份中，退化比例最高的是宁夏、陕西、山西 3 省，退化面积占草原面积的 90%～97%；其次为甘肃、辽宁、河北，退化面积占 80%～87%；再次为新疆、内蒙古、青海、吉林，退化面积占 42%～64%；西藏草原退化比例低，占 23.37%。草原退化已成为我国重要的资源与环境问题。

（三）退化的主要表现

草原退化偏离了原有的稳定状态后，导致系统内部许多要素的退化。表现在优势种植物及优良伴生种植物种类减少，牲畜不喜食或很少采食的杂类草及毒害草数量增加，植物生物产量减少 20%～50%，其中轻度退化者减少 20%～30%，中度退化者减少 30%～50%，重度退化草地则减少 50%以上；草群盖度降低 25%～45%，高度降低 1/4～1/2；优势种植物和优良伴生种植物生活力减弱，繁殖率降低，物候期推迟。土地变紧实，土壤风蚀，依次出现斑状、片状裸地，鼠虫害伴随草原退化发生，反过来又促进了草地退化。草原退化使区域草地生态系统结构、功能受到严重破坏，生态屏障作用降低。北方牧区草原较 20 世纪 60 年代初产草量下降了 1/3～1/2，家畜个体体重下降了 10%～30%。草原退化形态由线状、点状退化发展到带状、片状退化阶段；退化程度也不断加重（卢欣石，2005）。草原的严重退化和沙漠化，特别是西部贫困地区的干旱和贫瘠环境，严重影响了几乎占中国 1/4 人口的生存问题。根据国务院发展研究中心的统计，由于草原退化和沙化每年所造成的直接经济损失超过540亿元人民币。

（四）退化原因

1. 自然因素 近30年来草原地区气温升高，降水减少，如1951—1989年气象资料显示，20世纪80年代比50年代平均气温上升了1.1℃，蒸发加大，年平均降水量减少54毫米，湿度降低，进而使得草原旱情不断加剧。干旱、半干旱地区的草原地表多由物理性沙粒、第四纪黄土或含盐物质构成，土壤极易被风蚀。草原地区冬、春季节寒冷少雨，产草量少，在北方干旱、半干旱地区，若以夏、秋季草地最高产量为100%，冬季产量一般为40%～60%，春季为30%～45%；冬季家畜对能量的利用率也大幅度下降，绵羊对牧草能量利用率夏季为66.8%，而至春季则只能利用39.4%，上述因素共同引起季节性草畜失衡。

2. 人为因素 一是过度开垦草原，由于片面强调粮食生产，在毫无防护措施和水利灌溉的条件下，将开垦区推进到年降水量不足250毫米的地区，新中国成立到20世纪90年代初期，我国开垦的草原面积约1 867万公顷。二是家畜超载过牧，单位面积载畜量过高，我国畜均占有草场由1949年的6.2公顷减少到2002年的0.64公顷，加上不合理的放牧制度和掠夺式的利用，草原退化随处可见，尤其是河流两岸、饮水点和居民点附近更为严重。三是滥挖、滥采、滥猎破坏草场植被，农牧民为了解决燃料问题，在草地上挖草皮、草根、搂草、樵伐十分严重，搂发菜，挖药材破坏草原也十分惊人。四是水资源利用不合理，由于河流上游大量用水，使得下游天然植被干枯死亡；过度开采地下水，导致地下水水位下降，地上植被退化。五是不适当地开矿、建厂、修路以及城镇建设等活动中，普遍存在对周围草原植被不同程度的破坏。

二、生态环境退化状况

（一）土地荒漠化

荒漠化是人类不合理经济活动和脆弱生态环境相互作用造成土地生产力下降，土地资源丧失，地表呈现类似荒漠景观的土地退化过程。荒漠化土地按照营力可分为风力、流水（以水蚀为主）、化学和人为直接作用为主的4大类型。按照地面组成物质来看，可分为沙质（沙漠化）、石质（石漠化）和泥质荒漠化（盐渍化或污染化）。中国是世界上荒漠化危害范围最广、程度最深的地区之一，其广阔的干旱、半干旱及部分湿润、半湿润地区上存在严重的荒漠化问题，造成土地生产力下降和环境退化。国家林业局2009年年底提供的监测数据显示：全国荒漠化土地总面积262.37万千米^2，占国土总面积的27.33%，其中风蚀荒漠化土地面积183.20万千米^2，占荒漠化土地总面积的

69.82%；水蚀荒漠化土地面积25.52万千米^2，占9.73%；盐渍化土地面积17.30万千米^2，占6.59%；冻融荒漠化土地面积36.35万千米^2，占13.86%。全国沙化土地面积为173.11万千米^2，占国土总面积的18.03%。

（二）水土流失

水土流失是指在水流作用下，土壤被侵蚀、搬运和沉淀的整个过程。在人类活动影响下，特别是人类严重地破坏了坡地植被后，引起的地表土壤破坏和土地物质的移动，流失过程加速，即发生水土流失。土壤流失由表土流失、心土流失而至母质流失，严重时可使岩石暴露。水土流失可分为水力侵蚀、重力侵蚀和风力侵蚀3种类型。草原植被开垦、滥挖、滥采，造成植被覆盖度降低，土壤裸露，使水土流失逐渐加重，成亿吨泥沙输入长江、黄河，泥沙淤积造成江河洪水灾害，已成国家心腹之患。特别是西南地区的石漠化、西北地区的土地沙化、东北地区的黑土流失，以及遍布全国的坡耕地和侵蚀沟水土流失问题十分突出。根据国土资源部水利和环保的统计，目前中国水土流失面积达356万千米^2，占国土面积的37%，需要治理的水土流失面积超过200万千米^2，我国已成为世界上水土流失最严重的国家。

（三）野生动植物减少或濒临灭绝

在天然草原上挖草皮、草根、搂草、樵伐对植物破坏十分严重，滥挖、滥采不仅破坏了土壤表层结构，而且对牧草幼苗产生机械性伤亡。内蒙古草原是中国名贵和常用中药材如甘草、麻黄、黄芪、赤芍、肉苁蓉等主产区之一。据测算，该区域每年因挖甘草、发菜、麻黄等药材而破坏的草原达7万公顷之多。近年来，每年有成百万农牧民涌入内蒙古、新疆、甘肃、宁夏、青海、西藏等地草原挖药材，草原上的药用植物如贝母、雪莲、虫草、红景天、锁阳已近濒危。在新疆、青海、西藏、内蒙古等草原区，大量的藏羚羊、野驴、藏雪鸡、盘羊、北山羊、麝等草原珍稀野生动物被猎杀、偷捕，草原野生动物在逐渐减少。

（四）河湖湿地萎缩

中国是各种湿地资源最丰富的国家之一，湿地总面积约6 594万公顷（不含江河、池塘等），占世界湿地的10%，居世界第四位，亚洲第一位，湿地具有巨大的环境功能，享有“地球之肾”和“生命摇篮”之美誉。在人口和经济增长的双重压力下，人类生产生活对湿地资源依赖与开发程度的提高，大江大河的源头地区生态恶化加剧，沿江湖泊、湿地等日益萎缩，水源涵养、调蓄洪峰等功能衰退，旱涝灾害频繁发生。特别是北方地区的江河断流、湖泊萎缩、地下水位下降严重，加剧了植被退化、土地沙化，直接导致了对湿地及其生物多样性的普遍破坏。最近40年来，已有近50%的滨海滩涂湿地不复存在，黑龙江三江平原78%的天然沼泽湿地丧失，湿地资源的破坏将严重威胁当地经济发展和居民的生存环境，湿地及其生物多样性的保护已成为中国政府和民众关心的重要议题。

（五）草原灾害频繁

草原牧区恶劣的气候条件、草地超载过牧、越冬草料储备能力低、牧业基础设施薄弱，致使我国北方和西部草原牧区自然灾害频繁，每年受灾面积在500万公顷以上。新中国成立以来内蒙古、新疆、西藏、青海、四川、甘肃六大牧业省（自治区）共发生大中雪灾60多次、旱灾30余次。北方干旱草原区和干旱荒漠区的沙尘暴、扬沙与浮尘天气也频繁发生。自2006年以来全国年均发生火灾176次，年均受灾面积3.53万公顷。我国北方和西部牧区草地鼠害严重，每年鼠害发生面积都在3 000万公顷以上，其中达到防治指标的受害面积约1 700万公顷；每年虫害发生面积在1 300万公顷以上，达到防治指标的草原虫害面积约550万公顷。

三、草原生态变化趋势

进入新世纪以来，国家着力解决草原生态的问题，加大了草原生态治理力度，相继在北京、河北、山西、内蒙古、黑龙江、陕西、广西、四川、西藏、甘肃、青海、宁夏、云南、贵州、新疆等省（自治区、直辖市）及新疆生产建设兵团等草原面积较大省份陆续实施了退牧还草、京津风沙源治理、西南岩溶地区草地治理等草原生态工程，在此基础上，实施了游牧民定居工程，推进了牧民生产生活方式的转变，各地也采取了多种措施，集中治理退化、沙化、盐渍化草原。至2010年，经过近10年的保护建设，草原生态工程实施区的植被有了不同程度的恢复。由于我国草原生态历史欠账太多，这一时期全国草原生态整体尚未得到根本的改观，草原生态呈现“点上好转、面上退化，局部改善、总体恶化”的趋势。

为了加强草原生态保护，转变畜牧业发展方式，促进牧民持续增收，国家从2011年起，在全国牧区半牧区旗县全面实施草原生态保护补助奖励机制政策，主要内容包括：对生存环境非常恶劣、草场严重退化、不宜放牧的草原，实行禁牧封育；对禁牧区域以外的可利用草原，在核定合理载畜量的基础上，对未超载放牧的牧民给予奖励；对牧民实行人工草场补贴、生产资料综合补贴。随着各项生态保护工程及政策措施的实施，加快了大面积天然草原生态修复进程。近几年，我国草原生态发生了积极的变化：部分脆弱区域草原生态显著改善，草原生态整体恶化的势头有所遏制和减缓。

第二章 中国草原保护建设

第一节　草原管理体系建设

一个时期以来，特别是进入新世纪后，党中央、国务院高度重视草原生态保护工作。草原组织管理体系基本健全，草原法律法规体系日臻完善，草原执法监督不断加强，草原扶持政策取得历史性突破，草原监测预警信息及时发布，草原承包确权全面推进，草原资源与生态保护进入前所未有的新时期。

一、草原法制体系建设

（一）法律法规

1985年国家颁布了《中华人民共和国草原法》，2003年3月，国家又颁布了重新修订的《草原法》，完善了对草原保护建设利用方面的法律制度。其他经济法如：《农村土地承包法》《环境保护法》《防沙治沙法》《水土保持法》等，起到与草原法律协调补充的作用。涉及的法律还包括《国家行政许可法》《行政复议法》《行政诉讼法》等。国务院制定的草原相关的行政法规有《草原防火条例》《自然保护区条例》《野生植物保护条例》等，涉及的规章有：《草种管理办法》《甘草和麻黄草采集管理办法》《草原征占用审核管理办法》《草畜平衡管理办法》《农村土地承包经营权流转管理办法》《农村土地承包经营权证管理办法》等。“十一五”以来，国务院公布新修订的《草原防火条例》，最高人民法院启动了《关于审理破坏草原资源刑事案件应用法律若干问题的解释》制定工作。地方法规是由省、直辖市、自治区、自治州、自治旗、县人民代表大会及其常委会通过的法规，内蒙古等9省（自治区）相继制定或修订了13个地方性法规和11个地方政府规章，草原法律体系得到进一步完善。

（二）草原保护政策

西部大开发以来出台了一系列草原保护政策，2000年国务院下发了《关于实施西部大开发若干政策措施的通知》，强调“重点任务是加快基础设施建设、加强生态环境保护和建设”。同年6月，《国务院关于禁止采集和销售发菜制止挖甘草和麻黄草有关问题的通知》出台。2000年11月，国家出台了《全国生态环境保护纲要》，提出“发展牧业要坚持以草定畜，核定载畜量，防止超载过牧；采取保护和利用相结合的方针。”国务院2002年出台了《关于加强草原保护与建设的若干意见》，提出“要建立和完善草原保护制度，实行草畜平衡制度；推行划区轮牧、休牧和禁牧制度，实施已垦草原退耕还草，转变草原畜牧业经营方式”。2007年，国务院批准了《全国草原保护建设利用总体规划》，提出了全国草原保护建设的目标任务和重点工程。2010年国务院作出在全国8个主要草原省份实施草原生态保护补助奖励机制的决定，2011年6月，国务院下发了《关于促进牧区又好又快发展的若干意见》，要求加快转变发展方式，积极发展现代草原畜牧业。这一系列政策推动了草原生态保护建设工作的发展。

二、草原监管体系

（一）草原监督执法

2003年颁布修订后的《草原法》明确了草原监督管理机构“负责草原法律、法规执行情况的监督检查，对违反草原法律、法规的行为进行查处”的职责。各级草原监理机构还在草原资源与生态监测、草原防火防灾、草原资源保护、草原建设指导、草原保护制度落实和草原承包管理等各个方面承担着重要职责。1983年，内蒙古呼伦贝尔盟新巴尔虎右旗率先成立了草原监督管理所，到20世纪90年代后期，全国主要牧区均设立了草原监理机构。修订的《草原法》颁布施行后，以农业部草原监理中心成立为标志，草原监理体系建设步伐加快，初步形成国家、省、地、县四级草原监理体系。截至2014年6月，全国县级以上草原监理机构已达914个。农业部草原监理中心是国家级草原监理机构，省级草原监理机构24个，地级草原监理机构共152个，县级草原监理机构共737个，全国有县级以上草原监理人员9 234人。

（二）草原监测预警

2004年农业部草原监理中心成立以来，承担了全国草原监测工作任务，负责制定草原监测方案，编制技术标准；组织承担国家级草原资源与生态监测和预警系统建设，进行技术培训；运用卫星遥感等高新技术，开展草原牧草长势、生产能力、生态环境状况及草原生态工程效益等方面的监测，每年发布全国草原资源和生态监测报告。全国草原监测工作构成了由草原行政管理部门负责，以草原监测工作机构为主体，相关技术单位为支撑，各级草原技术人员广泛参与的草原监测工作体系。截至2015年，全国共有县级以上草原监测机构997个，承担地面监测工作的省、自治区达到23个，各级草原监测工作人员增加到4 000余人。在草原监测工作中广泛应用3S技术、数据库、网络等信息与空间技术，提高了草原监测标准化规范化水平。全国草原监测工作经过十多年的实践，在组织管理、任务部署、技术培训、数据质量审核把关、数据报送、结果会商、信息报告发布等方面，形成了一整套相对成熟的工作机制。

三、落实草原保护政策

（一）草原承包与经营确权

十一届三中全会以后，形式多样的畜牧业生产责任制迅速发展起来。一些牧区相继实行了“草场公有，承包经营，牲畜作价，户有户养”的“草畜双承包”，发展了以家庭经营为基础的统分结合的双层经营体制。1989年开始进行牧区草原承包经营、有偿使用试点。1994年农业部在内蒙古召开了全国草牧场有偿承包使用现场会议，从而建立起一个“草场有价，使用有偿，承包有权，建设有责”的新型管理机制。至1996年，全国落实草原承包经营、有偿使用面积占全国可利用草原面积的35.6%。进入21世纪，国家草原生态重大建设工程的实施对草原承包、保障收益权有新要求，《农业部关于加快推进草原家庭承包制的通知》下发后，各地加快了草原承包工作进度。“十二五”期间主要牧区实施了草原生态保护补助奖励机制，截至2015年，全国累计落实草原承包面积2.91亿公顷，占全国草原总面积的74.11%。目前，草原承包工作与国家要求的地块、面积、合同、证书“四到户”还有差距，为了稳定和完善草原家庭承包经营制度，2013年农业部启动了原承包经营权确权登记颁证试点，各地按照5年内基本完成承包经营权确权登记颁证的总体要求，正在规范与完善草原确权承包与经营管理。

（二）划定基本草原与生态保护红线

近些年来，随着经济建设的发展和粮食安全问题的显现，征占用草原和开垦草原的现象日益突出，为此，有必要像保护基本农田一样，加快落实基本草原保护制度，划定草原“红线”，实行最严格的保护措施。新修订的《草原法》《国务院关于加强草原保护与建设的若干意见》明确划定基本草原是法律法规所赋予的重要职责，是将草原保护与建设确立为我国基本国策的重要步骤。2006年10月《农业部关于切实加强基本草原保护的通知》指出：尽快依法建立基本草原保护制度，划定的基本草原数量应当占其行政区域内草原总面积的80%以上。各地按照农业部的统一要求，明确了组织机构、划定范围、划定内容和时间安排。农业部在内蒙古、甘肃、新疆、黑龙江等省份先行试点的基础上，摸索办法、总结经验，提高了全面推开基本草原划定工作成效。截至2015年年底，全国已划定基本草原2.07亿公顷，为划定草原生态红线奠定了坚实的基础。

（三）草原生态保护补助奖励机制

从2011年开始，国家在内蒙古、新疆、西藏、青海、四川、甘肃、宁夏和云南等8个主要草原牧区省份，全面实施草原生态保护补助奖励机制。主要政策内容包括：中央财政按每亩6元的标准给予禁牧补助，按每亩1.5元的标准给予草畜平衡奖励，按每亩10元的标准给予人工草场补贴；增加牧区畜牧、牧草良种补贴，按每户500元的标准给予牧民生产资料综合补贴。农业部、财政部联合发文，明确草原生态保护补助奖励机制实行目标、任务、责任、资金“四到省”。各省（自治区）分别制定了本省（自治区）的指导意见、实施方案和资金管理办法，并健全督查制度。2012年，补奖政策实施范围又扩大到包括黑龙江、吉林等13个省份。五年来，中央财政累计投入草原生态补奖资金775.6亿元，其中禁牧补助366.1亿元，草畜平衡奖励195.4亿元，生产资料综合补贴66.8亿元，牧草良种补贴58.6亿元。实施草原禁牧0.82亿公顷，草畜平衡1.74亿公顷，发放牧民生产资料综合补贴284.06万户，每年扶持人工种草800万公顷。

第二节　草原保护与利用

近些年来，草原牧区不断加大草原保护性利用和建设力度，在稳定和完善草原承包经营的基础上，推行禁牧休牧、草畜平衡等制度，全面落实草原生态补助奖励政策，促进了草原畜牧业生产经营方式转变，推动了现代畜牧业建设和牧民增收。

一、推行草原合理利用制度

（一）草畜平衡制度

草畜平衡是指在一定区域和时间内通过草原和其他途径提供的饲草饲料量，与饲养牲畜所需的饲草饲料量达到动态平衡。2000年，内蒙古在全国率先开始了草畜平衡管理的试点示范。2005年3月，农业部发布了《草畜平衡管理办法》，规定了各级草原行政主管部门对草畜平衡工作的管理、草原载畜量标准的制定等。内蒙古、新疆、西藏、青海等自治区在制定本省（自治区）配套法规时，也对实行草畜平衡制度做了规定。《草畜平衡管理办法》公布实施以来，各地通过加强饲草料基地建设、推行舍饲圈养、实施划区轮牧、优化畜群结构、加快牲畜出栏周转等措施积极引导牧民转变放牧方式，逐步控制牲畜数，全国重点天然草原超载率，已由2006年的34%下降至2015年的13.5%。2011年，国家开始实施草原生态保护补助奖励政策，各省（自治区）根据国家“稳步推进、三年到位”的要求，合理制订减畜计划，逐级签订草畜平衡责任书，切实强化草畜平衡监管，全面推进草畜平衡制度落实。

（二）禁牧休牧轮牧制度

禁牧休牧轮牧制度是草原保护性利用的一种形式，目的是通过给草原一段休养生息的时间，恢复草原的生长、生产能力，遏制草原恶化势头。禁牧休牧轮牧既是草原保护利用的重要制度，又是当前一项草原生态保护工程。禁牧主要是在西部荒漠、半荒漠地区，草地退化严重的农区和半农半牧区，以及打草场；休牧主要在中度、轻度退化的草原区，在牧草返青期和籽实成熟期实施季节性休牧制；轮牧需要草场面积较大、草场条件较好的牧区实施轮牧，有单户和联户轮牧两种轮牧单元。2000年以来，在国家京津风沙源工程和退牧还草工程项目的示范带动下，天然草原面积较大的省份都对推行禁牧休牧轮牧制度制定了严格的实施办法。草原生态保护补助奖励机制政策实施后，全国禁牧休牧轮牧力度进一步加大，为草原生态整体好转发挥了重要作用。

二、保护草原资源多样性

（一）建立自然保护区

建立草原自然保护区是国内外公认的保护草原动植物资源的重要措施。云雾山国家级自然保护区、锡林郭勒盟白音锡勒草原自然保护区建于20世纪80年代，是我国建立较早的草地类自然保护区。目前，全国农业系统建立并管理的省级以上草原自然保护区有9个，主要保护对象为山地草甸生态系统、亚高山草甸生态系统、山地草原生态系统、草原和湿地生态系统、羊草及羊草草甸生态系统、小叶章草甸草原生态系统、黄土高原本氏针茅草原生态系统、荒漠生态系统等，保护草原面积约24万公顷。其中国家级草原自然保护区2个，分别为河北围场红松洼草原自然保护区、宁夏固原云雾山草原自然保护区；省级有7个，分布在新疆、黑龙江、吉林、山西等地。

（二）有计划采集野生植物资源

由于长期以来生态环境的日益恶化及滥采滥挖，草原植物种质资源日益减少。根据国家环保总局第一批公布的《中国珍稀濒危保护植物名录》389种植物中，我国草原植物有29科、51种及3个变种，占全部珍稀濒危保护植物的13.88%。为了保护植物资源，维护生物多样性和生态平衡，我国先后出台《中华人民共和国野生植物保护条例》《农业野生植物保护办法》《甘草和麻黄草采集管理办法》等法律法规及规章，国家严格禁止采集和销售发菜，对甘草、麻黄草和冬虫夏草等实行采集计划管理。农业部、国家发改委每年联合下发草原野生植物年度采集收购计划，根据草原野生植物资源状况，制订甘草、麻黄草、冬虫夏草等草原野生植物采集数量，并在每年年底对各省的采集计划执行情况进行总结，规范甘草、麻黄草等草原野生植物采集收购行为，遏制滥采乱挖草原野生植物的现象。

三、草原防灾减灾

（一）草原防火

1991年农业部成立了草原防火指挥部，具体负责全国的草原防火工作。1993年10月国务院令（第130号）公布，对草原防火工作主管部门管理火灾的预防、扑救、善后工作等做了明确规定。多年来，通过增加资金投入及加强法律、机构、装备建设和提高科技水平等有效措施，使草原防火能力有了明显提高。2008年新修订的《草原防火条例》，增加了草原防火规划编制、草原防火基础设施建设、完善草原防火指挥信息系统、制订全国草原火灾应急预案等内容。2010年，经国务院批准，《全国草原火灾应急预案》自2010年11月1日公布施行。截至2015年年底，全国有县级以上草原防火机构1 261个，防火人员2万多人，省、地、县、乡四级草原火灾应急队伍7 000余支，应急队伍人员19万多人。全国共建设草原防火指挥中心36个、物资库站69个、草原防火站235个。每年建设边境草原防火隔离带约3 000千米。从2006—2015年火灾发生次数（图2-1）来看，全国草原火灾发生情况处于历史低位水平。

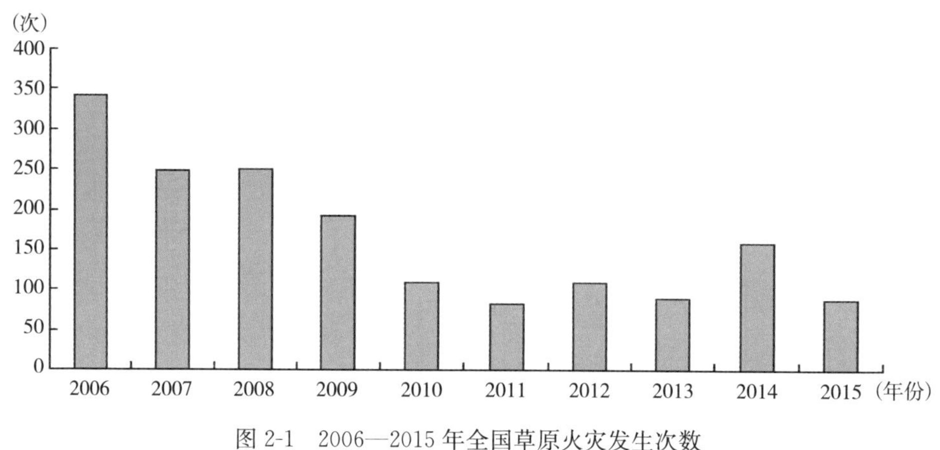

图2-1　2006—2015年全国草原火灾发生次数

（二）雪灾防治

中国雪灾分布主要集中在内蒙古、新疆、青海和西藏四省区，我国草原牧区一般性的雪灾出现次数较为频繁，严重雪灾大约有十年一遇的规律。经过多年不懈的努力，草原牧区防灾减灾能力和工作水平不断提高，草原畜牧业因雪灾损失明显减少。2008年，农业部成立了草原雪灾应急管理工作小组及办公室，主要牧区省、地、易灾县乡（镇）、村分别成立了防抗灾机构和救灾突击队。2011年，农业部着手编制《农业部草原畜牧业寒潮冰雪灾害应急预案》，六大牧区省、地、县级农牧部门都制订了相应的灾害突发事件应急预案。近年来，易灾区加强了寒潮冰雪灾害的监测、预报、预警工作，各级人民政府有针对性地采取防灾抗灾措施，开展了以围栏草场、牲畜暖棚、人工饲草料基地及牧民定居房屋、越冬饲草料贮备为主要内容的灾害防御体系建设。同时，国家对草原保护建设力度的进一步加大，草原生态逐年恢复，草原牧区防灾减灾能力得到进一步增强。

（三）鼠虫害防治

20 世纪 70 年代末至 2000 年，中央财政每年都安排专项资金对草原鼠虫害进行治理，农业部着力推广生物农药、植物源农药、天敌保护利用等防治措施；21 世纪初以后，各地相继创建“草原无鼠害示范县”和“草原虫害生物防治示范县”55 个。2006—2015 年十年间，全国草原鼠害发生面积累计 36 922.8 万公顷，虫害累计发生面积 17 703.4 万公顷。主要危害区域为青海、内蒙古、西藏、甘肃、新疆、四川、宁夏等 13 个省（自治区）。“十二五”期间，中央财政共投入草原鼠虫害防治 6.55 亿元，用于补助草原虫害防治工作。全国畜牧总站建立了草原鼠虫害监测预警体系，各级草原业务部门采取飞机防治与地面机械防治相结合、化学防治与生物防治相结合的手段，对草原鼠虫害进行了大面积治理。

（四）防治毒害草

我国天然草原上有 1 300 多种有毒有害植物，广泛分布在内蒙古、新疆、西藏、四川等草原大省（自治区）。据统计，每年因棘豆、紫茎泽兰等毒害草造成的直接经济损失达 22 亿元。各地对草原毒害草采取了一系列防治措施。在 20 世纪 80 年代草原资源调查的基础上，农业部组织有关科研院校和畜牧、草原等业务部门开展草原有毒有害植物调查工作，基本摸清了主要有毒有害植物种类和主要毒害草的地理分布、危害状况。各地先后组织开展了一些主要毒害草的综合防治试验：研制了“灭狼毒”“灭棘豆”等除草剂；研制了乌头、棘豆、狼毒等植物毒素的解毒剂和脱毒方法；筛选出了“农达”“林无草”等灭治药物和王草、柱花草等植被替代牧草。制定和颁布了一些有毒有害植物防治技术标准，如《紫茎泽兰综合防治技术规程》《灭治草地毒草技术规程》等。依托全国畜牧总站草原监测系统建设等工作，为草原有毒有害植物监测预警系统的建立奠定了坚实基础。

第三节　草原生态建设

近 30 多年以来，国家对草原建设的资金、科技投入逐年加大，带动了地方政府及牧民向草原的投入，促进了草原畜牧业由传统的靠天养畜向建设养畜转变。21 世纪初，针对草原生态日益恶化的状况，国家先后启动了多个草原生态建设工程，全国草原生态保护建设呈现了前所未有的突破性进展。目前正在实施的京津风沙源治理、退牧还草、西南岩溶地区草地治理工程是覆盖面积大、实施时间长的三项草原生态建设工程，工程的实施为草原生态的初步恢复发挥了重要作用。

一、草原建设逐年推进

（一）草原建设试点项目

从1978年起，农业部在内蒙古、新疆、青海、四川、甘肃、宁夏等省份不同类型草原地区设立了11个牧业现代化综合试点，探索在草原建设、科学养畜等方面综合发展的经验；在黑龙江省和河北省设立2个现代化草原建设试点，探索建立草、水、林、机配套的基本草场和旱地种草的经验；在四川、新疆、内蒙古选择4个县，探索实行牧工商一体化经营的经验。1979年农业部与内蒙古自治区合作，在3个旗县实施干旱草原治理项目；同年，农业部在内蒙古飞机播种牧草1.28万公顷，试验获得成功。1979—1984年中国与联合国开发计划署合作，在内蒙古进行了翁牛特示范牧场项目建设，开发计划署投资建成了3 333.33公顷草场、饲料及家畜集约化生产示范中心。1980年国家设立“支援经济不发达地区发展资金”，在内蒙古重点扶持30个旗县畜牧业基础设施建设；向内蒙古、河北、黑龙江三省份提供低息贷款用于土木工程、机械设备、草原建设、畜牧生产、咨询服务五大类。1986—1991年农业部和内蒙古联合实施了引黄灌溉草原建设综合项目。国家和自治区共同投资设立育草基金项目，1989—1994年在内蒙古的正蓝旗等16个旗县市实施，建设效益显著。

（二）草原建设示范项目

20世纪90年代之后，畜牧业防灾基地建设、牧区开发示范工程、农业综合开发等国家草原建设重点项目的实施，带动了地方政府及牧民向草原的投入。国家在内蒙古、新疆、青海等实施草原防灾基地建设，通过定居、水、草等为主要内容的配套建设，牧民开始走上了建设养畜的道路。由国家农业综合开发领导小组批准，开展了草原畜牧业示范区建设项目；农业部设立专项资金，大力发展人工半人工草场、高标准规范化的配套小草库伦以及各具特色的饲草料生产基地。这一时期，以项目建设为龙头，充分发挥防灾基地建设、草业示范项目和牧区综合开发等骨干项目的带动作用；同时，积极发展饲草料加工业，加快粮食和农作物秸秆的转化利用，提高饲草料的生产能力，牧区抗灾保畜建设由灾后救助变为灾前建设，到90年代末，草原建设积累了较丰富的经验。2000年之后，国家实施了草原生态建设重大工程，各项工程以围栏建设、人工种草、草地改良、棚圈建设、饲草加工机械等为基本建设内容，使草原建设得到全面发展。据统计，截至2014年年底，全国保留种草面积2 200.7万公顷，其中人工种草1 282.2万公顷，改良种草859.7万公顷，飞播种草58.8万公顷。随着草原建设的不断深入，有力地促进了草原生态环境改善和草原畜牧业的生产经营方式的改变。

二、草原建设重大工程与专项行动

（一）退牧还草工程

退牧还草工程自 2002 年开始试点，2003 年开始实施。2005 年，国务院西部开发办、国家发改委、财政部、农业部、粮食局五部委进一步完善退牧还草政策措施，在我国草原牧区建设围栏实施禁牧和休牧，补播面积为围栏面积的 30%。2011 年，国家发展改革委员会、农业部、财政部对工程政策再次做出调整，主要内容包括：增加了舍饲棚圈和人工饲草地建设内容；中央补助提高到 80%，取消县及县以下资金配套。到 2015 年，国家对退牧还草工程共投入中央资金 235.7 亿元，建设草原围栏 10.53 亿亩，其中禁牧围栏 3.93 亿亩，休牧围栏 6.6 亿亩；严重退化草原补播 2.78 亿亩；人工饲草地 734 万亩，棚圈 46.45 万户。其中“十二五”期间，每年投入中央资金 20 亿元。2015 年，退牧还草工程实施范围包括内蒙古、辽宁、吉林、黑龙江、陕西、宁夏、新疆（含兵团）、甘肃、四川、云南、贵州、青海、西藏等 13 个省（自治区）。

（二）京津风沙源治理工程

京津风沙源治理工程于 2000 年全面启动实施。该工程通过采取多种生物措施和工程措施，治理沙化土地，减少风沙和沙尘天气危害，从总体上遏制沙化土地的扩展趋势。京津风沙源治理工程草原建设项目主要包括：人工草地、飞播牧草、围栏建设、基本草场建设、草种基地建设、禁牧舍饲棚圈建设、饲草加工机械等。自工程实施至 2015 年，国家对京津风沙源治理工程草原治理项目共投入中央资金 62.931 6 亿元，“十二五”期间，累计投入中央资金约 17 亿元。2015 年，在北京、天津、河北、山西、内蒙古、陕西等 6 省（自治区、直辖市）共安排京津风沙源草原治理任务 13.1 万公顷，其中人工草地 4.2 万公顷、飞播牧草 666.7 公顷、围栏封育 8.55 万公顷、草种基地 0.28 万公顷；建设牲畜舍饲棚圈 151.73 万米^2；建设青贮窖 42.5 万米^3、贮草棚 23.23 万米^2。

（三）西南岩溶地区草地治理试点工程

自 2006 年开始，西南岩溶地区草地治理试点工程在贵州和云南省实施。截至 2015 年，中央累计投入资金 5.31 亿元，安排建设石漠化草地治理任务 42.67 万公顷。其中，2015 年中央投入资金 1.2 亿元，安排建设任务 8 万公顷。

（四）振兴奶业苜蓿发展行动

长期以来，中国苜蓿等优质饲草料的缺乏制约了奶牛生产水平和牛奶质量的进一步提高。2013 年，财政部和农业部启动实施了振兴奶业苜蓿发展行动。2012—2015 年，中央财政每年安排 5.25 亿元，建设 50 万亩高产优质苜蓿示范片区。其中，3 亿元用于高产优质苜蓿示范片区建设；2 亿元用于生产、收获和加工机械补贴；0.25 亿元用于良种补贴。该行动重点在东北、华北、西北的10个省区实施。实施几年来，高产优质苜蓿种植面积扩大，商品草质量提高，规模牧场广泛使用国产的优质苜蓿，有力促进了奶业的健康发展。

（五）南方现代草地畜牧业发展

为贯彻落实中央1号文件精神，促进南方草地畜牧业发展，2014年中央财政安排“畜牧发展扶持资金”，支持开展南方现代草地畜牧业推进行动。2014年，中央投资3亿元，在安徽、江西、湖南、湖北、贵州、云南、广东、广西、四川、重庆等10个省区开展天然草地改良、优质稳产人工饲草地建植、标准化集约化养殖基础设施建设、草畜产品加工设施设备建设等，逐步改善南方草地畜牧业基础设施和科技支撑条件。目前项目实施进展情况良好，项目资金已拨付到承担单位，共涉及10省区的83个养殖企业和合作社。本期项目要求于2015年7月完成。

第三章
中国草原监测工作的重要性

第一节　中国草原资源与生态特点

一、草原资源与利用特点

（一）类型分布格局的复杂性

中国天然草原降水量有从东北向西南逐渐递减，气温从东北向西南逐渐递增的规律性，形成了土壤和植被的分带现象，其中一些高大的山体穿插其中，加之青藏高原的隆起，打破了部分水、热分布规律的格局，表现为草原类型复杂多样，拥有原生的草甸、草原、荒漠、沼泽和次生的灌草丛等多种类型，和世界各主要草原大国相比，植被种类丰富、齐全，并因有青藏高原的分布而独具特色。水平分布的地带性表现为沿纬度方向热量的南、北变化，相应形成了热性草丛、暖性草丛、温性草原等纬向地带性草地；水平分布的地带性还表现为沿经度方向水分的东、西变化，即相应形成了草甸或灌草丛、草甸草原、典型草原、荒漠草原、草原化荒漠、荒漠等经向地带性草原；水平分布的地带性还包括大地形的影响，分布在内陆南北或西南-东北走向大的山体，阻止了吹向内陆的东南季风，造成内陆干旱，而青藏高原则打破了相应纬度地带气候的分布界限，受东南季风和南部孟加拉湾暖湿气流的影响，从西北向东南形成不同高原水平的高寒荒漠、高寒荒漠草原、高寒草原、高寒草甸草原和高寒草甸类草原的地带性更替分布。

（二）生产力空间分布的差异性

中国天然草原产草量受经度、纬度和海拔的水热条件影响具有明显的分异。从经度方向地带性来看，天然草原产草量受温带经度方向和高原亚寒带经度方向两方面的影响，温带地区草原产草量随降水从东北向西南递减而呈现递减的规律，高原亚寒带降水从高原东南边缘向西北内陆中心递减，产草量也呈现东南向西北递减的规律。从纬度方向地带性来看，也有两个影响因素，天然草原产草量受热量的南、北变化，即从南到北温度的影响，产草量呈现由高向低的变化，而青藏高原在亚热带、热带纬度地域的隆起，产草量也出现从东南到西北递减的变化。4类隐域性草原发育在北方土壤湿润或水分条件较丰富的生境条件下，水分和热量的多寡决定了草原的产量。总体上各草原带从草原类到荒漠类草群高度、盖度植物种的饱和度以及产草量都是由东北向西南递减，如温性草原类到荒漠类、高寒草原类到荒漠类载畜能力以40%左右比例递减。从东北向西南不同地带草地牧草干物质、粗蛋白、粗纤维、无氮浸出物、粗灰分等营养物质含量的高低，亦出现有规律的变化。经分析研究，地区气候的湿润系数小，草群蛋白质含量就高，如湿润系数为0.6～1.0的温性草甸草原带，粗蛋白含量为10.75%；湿润系数为0.3～0.6的温性典型草原草场带，粗蛋白含量增至14.75%；湿润系数为0.13～0.3的荒漠草原，粗蛋白含量为13.96%；相反的湿润系数越大，无氮浸出物的含量也越高，如温性荒漠草原草场带无氮浸出物含量为26.38%，温性典型草原草场带为35.98%，温性草甸草原草场带增至42.50%。此外，荒漠草场带多盐生植物，故粗灰分含量特别高。

（三）牧草生长的时间波动性

天然草原牧草各区域、各季节供应极不平衡是我国草原资源的特点之一。牧草生长的波动性在时间上表现为气候要素、生产力、营养成分等在季节和年际间的变化，时序的波动性在造成草原畜牧业生产波动的同时，也容易对草原产生经常性的超载压力，从而影响草原生态与经济的协调发展。牧草生长的时间波动性表现为同一类型，甚至同一草场，生产力在各年度间和各季节间都有很大变化。北方和西部草原，枯草期达6～7个月，青藏高原高寒草地，枯草期长达8～9个月。枯草期的牧草营养物质含量比青草期下降50%～80%，再加上冷季草地面积小，放牧时间长，缺乏可供冷季放牧的人工草地、可供割晒干草的割草地，冷季缺草成为我国草地利用中最大限制性因素。全国各类草地年度间变化一般为20%～45%。随着植物的萌发、生长，草原干物质积累逐渐增加，如以禾草为主的典型草原和荒漠草原草场，通常最高产草量是在秋季，如以秋季产量作为100%，则夏季为80%～85%、冬季为60%～65%、春季为40%～45%；以灌木为主的荒漠草场也是秋季产量最高，夏季为80%。牧草营养物质含量一年四季也相差甚远，牧草的蛋白质含量、粗纤维含量也随季节的变化而波动，夏季牧草的粗蛋白含量高，占10%～15%；粗纤维含量比较低，占20%～30%；而冬季则前者减少30%～50%，后者增加30%～40%。

（四）草原利用条件的不均衡性

天然草原分布区气候、地形等环境条件，影响着草原资源的利用。按草地适宜利用性状来划分，适于割草的高草草地主要分布于南方和东部湿润区，全国可利用草地面积为 8 042 万公顷，为全国草地的 24.3%；适于冷季（或全年）放牧的草地为 1 4674.4 万公顷；占放牧草地面积的 55.6%。北方和西部牧区与半牧区草地可供割贮的干草很少，牲畜在冬季缺少舍饲条件。北方牧区和青藏高原的冷季放牧草地面积不足，冷季缺草成为限制北方和西部草地畜牧业发展的首要因素。北方和西部牧区生产生活主要依赖草原畜牧业，牲畜多、草地相对少，大面积草地超载过牧；南方和东部农区草多畜少，相当部分草地未利用。北方和西部牧区草地、南方居民点周围的草地 90%已长期超载过牧；南方和东部湿润区草地大约 30%利用过度、30%轻度利用、40%尚未利用。按季节草地平衡计算，载畜量不平衡的矛盾普遍存在于北方温带区和高寒草地区，北方和西部传统草地牧业区，冷季草地和暖季草地地区分布不平衡、冷季草地载畜量已超载 30%～50%，使家畜经受着“夏饱、秋肥、冬瘦、春乏”的循环。这种情况在西藏、青海、新疆 3 省（自治区）尤为突出。

二、草原生态环境特点

（一）生态环境的脆弱性

我国天然草原大部分分布在远离海洋、降水量稀少的中西部温带半干旱、干旱气候区，或地势高亢、低温寒冷的青藏高原地区，以及河湖滩涂盐渍化土地等生态较脆弱区域。在生态脆弱区的生态系统中，环境与生物因子均处于相变的临界状态，容易受风蚀、水蚀和人为活动的强烈影响，自然灾害频发。位于年均降水小于 200 毫米、水资源短缺、土壤结构疏松的北方中西部干旱、半干旱区域的草原类型，草原面积总共有 7 255.61万公顷，占全国草原总面积的 18.47%。这些地区草原植被覆盖度低，广泛分布颗粒粗、流动性强的沙土，加之重牧利用，植被易被破坏而导致土地沙漠化。在这些草原生态系统的整个环境制约因子中，降水量直接影响着草地植被、牲畜种群数量变化。位于高海拔（平均海拔 2 733～4 700 米）、低热量（年均温度－5.8～3.7℃）的青藏高原地区，草原面积总共有 12 935.98 万公顷，占全国草原总面积的 32.93%；其中西藏和青海无人区还分布着很多高寒荒漠等难以利用的草原，占全国草原面积的 5.57%。这些区域处于山地亚寒带、寒带，牧草生长低矮、生产力低下，过牧后极易退化沙化或发生鼠害。在这些草原生态系统的整个环境制约因子中，水分、热量的多少都在影响着草地植被、牲畜的种群数量变化。在这些利用条件较差的区域，受气候和人为过度干扰，因植被退化引发的生态问题已十分严重。

（二）生态环境治理的长期性

草原资源立地条件较好、气候较湿润且品质优良的草原，如分布于我国东北部东南季风区的草甸草原、典型草原，分布于兴安岭两翼的山地草甸，以及受大西洋的湿润水汽滋润的新疆伊犁谷地山地草甸等，都属于我国品质最好的天然草原，但这些草地在全国草地中所占的比重不高，几类合计为 7 453.44 万公顷，占全国草地总面积的 18.42%；这些条件较好、较湿润的草原也正被逐步开垦，面积逐渐减小。分布于南方和东部热带、亚热带、暖温带中产草量虽高，但多为森林，砍伐后牧草品质欠佳的次生草地，面积仅占全国草原总面积的 8.49%。两类隐域性草原，低地草甸类也面临过度利用等问题，沼泽类草地质量较差，且江河、湖泊水量已在逐渐减少，湿地面积也在萎缩。随着工业化、城镇化的发展，草原资源和环境承受的压力越来越大，在一些地区，过度强调草原开发利用，忽视对草原的保护建设，垦草种粮、非法采矿、挖沙采石、滥采乱挖草原野生植物资源等破坏草原现象依然严重。据农业部发布的《全国草原监测报告》：仅在 2015 年，全国就发生各类草原违法案件 17 020 起，破坏草原 12 023.6 公顷。草原生态系统自身的特点决定了一旦遭到破坏，其生态状况的好转需要一个长期的过程，才能形成生态系统的良性循环。目前，我国草原生态环境仍然十分脆弱，我国草原生态恢复和保护建设具艰巨性和长期性。

第二节　草原监测的意义与作用

一、草原监测的目的意义

草原监测是保护和建设草原的一项重要的基础性工作。《草原法》第三章第二十五条规定“国家建立草原生产、生态监测预警系统。县级以上人民政府草原行政主管部门对草原的面积、等级、植被构成、生产能力、自然灾害、生物灾害等草原基本状况实行动态监测，及时为本级政府和有关部门提供动态监测和预警信息服务。”草原监测的根本任务是为经济建设、生态环境建设和生态保护监督与管理提供决策依据。

开展草原资源与生态监测是维护国家生态安全的客观需要，及时把握草原现状和变化发展趋势，可为制定国家宏观政策和战略措施，促进草原的可持续利用和生态、经济、社会的协调发展提供科学依据。开展草原监测，有利于准确、高效地查处和打击非法征占用和开垦草原、乱采滥挖草原野生植物等破坏草原的行为，有利于推进草原家庭承包，实施基本草原保护、草畜平衡、禁牧休牧轮等草原保护制度，是实施草原监督管理的重要基础；开展草原监测，有利于针对近年来国家投入大量资金专门用于草原生态工程及补奖机制政策，做到科学规划、合理布局、有效实施、严格监督，有利于为工程的有效实施提供技术指导，为评估工程建设效益提供科学依据，是草原保护建设工程的基本保证。

二、监测工作在草原管理决策中的作用

（一）掌握草原资源的消长动态

草原资源状况是一个动态过程，草原的变化来自两方面，一方面是草原植被随自然

条件的影响，自身不断发生生长、演替等规律性变化；另一方面是草原植被生长在人类活动的不断干扰下，发生超出自身规律的变化。对草原资源的了解和对其动态的监测就成为人类保护和利用草原资源过程中一个十分重要的环节。草原监测就是采用一系列技术手段记录一定的时段内草原资源变化的过程，监测和预警内容依管理目标和研究目的而设定，草原资源监测主要内容包括以下几个方面。

1. 监测草原类型面积变化 草原类型面积监测是草原资源监测的基础，主要是对草原不同地类的类型、面积、分布及动态变化情况进行监测，定期提供各地类面积现状、分布格局及动态变化数据及图像资料。人类对草原的认识、评价、利用立足于具体的草原类型，草原类型是存在于一定空间的具有特定自然与经济特征的具体草原地段，是研究草原的特征、分布、演替规律，以及发生、发展原理的基本单元。草原由许多类型单元所组成，而草原面积代表了许多类型单元地段分布的总和。草原的类型面积是有限的，作为一种农业自然资源，它与耕地、森林有互相转化的关系，近代城镇、交通及工矿业的快速发展也迫使草原的利用向非农业自然资源方面转化。开展草原类型面积动态监测，对划定草原保护红线，遏制草原非法违法利用有重要意义。通过监测，获取草原的植被组成以及气候、地形、地貌、土壤等资料，确定草原类型及其分布界线，掌握区域内的草原类型、面积及其动态变化，对比历史数据，分析面积变化及原因，做出草原面积变化评价报告，为有效地保护草原资源提供重要依据。

2. 预测预报天然牧草生产量 适时监测不同季节各类草地牧草长势、生物量及其空间变化趋势，是草原资源监测的基本任务之一。一个地区、一个生产单位的草原畜牧业发展的规模，主要取决于经营范围内草原生产力的高低。草原生产力包括第一性生产力和第二性生产力，第一性生产力是草群地上部分的植物体重量（广义的草原第一性生产力还包括植物地下部分的生产能力），第二性生产力是单位面积草原在一定时间内可承载家畜头数和转化为畜产品的数量。草原生产力受水热为主导因子的环境条件限制，其高低决定于草群植物种类组成及生长发育状况。草原地上生物量随季节而变化，生产力具有时效性，以单位面积地上生物量和可食牧草产量为主要监测指标，可通过连续的动态监测获取地上生物量的数据，研究建立生物量与遥感植被指数，以及草原生态环境各要素（如水、热、光照等）相互关系模型，预测预报天然牧草生产量，在此基础上评估区域草原承载能力，定期发布草畜平衡状况，提出草畜平衡对策。

3. 调控草畜动态平衡 天然草原载畜量受气候条件制约，年际、月际之间牧草产量、牧草营养物质含量等有很大差异。因此需要应用遥感技术结合地面调查的手段对不同年份、不同季节的草原生产力进行动态监测，掌握草原生产力动态变化规律，及时预报牧草长势及适宜载畜量，作为各级领导宏观调控及生产经营者适时出栏，以及近距离调草的科学依据，同时也为丰年贮草，“以丰补欠”等草畜平衡措施提供依据。利用遥感技术，结合与其同步进行的实地调查采样以及GPS技术定位，找出最适宜的植被指数及产草量估算模型，反演草原生产力，进行不同类型天然草原饲草储量及其他来源的饲草饲料储量估算，以不同行政区域为单位，分别统计汇总天然草地、人工草地、农作物秸秆、青贮等饲草饲料储量，适宜养畜量和实际的牲畜头数进行对比，进而做出草畜平衡评价。草畜平衡动态监测改变了过去传统的监测预报方法，在获取冷季适宜出栏率或及早安排草料等信息方面，提供了快速而准确的科学手段。监测结果以国家、省或地区、县等各级农牧业管理部门报告的形式，定期向社会发布，各地采用当年适宜载畜量数据，及早采取草畜平衡措施，通过增草、压缩家畜数量、优化基础母畜、接早春羔等措施，提高畜牧业效益，同时保护了环境。

（二）监测评估草原生态环境

生态环境脆弱、经济社会发展落后、管理方法不合理是造成我国草原牧区生态环境退化的根本原因，生态系统管理方法不当已经或正在导致牧区生产系统和生态环境的持续退化。监测草原主要生态要素的现状及其变化，包括不同时相的草原水文动态、土壤墒情动态、土壤侵蚀状况，土壤腐殖质层厚度及有机质含量动态，草原沙化退化盐碱化面积、程度及空间分布格局，重点生态区域如风沙源、退牧还草区生态状况，气候及人类活动对草地沙化、退化的影响等，定期提供草原生态环境现状和动态变化信息，实现对环境质量的监控和宏观调控。

1. 掌握草原退化、沙化、盐渍化状况 监测草原退化、沙化、盐渍化状况，可以掌握退化、沙化、盐渍化草原的分布、面积和程度，按不同草原类型、不同退化级别，因地制宜地选择植被恢复与重建措施。草原退化简单地说就是草原生态系统的退行性演替。草原大多位于干旱、寒冷地区，易受自然因素和人为不合理利用的综合影响，草原退化的表现是可食性植物种的密度、盖度、高度及频度等指标降低，植被生产能力下降，土壤有机质含量下降、结构变差，土壤紧实度增加，或出现沙化、盐碱化。以未退化（包括未沙化、盐渍化）草原植被特征与地表状况等指标为对照基准，草原植物群落优势种牧草、可食草种数及产量相对百分数的减少率，退化、沙化、盐渍化指示植物种个体数相对百分数的增加率，土壤0～20厘米土层有机质含量相对百分数的减少率，裸地、裸沙、盐碱斑面积占草原面积相对百分数增加率等，作为划分退化、沙化、盐渍化程度的主要监测指标，获取退化、沙化、盐渍化草原的空间分布、面积和程度，定期提供草原退化、沙化、盐渍化动态数据，找出草原退化的影响因素，做出草原退化、沙化、盐渍化发展趋势分析与评估报告，为掌握草原生态状况和有针对性地选用生态修复技术提供基础数据。

2. 监测预警草原灾害 草原自然灾害的防范直接关系农牧民生命财产安全，对突发性灾害要早预测、早准备，做到及时发现、及时上报、及时扑救，努力减少人员伤亡和财产损失。运用全球定位系统、地理信息系统、遥感技术和网络技术等现代信息手段，做好草原灾害动态监测，可提高防灾减灾能力。对自然灾害的受害区域进行适时监测，对灾情损失状况进行科学评估，为最大限度降低草原灾害损失提供依据。不同灾害类型监测和预警的内容有所不同。①雪灾：主要依据雪灾时空分布特点，根据遥感数据掌握发生区域、雪层厚度、面积、程度和动态等雪情指标，结合草情、畜情指标，进行草原雪灾的综合评估，确定成灾等级和预测发展情况。②旱灾：主要监测草原水分供应情况和植被生长状况，结合遥感植被指数，提供旱灾发生的地区、范围、灾情等资料，并对灾情的发展趋势进行预测。③火灾：在草原防火季节，利用遥感手段全天候监测草原火情发生时间、位置、过火面积及预判火势蔓延趋势，为及时布防、扑火、减轻火灾损失提供依据，并对火灾损失进行评估。④鼠、虫害：监测鼠害发生的地点、范围、面积及评估灾情；草原、农田大规模虫灾的灾情调查与跟踪监测，并结合相关因素对其发展趋势进行预测。

3. 评估草原生态建设工程效果 近年来，国家及部分自治区加大了草原保护和建设的力度，京津风沙源、退牧还草、西南岩溶地区草地治理试点等是国家在草原地区投入规模大、实施时间长的生态建设重大工程。为确保工程建设的质量和成效，使生态工程真正发挥应有的效益，需要及时、准确地掌握工程分布状况及效果，建立工程效益动态监测技术系统，为政府宏观管理和指导、监督和检查，提供可靠的依据；为完善工程措施，指导农牧民生产提供科学措施与方法。为了全面了解草原保护建设工程实施状况，科学评估工程建设效益，需要在研发基于遥感、模型模拟和地面观测的草原植被变化监测关键技术与系统的基础上，根据草原治理工程的实施范围、目标任务、方法措施、建立一套监测评价指标体系，及时、全面、系统地反映工程实施前后的草原植被与环境变化情况，科学、客观、准确地评价工程实施取得的生态、经济和社会效益。在全国大面积草原生态工程建设现状与效益监测中，通过遥感监测掌握大面积草原建设工程的规模、分布状况；利用空间卫星数据与地面植被同步采样数据的相关性，快速获得实施工程措施前后的植被、土壤等资源及环境状况；指标体系分评价指标和监测指标两部分，监测指标是获得评价指标的基础，评价指标直接参与评价；采用定性和定量评价相结合的办法，对草原生态建设效益的进行综合评价。

（三）建立草原基础信息数据库

多年连续动态监测积累了大量草原资源与生态基础信息，为了管理好这些宝贵资料，研究开发草原属性数据库及图形数据库管理软件系统，将各地区野外采集的样点GPS定位数据，通过坐标转换和数据表的链接，形成GIS格式，即具有地理空间位置的点状和面状数据，建立全国草原地理信息系统数据库，包括专业图形、遥感图像、地理要素、野外GPS定位原始样地、野外拍摄照片等；将20世纪80年代草原调查数据及分布图进行矢量化，可以在统一的坐标系统下，与多种图像和图形，包括遥感影像、地形图、草场类型和土壤类型图、气候插值图等空间数据进行叠加分析。通过系统软件实现输入输出、查寻检索、更新等功能，可为今后草原动态监测奠定基础。草原地理信息系统数据库为各级政府制订草原保护建设、畜牧业等规划和决策提供基础依据及技术支持。采用3S技术对草原资源与生态环境进行实时监测，建立空间数据库，能全面、及时、准确地掌握草原资源数、质量现状和生态变化信息等基况，进而分析并评估草原的状况、动态变化以及预测其发展趋势，综合社会经济信息，调查不同尺度上社会对草地功能的需求，使我国草地资源监测数据实现全面长期共享，为进一步决策、研究和推广等工作提供数据信息支持，为草原资源可持续利用打下坚实基础。

02 第二篇 草原监测理论与技术

DIERPIAN CAOYUAN JIANCE LILUN YU JISHU

草原监测是指在一定时间和空间范围内，利用各种信息采集、处理和分析技术及其他相关技术，对草原生态系统进行系统观察、测定、分析和评价，掌握草原生产力状况、了解草原植被长势、测算草原生态工程效益、分析草原灾害损失和评定草原生态状况的系统工程。通过科学的监测可以全面、科学、准确地反映草原资源与生态的变化情况，以全面展现监测期间资源和生态状况变化，综合揭示各种因素的相互关系和内在变化规律，为草原和生态建设以及国家宏观决策和社会公众及时提供全面、准确的信息服务。

第四章
草原监测理论基础

草原监测是草原科学研究的基础和技术服务的必要手段。它是利用多种技术和理论，测定、分析、研究草原生态系统对自然和人为作用的反应或反馈效应的综合表征，来判断和评价自然和人为因素对生态系统产生的影响、危害及其变化规律，为草原生态系统的评估、调控和管理提供科学依据。归纳起来，景观生态学理论、统计学理论、抽样理论是指导和规范草原监测的重要理论基础。

第一节　景观生态学理论

景观生态学作为一门新兴的交叉学科，围绕着生态学中空间关系与空间效应的核心领域，曾经从许多相关学科的理论中汲取过营养。景观生态学的基本理论和原则主要有三个来源：一是来自其母体学科，特别是生态学和地理学；二是来自相关学科，特别是系统科学和信息科学；三是来自对景观生态学领域具有普遍意义的研究成果的抽象和提高。

许多学者对景观生态学基础理论的探索已经作出了重要贡献，如 Risser 等提出的 5 条原则，Forman 等提出的 7 项规则等。但从景观生态学理论研究现状来看，目前用理论这一术语表达景观生态学的基础理论，比用原理、定律、定理等方式更适宜些。相关学科为景观生态学提供的基础理论，概括起来主要有生态进化和演替、理论系统理论、异质共生理论、尺度理论、空间镶嵌与生态交错带、景观连接度与渗透理论、岛屿生物地理学理论、空间种群理论等。

一、生态进化与生态演替理论

达尔文提出了生物进化论，主要强调生物进化；海克尔提出生态学概念，强调生物与环境的相互关系，开始有了生物与环境协调进化的思想萌芽。应该说，真正的生物与环境共同进化思想属于克里门茨。他的五段演替理论是大时空尺度的生物群落与生态环境共同进化的生态演替进化论，突出了整体、综合、协调、稳定、保护的大生态学观点。坦斯里提出生态系统学说以后，生态学研究重点转向对现实系统形态、结构和功能和系统分析，对于系统的起源和未来研究则重视不够。此时，特罗尔却接受和发展了克里门茨的顶极学说而明确提出景观演替概念。他认为植被的演替，同时也是土壤、土壤水、土壤气候和小气候的演替，这就意味着各种地理因素之间相互作用的连续顺序，换句话说，也就是景观演替。

生态演替进化是景观生态学的一个主导性基础理论，现代景观生态学的许多理论原则如景观可变性、景观稳定性与动态平衡性等，其基础思想都起源于生态演替进化理论，如何深化发展这个理论，是景观生态学基础理论研究中的一个重要课题。生态演替进化是景观生态学的一个主导性基础理论，现代景观生态学的许多理论原则如景观可变性、景观稳定性与动态平衡性等，其基础思想都起源于生态演替进化理论，如何深化发展这个理论，是景观生态学基础理论研究中的一个重要课题。

二、空间分异性与生物多样性理论

空间分异性是一个经典地理学理论，有人称之为地理学第一定律，而生态学也把区域分异作为其三个基本原则之一。生物多样性理论不但是生物进化论概念，而且也是一个生物分布多样化的生物地理学概念。二者不但是相关的，而且有综合发展为一条景观生态学理论原则的趋势。

地理空间分异实质是一个表述分异运动的概念。首先是圈层分异，其次是海陆分异，再次是大陆与大洋的地域分异等。地理学通常把地理分异分为地带性、地区性、区域性、地方性、局部性、微域性等若干级别。生物多样性是适应环境分异性的结果，因此，空间分异性生物多样化是同一运动的不同理论表述。

景观具有空间分异性和生物多样性效应，由此派生出具体的景观生态系统原理，如景观结构功能的相关性，能流、物流和物种流的多样性等。空间分异性是一个经典地理学理论，有人称之为地理学第一定律，而生态学也把区域分异作为其三个基本原则之一。生物多样性理论不仅是生物进化论概念，也是一个生物分布多样化的生物地理学概念。

三、景观异质性与异质共生理论

景观异质性的理论内涵是：景观组分和要素，如基质、镶块体、廊道、动物、植物、生物量、热能、水分、空气、矿质养分等，在景观中总是不均匀分布的。由于生物不断进化，物质和能量不断流动，干扰不断，因此景观永远也达不到同质性的要求。在自然界生存最久的并不是最强壮的生物，而是最能与其他生物共生，并能与环境协同进化的生物。因此，异质性和共生性是生态学和社会学整体论的基本原则。

四、岛屿生物地理与空间镶嵌理论

岛屿生物地理理论是研究岛屿物种组成、数量及其他变化过程中形成的。达尔文考察海岛生物时，就指出海岛物种稀少，成分特殊，变异很大，特化和进化突出。以后的研究进一步注意岛屿面积与物种组成和种群数量的关系，提出了岛屿面积是决定物种数量的最主要因子的论点。1962 年，Preston 最早提出岛屿理论的数学模型。后来又有不少学者修改和完善了这个模型，并和最小面积概念（空间最小面积、抗性最小面积、繁殖最小面积）结合起来，形成了一个更有方法论意义的理论方法。

所谓景观空间结构，实质上就是镶嵌结构。生态系统学也承认系统结构的镶嵌性，但因强调系统统一性而忽视了镶嵌结构的异质性。景观生态学是在强调异质性的基础上表述、解释和应用镶嵌性的。事实上，景观镶嵌结构概念主要来自孤立岛农业区位论和岛屿生物地理研究。但对景观镶嵌结构表述更实在、更直观、更有启发意义的还是岛屿生物地理学研究。

五、尺度效应与自然等级组织理论

尺度效应是一种客观存在而用尺度表示的限度效应，只讲逻辑而不管尺度，无条件推理和无限度外延，甚至用微观试验结果推论宏观运动和代替宏观规律，这是许多理论悖谬产生的重要哲学根源。有些学者和文献将景观、系统和生态系统等概念简单混同起来，并且泛化到无穷大或无穷小而完全丧失尺度性，往往造成理论的混乱。现代科学研究的一个关键环节就是尺度选择。在科学大综合时代，由于多元多层多次的交叉综合，许多传统学科的边界模糊了。因此，尺度选择对许多学科的再界定具有重要意义。等级组织是一个尺度科学概念，自然等级组织理论有助于研究自然界的数量思维，对于景观生态学研究的尺度选择和景观生态分类具有重要的意义。

六、生物地球化学与景观地球化学理论

现代化学分支学科中与景观生态学研究关系密切的有环境化学、生物地球化学、景观地球化学和化学生态学等。

B. E. 维尔纳茨基创始的生物地球化学主要研究化学元素的生物地球化学循环、平衡、变异以及生物地球化学效应等宏观系统整体化学运动规律。以后派生出水文地球化学、土壤地球化学、环境地球化学等。波雷诺夫进而提出景观地球化学、科瓦尔斯基更

进一步提出地球化学生态学，这就为景观生态化学的产生奠定了基础。

景观生态化学理应是景观生态学的重要基础学科，在以上相关理论的基础上，综合景观生态学研究实践，景观生态化学日益发挥出自己的影响。

七、生态建设与生态区位理论

景观生态建设具有更明确的含义，它是指通过对原有景观要素的优化组合或引入新的成分，调整或构造新的景观格局，以增加景观的异质性和稳定性，从而创造出优于原有景观生态系统的经济和生态效益，形成新的高效、和谐的人工-自然景观。

生态区位论和区位生态学是生态规划的重要理论基础。区位本来是一个竞争优势空间或最佳位置的概念，因此区位论是一种富有方法论意义的空间竞争选择理论，半个世纪以来一直是占统治地位的经济地理学主流理论。现代区位论还在向宏观和微观两个方向发展，生态区位论和区位生态学就是特殊区位论发展的两个重要微观方向。生态区位论是一种以生态学原理为指导而更好地将生态学、地理学、经济学、系统学方法统一起来重点研究生态规划问题的新型区位论，而区位生态学则是具体研究最佳生态区位、最佳生态方法、最佳生态行为、最佳生态效益的经济地理生态学和生态经济规划学。

从生态规划角度看，所谓生态区位，就是景观组分、生态单元、经济要素和生活要求的最佳生态利用配置；生态规划就是要按生态规律和人类利益统一的要求，贯彻因地制宜、适地适用、适地适产、适地适生、合理布局的原则，通过对环境、资源、交通、产业、技术、人口、管理、资金、市场、效益等生态经济要素的严格生态经济区位分析与综合，来合理进行自然资源的开发利用、生产力配置、环境整治和生活安排。

因此，生态规划无疑应该遵守区域原则、生态原则、发展原则、建设原则、优化原则、持续原则、经济原则 7 项基本原则。现在景观生态学的一个重要任务，就是如何深化景观生态系统空间结构分析与设计而发展生态区位论和区位生态学的理论和方法，进而有效地规划、组织和管理区域生态建设。

第二节 统计学理论

统计方法论是统计学所特有的基本方法和规律，是草原监测过程中经常用到的基本理论。统计学理论一是用于研究草原生态系统现象总体的综合数量特征。这是由统计学方法论的本质所决定的，草原监测统计工作要搜集大量个体或单位的数据资料，并加以综合汇总、统计分析，从而得到反映草原总体的数量特征，说明草原现状、发展变化的规律性。但统计研究也结合典型调查或个案研究，旨在补充和完善对研究对象“质”的分析；二是通过“量”的分析，达到“质”的认识。草原监测中统计不是“纯数量”的研究，而要密切联系质的方面来研究草原的数量和质量关系。

草原监测统计学应用历经定性分析—定量分析—定性分析的认识过程，统计分组、设计统计指标、搜集整理数据和分析处理数据，从而得到统计分析的结果，这个结果正是对所研究草原的本质的数量化表现。

常用的统计方法论主要有三条。

一、大量观察法

大量观察就是在统计总体内考察多数个体或观察多数现象，而不是单个现象。从统计学的基本定义中可以看出，统计学的研究目标是在大量观察的基础上，揭示总体数量关系的大数规律（大数规律就是随机现象在大量重复观察中所表现出来的必然规律），人们也称之为统计规律。统计学研究的是随机现象，而随机现象是带有偶然性的，其基本方法就是大量观察法。因为个别观察带有偶然性，所以只有通过大量观察，才能透过偶然看到必然，发现随机现象的大数规律或统计规律。

二、统计分组法

统计分组就是根据统计研究的需要，按照一定的标志，将研究对象的全体划分为性质不同的若干部分，把属于同一性质的单位集中在一起，把不同性质的单位区别开来，形成各种不同类型组别的一种统计方法。现象的同质性是研究现象数量关系的前提。统计分组的目的，是要按照不同的标志，把统计研究对象的本质特征正确地反映出来，保持组内的同质性和组间的差异性，以便进一步运用各种统计方法，研究总体的数量表现和数量关系。统计分组法在统计研究中占有重要地位，是统计分析的基础，贯穿于统计研究的全过程。

三、综合指标法

统计研究的客体是由众多具有相同性质的个体单位组成的总体。统计学不是研究空泛的抽象的总体，而总是要指明具体内容或具体项目，将总体在这些内容或项目上的发展水平用数量表现出来，就称之为统计指标。由于统计指标是在总体内各个体数据的基础上综合汇总而得，因此，统计指标也称为综合指标。综合指标既能表示总体某种属性的数量特征，又是进一步进行其他统计分析的基础。

第三节 抽样理论

地面调查数据在相当长的时间内依然是最直接、最精确和最可靠的信息来源，具有不可替代的地位。由于每年都要进行草原各种调查，如何节约人力物力是个重要问题。这主要通过减少地面工作量来实现。但地面工作量的减少要在保证精度的前提下进行。所以，设计科学的抽样方法十分重要。

抽样就是从研究总体中选取一部分代表性样本的方法。例如，我们要研究草原生产力等问题，那么整个草原都是我们的研究对象。但限于研究条件等原因，我们难以对每一个地区的草原进行调查研究，而只能采用一定的方法选取其中的部分样地作为调查研究的对象，这种选择调查研究对象的过程就是抽样。采用抽样法进行的调查就称为抽样调查。抽样调查是最常用的调查研究方法之一，它已被广泛应用到资源调查等多个领域。

抽样对调查研究来说至关重要。在大多数情况下，我们难以对全部的对象做研究，而只能研究其中的一部分。对这部分研究对象的选择就要依靠抽样来完成，如此可以节省研究的成本和时间。但我们的研究又不是停留在所选取的样本本身，而是通过对有代表性的样本的分析来研究总体。故抽样的目的，就是从研究对象总体中抽选一部分作为代表进行调查分析，并根据这一部分样本去推论总体情况。

一、抽样的基本术语

抽样已发展出了自己的一套专门术语，主要包括以下几种。

1. 总体或抽样总体（population） 总体通常与构成它的元素共同定义：总体是指构成它的所有元素的集合，而元素则是构成总体的最基本单位。在社会研究中，最常见的总体是由社会中的某些个人组成的，这些个人便是构成总体的元素。

2. 样本（sample） 样本与总体相对应，是指用来代表总体的单位，样本实际上是总体中某些单位的子集。样本不是总体，但它应代表总体，以抽样的标准就是让所选择的样本最大限度地代表总体。

3. 抽样单位或抽样元素（sampling unit/element） 抽样单位或抽样元素是指收集信息的基本单位和进行分析的元素。抽样单位与抽样元素有时是一致的，有时是不一致的。如在简单抽样中，它们是一致的，但在整群或多阶段抽样中，抽样单位是群体，而每个群体单位中又包含许多抽样元素。

4. 参数值与统计值 参数值（parameter）也称总体值，是指反映总体中某变量的特征值。参数值多是理论值，难以具体确定。通常是根据样本的统计值来推论总体的参数值。

统计值（statistic）也称样本值，是指对样本中某变量特征的描述。它通常是实际统计分析的数值。用样本值去推论参数值时，二者是一一对应的。下表列出了常见的一些特征值：

	参数值	统计值
定义	反映总体特征的指标	反映样本特征的指标
特征值	N（总体数）μ（总体均值）σ（总体标准差）P（总体成数）	n（样本数）$\bar{x}$（样本均值）s（样本标准差）p（样本成数）

5. 抽样误差（sampling error） 样本统计值与所要推论的总体参数值之间的均差值就称为抽样误差。这是由抽样本身产生的误差，它反映的是样本对总体的表性程度，故又称代表性误差。

6. 置信水平与置信区间（confidence level and interval） 置信水平和置信区间是与抽样误差密切相关的两个概念。置信水平，又称置信度，是指总体参数值落在某一区间内的概率。而置信区间是指在某一置信水平下，用样本统计值推论总体参数值的范围。其大小与误差密切相关，置信区间越大，误差也越大。

二、抽样类型

草原监测的研究开始于 20 世纪 80—90 年代，但监测研究中用到的一些重要技术方法，是一种基于概率理论的常用抽样方法，样本的选取完全随机而定，不受主观意志的影响，能够保证样本的代表性、避免人为干扰和偏差，能对抽样误差进行估计，是最科学、应用最广泛的一种抽样方法，包括等概率抽样和不等概率抽样。最基本的抽样方法有 5 种。

1. 简单随机抽样 也称纯随机抽样，是指按照随机原则从总体单位中直接抽取若干单位组成样本。它是最基本的概率抽样形式，也是其他几种随机抽样方法的基础。

2. 等距随机抽样 也称机械随机抽样或系统随机抽样，是指按照一定的间隔，从根据一定的顺序排列起来的总体单位中抽取样本的一种方法。具体做法是：首先将总体各单位按照一定的顺序排列起来，编上序号；其次用总体单位数除以样本单位数得出抽样间隔；最后采取简单随机抽样的方式在第一个抽样间隔内随机抽取一个单位作为第一个样本，再依次按抽样间隔作等距抽样，直到抽取最后一个样本为止。

3. 分层随机抽样 也称类型随机抽样，是指首先将调查对象的总体单位按照一定的标准分成各种不同的类别（或组），然后根据各类别（或组）的单位数与总体单位数的比例确定从各类别（或组）中抽取样本的数量，最后按照随机原则从各类（或组）中抽取样本。

4. 整群随机抽样 也称聚类抽样，是先把总体分为若干个子群，然后一群一群地抽取作为样本单位。它通常比简单随机抽样和分层随机抽样更实用，像后者那样，也需要将总体分成类群，所不同的是，这些分类标准往往是特殊的。具体做法是：先将各子群体编码，随机抽取分群号码，然后对所抽样本群或组实施调查。因此，整群抽样的单位不是单个的分子，而是成群成组的。凡是被抽到的群或组，其中所有的成员都是被调查的对象。这些群或组可以是一个家庭、一个班级，也可以是一个街道、一个村庄。

5. 分段随机抽样　也称多段随机抽样或阶段随机抽样，是一种分阶段从调查对象的总体中抽取样本进行调查的方法。它首先要将总体单位按照一定的标准划分为若干群体，作为抽样的第一级单位；再将第一级单位分为若干小的群体，作为抽样的第二级单位；以此类推，可根据需要分为第三级或第四级单位。然后，按照随机原则从第一级单位中随机抽取若干单位作为第一级单位样本，再从第一级单位样本中随机抽取若干单位作为第二级单位样本，以此类推，直至获得所需要的样本。

在实际监测工作中，一个具体的抽样方案大多是5种基本抽样方法的各种形式的组合。

三、固定样地

为了补充和完善全国草原监测体系，需要对草原资源进行固定综合监测。抽样选取的固定样地具有充分的代表性，可作为数据收集的平台。主要调查样地基本情况、植被情况、土壤、灾害、草原结构和多样性等。

设定固定样地是完善草原资源监测体系及提高动态监测效率的必要和有效途径。经过长期调查，积累丰富的固定样地调查材料，通过各种数据分析，能够掌握草原资源现状和动态变化，随时提供满足各种需求的数据成果和资料，为草原管理工作提供科学依据。

建立固定样地监测体系，能大大增加和提高草原资源信息的数量和质量，降低监测成本，达到高效利用的目的。

四、抽样的基本程序

按照一定原则进行抽样时，大致可包括如下几个步骤。

1. 界定总体　界定总体包括明确总体的范围、内容和时间。实际调查的总体与理论上设定的总体会有所不同，总体越复杂，二者的差别越大。例如，要研究某地青少年的犯罪状况，理论上的总体是这一地区符合一定条件的所有青少年，但实际上我们能够抽样的总体并不能全部包括，也就是说只能根据我们所掌握的这一地区符合一定条件的青少年进行抽样。因此，抽样总体有时不等于理论上的研究总体，样本所代表的也只是明确界定的抽样总体。此外，由于调查研究内容的不同，对总体的限定也会有所不同。

2. 样本（样地）的设置　样本，草原监测中也称样地，是代表一个群落整体的地段，因此样地应选在群落的典型地段，尽量排除人的主观因素，使其能充分反映群落的真实情况，代表群落的完整特征，因此样地应注意不要选在被人、畜和啮齿动物过度干扰和破坏的地段，也不要选在两个群落的过渡地段。平地上的样地应位于最平坦的地段，山地上的群落应位于高度、坡度和坡向适中的地段；具有灌丛的样地，除了其他条件外，灌丛的郁闭度应是中等的地段。

样地的轮廓可以是定形的，如正方形、长方形；也可以是不定形的，如对平地和山地的小面积群落，可沿其自然边界建立样地。样地四周应当用围栏加保护，以免人、畜破坏。

3. 确定抽样框 这一步骤的任务就是依据已经明确界定的总体范围，收集总体中全部抽样单位的名单，并通过对名单进行统一编号进而组合成一种可供选择的形式，如名单、代码、符号等。抽样框的形式受总体类型的影响：简单的总体可直接根据其组成名单形成抽样框；但对构成复杂的总体，常常根据调查研究的需要，制订不同的抽样框，分级选择样本。例如，进行全国人口抽样调查，先以全国的省市为抽样框选部分省、市为调查单位，然后再以这些省、市中的各县、区为抽样框选部分县、区为调查单位，这样依次到村或居委会。

在概率抽样中，抽样框的确定非常重要，它会直接影响到样本的代表性。因此，抽样框要力争全面、准确。

4. 样本（样地）设计 样地或者样本设计包括确定样本规模和选择抽样的具体方式。抽样的目的是用样本来代表总体，自然样本数越大，其代表性越高。但样本数越大，调查研究的成本也越大。因此，确定合适的样本规模和抽样方式是抽样设计中的一项重要内容。

5. 评估样本（样地）质量 评估样本质量即通过对样本统计值的分析，说明其代表性或误差大小。对样本代表性进行评估的主要标准是准确性和精确性：前者是指样本的偏差，偏差越小，其准确性越高；后者是指抽样误差，误差越小，其精确性或代表性越高。

第五章
地面调查与监测

地面调查是生态学，特别是植物群落生态学研究的基本方法。地面调查以样地和样方为基本调查单元，通过一定数量的样方和样地，调查植被群落特征、植被的高度、盖度、产量及牧草发育期、土壤质地、地表特征、利用状况等，获取调查区域草原的基本情况。地面监测必须考虑监测指标的空间异质性，不同植物种具有不同的空间分布范围，并且各物种的指标性状在其分布区内也存在很大的时空异质性。监测样地的建立是地面监测的基础。因此，地面监测样地设置的科学与否，将直接影响到整个监测结果的可靠性。实际工作中考虑样地面积、样地数量、样地位置和取样方法等综合因素，样地合理设置是监测结果科学、准确的前提保证。

第一节　准备工作

调查研究之初必须明确地面调查的目的、要求、对象、范围、深度、工作时间、参加的人数、所采用的方法及预期所获的成果；对相关学科的资料要收集，如地区的气象资料、地质资料、土壤资料、地貌水文资料、林业、畜牧业以及社会、民族情况等。对调查研究地和对象的前人研究工作要尽可能的收集资料，加以熟悉，甚至是一些片段的、不完全的资料也好，有旅行家札记、县志、地区名录等都可以收集。

野外调查设备的准备：海拔表、地质罗盘、GPS、大比例尺地形图、高分辨率遥感现状图、望远镜、照相机、测绳、钢卷尺、植物标本夹、枝剪、手铲、小刀、植物采集记录本、标签、样方记录用的一套表格纸、方格绘图纸、土壤剖面的简易用品等。如果有野外考察汽车、野外充气尼龙帐篷及简易餐具则更好。

调查记录表格的准备：①野外植被（灌丛、草地等等）调查的样地（样方）记录表。目的在于对所调查的群落生境和群落特点有一个总的记录。②样方调查记录表。对观测样方内的植被特征等详细记录，包括植物种类、高度、盖度及生物量等情况。

第二节　样地及样方的选择与布设

取样是草原监测过程中对草原进行定性和定量分析的重要手段。在进行地面调查时，应根据草原植被特性、生态状况和利用方式等选择样地和布置样方。

一、样地选择

样地主要用来描述草原植被特征和利用状况。要通过合理布局有限的样地，最大限度地获取当地草原植被的基本特征、利用状况和产草量的准确信息。可以按照预先确定的区域和调查路线，综合考虑草原植被分布、面积、利用强度，选择具有代表性的区域作为样地。对于面积大、分布广、利用强度大的草原类型，样地密度、数量要加大，而面积分布小、利用强度轻或不利用的草原，可适当减少样地数量。

样地要求生境条件、植物群落种类组成、群落结构、利用方式和利用强度等具有相对一致性。样地要能代表一定区域的草原植被类型，尽可能设在不同的地貌类型上，充分反映不同地势、地形条件下植被生长状况。样地之间要具有空间异质性，每个样地能够控制的最大范围内，地形、植被等条件要具有同质性，即地形以及植被生长状况应相似；此外还要考虑交通的便利性。样地控制范围不小于 1 千米^2。

设置原则是：

（1）样地的选择应能够反映区域草原植被的地带性特点，草地类型判断要准确。

（2）垂直带谱上样地应设置在每带的中部，并且坡度、坡向和坡位应相对一致。

（3）在草原隐域性分布的地段，样地设置应位于地段中环境条件相对一致的地区。

（4）对于利用方式及利用强度不一致的草场，应考虑分别设置样地。

（5）样地一般不设置在草地类型过渡带上。

二、样方布设

样方是能够代表样地信息特征的采样单元，用于获取样地的基本信息。样方设置在选定的样地内，每个样地内至少布设草本及矮小灌木样方 3～5 个或灌木及高大草本样方 1 个。样方在样地内分布不要求一定均匀，但一定是整个样地的缩影，能够反映样地植被整体情况和基本信息。为了获得更接近草原真实的生物量，在被调查的样地，尽量选择未利用的区域做测产样方。对于退牧还草工程项目植被状况调查，在每个项目县至少做 3～5 组工程区内外的对照样方，不同组的对比样方尽量分布在不同的工程区域。

从统计学的要求出发，取样的面积越大，所获的结果越准确，但所费的人力和时间相应增大。取样的目的是为了减少劳动，因此要使用尽可能小的样方，但同时又要保证试验的准确和达到统计学的要求，样方面积不可能无限制地减少，因而就出现了统计学上的最小面积的概念。

样方面积的大小取决于草地群落的种类组成、结构特征和分布的均匀性以及设置样方的目的与工作内容。最小面积就是能够提供足够的环境空间，能保证体现群落类型的种类组成和结构真实特征的最小地段。不同草地类型的群落其最小面积是不一样的。最小面积可以用不同的方法求得，最常用的是种-面积曲线法，用种数和面积大小的函数关系确定最小面积。

具体方法是开始使用小样方，随后用一组逐渐把面积加倍的样方（巢式样方），逐一登记每个样方中的植物种的总数。以种的数目为纵轴，以样方面积为横轴，绘制种-面积曲线。曲线最初急剧上升，而后近水平延伸，并且有时再度上升，好像进入了群落的另一发展阶段。曲线开始平伸的一点就是最小面积，这一点可以从曲线上用肉眼判定，这样的最小面积可以作为样方大小的初步标准。

在一般的情况下，以草本植物组成的草地，样方的面积要比以木本植物为主的草地小些；群落草层低矮、结构简单、分布均匀的草地，样方要小些，反之要大些。用于牧草产量测定的样方面积一般均小于定性样方的面积。以草本植物为主组成的草地，如草甸、草甸草原、典型草原、荒漠草原，样方的面积一般以 1 米×1 米比较合适；在植被盖度较大、分布比较均匀的情况下，从减少工作量考虑也可用 1 米×0.5 米或 0.5 米×0.5 米的样方。在植被稀疏、分布均匀，以生长半灌木为主的荒漠、草原化荒漠草地上测产，可用 2 米×2 米的样方。在植被稀疏并以生长灌木为主，可采用 5 米×20 米或 10 米×10 米的样方。南方的灌草丛和疏林草丛草地，北方的一些带有灌丛的草地也宜用大样方。

三、取样方式

有样条法、样带法、样圆法、样线法等。样条是样方的变形，即长宽比超过 10：1，取样单位呈条状的样方。样条因在一定面积的基础上长度延伸很大，在取样中可更多地体现草地在样条长度延伸方向上的变化，因此适用于研究稀疏，或呈带状变化的植被。在植物个体大小相差较大时，样条的准确性超过样方。在半荒漠和荒漠，视灌木成分的多少和均匀程度，可用 1 米宽、20～100 米长的样条，重复 2～3 次测定重量及其他数量特征。

样带是由一系列样方连续、直线排列而构成的带形样地，因此是系统取样的一种形式。样带的长短取决于样方的多少，而样方的多少又取决于研究的对象和重复的多少。样带最适用于生态序列，即植被和生态因子在某一方向上的梯度变化及其相互关系。

样圆法是使用圆形取样面积进行植被分析的方法。同等的面积，圆的边线最短，边际效应最小，理应是最好的取样形状，但是由于在测定重量时它的边界不易严格遵循，而样方却方便得多，因此除了测定频度外，一般不使用样圆。测定草本植物频度的样圆面积规定为0.1米^2（直径35.6厘米），重复50次。

样线法是以长度代替面积的取样方法，在株丛高大且不郁闭的草地上用以测定盖度和频度较样方法更方便、准确。样线法的具体方法是在样地的一侧设一侧线，然后在基线上用随机或系统取样法定出几个测点，以作为样线重复的起点；也可不作基线，直接使用两条平行的或互相垂直的足够长的样线。

第三节　地面信息获取

一、样地基本信息

样地基本信息主要包括以下14个方面的内容。

1. 样地号　以县（旗）为单位，按样地选择顺序依次编号，同一个县（旗）内，样地号不得重复。

2. 样地所在行政区　标明样地所在省（自治区、直辖市）、县（旗）、乡（镇、苏木）、村。

3. 草原类型　指样地所在区域的草原类型。按中国草地类型分类系统中确定的类型名称来填写。

4. 样地景观照片编号　拍摄样地周围最有代表性的景观照片，并进行对应编号。

5. 工程区特征记载　记载草原保护建设工程情况。

6. 地形地貌　地貌通常分为平原、山地、丘陵、高原、盆地和沟谷6种类型。

7. 坡向　分为阳坡（坡向向南）、半阳坡（坡向向东南）、半阴坡（坡向西北）和阴坡（坡向向北）。

8. 坡位　分坡顶、坡上部、坡中部、坡下部和坡脚。

9. 土壤质地　土壤的固体部分主要是由许多大小不同的矿物质颗粒组成，矿物质颗粒的大小相差悬殊，且在不同土壤中占有不同的比例，这种大小不同的土粒的比例组合叫土壤质地。

10. 地表特征　地表特征主要包括枯落物、覆沙、土壤侵蚀状况等情况。

11. 水分条件　主要填写样地所在地区，地表有无季节性水域和当地气象台站记载的年平均降水量。

12. 利用方式　草原利用主要分为全年放牧、冷季放牧、暖季放牧、春秋放牧、打草场等要方式，具体信息要通过对当地牧民或专业人员的访问获得。

13. 利用状况　指草原上家畜放牧和人类活动情况。

14. 综合评价 为便于综合评判草原的质量，本书将草原质量大体分为以下 3 个级别。

好 草原生态系统结构完整，植物种群组成未发生明显变化，植被盖度较高，草原退化、沙化、盐渍化不明显。

中 草原植被盖度和产草量降低，表土裸露，土壤发生盐渍化。适口性好和不耐踩踏的牧草品种减少，适口性差和耐踩踏的牧草品种增加，主要组成种群为矮化杂草以及耐践踏的灌丛。

差 植被盖度和产草量明显降低，表土大面积裸露，土壤盐渍化严重。可食牧草几乎消失，主要组成种群为可食性差的牧草及一年生杂草。

二、草本及矮小灌木草原样方调查

样方调查信息填写非常重要，是后期分析、统计、建模等过程的重要依据，因此，地面样方信息记录务必准确、真实、清晰。主要包括以下内容。

1. 样方编号 指样方在样地中的顺序号，比如 01-3，代表 01 号样地的第 3 个样方，同一样地中，样方编号不能重复。

2. 样方面积 选取样方的实际面积，比如 1 米^2。

3. 样方定位 GPS 记载样方的经纬度和海拔高度，也可以通过地形图定位，即在地形图上查找样地所在位置的经纬度。

4. 样方照片 俯视照是指样方的垂直照；周围景观照是指最能反映样方周围特征的景物的照片。编号要反映所属样地号及样方号。

5. 植被盖度测定 指样方内所有植物的垂直投影面积占样方面积的百分比。植被盖度测量采用目测法或样线针刺法。目测法是目测并估计 1 米^2 内所有植物垂直投影的面积。样线针刺法是选择 50 米或 30 米刻度样线，每隔一米或几米用探针垂直向下刺，若有植物，记做 1，无则记做 0，然后计算其出现频率，即盖度。

6. 草群平均高度 测量样方内大多数植物枝条或草层叶片集中分布的平均自然高度。

7. 植物种数 样方内所有植物种的数量。

8. 主要植物种名 样方内，主要的优势种或群落的建群种、优良牧草种类（饲用评价为优等、良等的植物）。

9. 毒害草种数及名称 样方内对家畜有毒、有害的植物种数量及名称。

10. 产草量测定 总产草量是指样方内草的地上生物量。通常以植被生长盛期（花期或抽穗期）的产量为准。植物经一定时间的自然风干后，其重量基本稳定时即可视为干草。

三、具有灌木及高大草本植物草原样方调查

1. 填写样方信息 填写调查日期及调查人姓名、样方编号和照片编号（照片编号要标明该照片所在样方号），填写 GPS 记载样方的经纬度和海拔高度等。

2. 调查方法 测定草本及矮小灌木：100 米^2 的样方内设置 3 个 1 米^2 草本及矮小灌木样方，测定内容和方法同上，草本产量测量一律采用齐地面剪割，取 3 个样方的平均值作为 100 米^2 内草本及矮小灌木的测定结果。

测定灌木和高大草本：对 80 厘米以上的高大草本和 50 厘米以上的灌木产量的测定，采用测量单位面积内各种灌丛植物标准株（丛）产量和面积的方法进行。

（1）记录灌丛名称。

（2）株丛数量测量 记载 100 米^2 样方内灌木和高大草本株丛的数量。先将样方内灌木或高大草本按照冠幅直径的大小划分为大、中、小 3 类（当样地中灌丛大小较为均一，冠幅直径相差不足 10%～20%时，可以不分类，也可以只分为大、小两类），并分别记数。

（3）丛径测量 分别选取有代表性的大、中、小标准株各 1 丛，测量其丛径（冠幅直径）。

（4）灌木及高大草本覆盖面积 某种灌木覆盖面积＝该灌木大株丛面积（一株）×大株丛数＋中株丛面积（一株）×中株丛数＋小株丛面积（标准）×小株丛数。

灌木覆盖总面积＝各类灌木覆盖面积之和。

（5）灌木及高大草本产草量计算 分别剪取样方内某一灌木及高大草本大、中、小标准株丛的当年枝条并称重，得到该灌木及高大草本大、中、小株丛标准重量，然后将大、中、小株丛标准重量分别乘以各自的株丛数，再相加即为该灌木及高大草本的产草量（鲜重）。将一定比例的鲜草装袋，并标明样品的所属样地及样方号、种类组成、样品鲜重、样品占全部鲜重的比例等，待自然风干后再测其风干重。将样方（100 米^2）内的所有灌木和高大草本的产草量鲜重和干重汇总得到总灌木或高大草本产草量，并分别折算成单位面积的重量。

实际操作时，可视株型的大小只剪一株的 1/16～1/2，称重，然后折算为一株的鲜重。

（6）样方（100 米^2）内总产草量 样方内总产草量包括草本及矮小灌木重量、灌木及高大草本重量。

总产草量＝草本及矮小灌木产草量折算×（100－灌木覆盖面积）/（100＋灌木及高大草本产草量）。

按以上计算公式折算合计。

第六章
草原遥感监测

遥感技术的物理基础是地物对电磁波的反射、吸收和辐射特性。遥感波段的辐射源不同，辐射与地物相互作用的机理就不同，因此所反映的地物信息也就不同。我们能够利用遥感信息识别不同地物的一个根本原因就是因为各种地物间光谱特性具有一定的差异，同样植物的光谱特征可使其在遥感影像上有效地与其他地物相区别。

卫星遥感是监测草原植被的有效手段，卫星从太空遥视地球，不受自然和社会条件的限制，迅速获取大范围观测资料，为人类提供了监测、量化和研究区域或全球植被变化影响的可能。

第一节　草原植被遥感研究的主要内容

遥感可按数据获取、处理、分析和应用的整个过程中的主要内容分类。遥感科学技术包括5个方面的内容：传感器研制、数据获取、数据处理、信息提取和遥感应用。从这几方面的内容可见，遥感是一个多学科交叉的产物。传感器研制涉及光学、电磁学和光电仪器制作；数据获取包含数据储存与传输，它涉及航空、航天、计算机和通信；数据处理是数据获取和信息提取的中间环节，它涉及计算机和电子工程等自动化行业；信息提取涉及各种应用行业和自动化行业；遥感应用主要是指对遥感数据和信息的科学、生产和国防应用。

早期的研究主要集中在植物及土地覆盖类型的识别、分类与专题制图等。随后，则致力于植物专题信息的提取与表达方式上，提出了多种植被指数，并利用植被指数进行植被宏观监测以及生物量估算，包括作物估产、森林蓄积量估算、草场产草量估算等。随着定量遥感的逐步深入，植被遥感研究已向更加实用化、定量化方向发展，提出了几十种植被指数模型，研究植被指数与生物物理参数（叶面积指数、叶绿素含量、植被覆盖度、生物量等）植被指数与地表生态环境参数（气温、降水、蒸发量、土壤水分等）的关系，以提高植物遥感的精度，并深入探讨植被在地表物质能量交换中的作用。

目前遥感辐射传输理论不断完善，在所有波谱区间面临着一个基本问题，即如何更好地在实验室和野外波谱特性测量与卫星遥感观测之间建立尺度放大和尺度转换？还有一系列相关问题：如何定量刻化地表形态结构对地物波谱的影响，从而更准确地提取地物信息?这涉及辐射传输理论及反演、数据处理中的数据校正、信息提取中的新方法研究等方面。

一、草原分类

应用遥感影像进行植被的分类制图，尤其是大范围的植被制图，是一种非常有效而且节约大量人力物力的工作，已被广泛的采用。在我国内蒙古草原资源遥感调查、“三北”防护林遥感调查水土流失遥感调查、洪湖水生植被调查、洞庭湖芦苇资源的调查、天山博斯腾湖水生植物调查、新疆塔里木河流域胡杨林调查、华东地区植被类型制图、南方山地综合调查等许多研究中，都充分利用了遥感影像，其制图精度超过了传统方法。

二、区域草原植被的遥感估产

牧草的长势好坏与牧草的产量直接相关，而产草量是载畜量（单位面积草场可养牲畜的头数）的决定因素。我国在内蒙古草场遥感综合调查、天山北坡草场调查、湖北西南山区草场调查、西藏北部草场调查中，在应用遥感技术确定草场类型，进行草场质量评价的基础上，依据遥感结合地面样点光谱测量数据，进行了大尺度草原植被的遥感估产。主要包括草原类型的识别与面积估算和估产模式的建立。可以根据植被的色调、图形结构等差异最大的物候期（时相）的遥感影像和特定的地理位置等的特征，将其与其他植被区分开来。草原植被除了具备与一般植被相似的光谱特征外，大都分布在地面较为平坦的平原、丘陵、低地、河谷，少量分布在山坡。在遥感分类基础上，还必须应用较高分辨率的遥感影像对草原类型分布进行抽样检验，修正草原类型的分布图。

在估产时，过去30多年一直使用空间分辨率较低的卫星遥感影像，如NOAA的AVEER，目前使用最多的是MODIS、Landsat等中等分辨率的影像，通过模型做出产量的分布图。

三、草原植被动态监测

利用高时相分辨率的卫星影像（如MODIS等）对植被生长的全过程进行动态观测。对植被的返青等不同阶段的苗情、长势制出分片分级图，并与往年同样苗情的产量进行比较、拟合，并对可能的单产做出预估。在这些阶段中，如发生干旱、病虫害或其他灾害，使植被受到损伤，也能及时地从卫星影像上发现，及时地对预估的产量做出修正。

监测植被长势水平的有效方法是利用卫星多光谱通道影像的反射值得到植被指数（VI）。常用的植被指数有比值植被指数（RVI）、归一化植被指数（NDVI）、差值植被指数（DVI）和正交植被指数（PVI）等。到底选择哪一个植被指数作为监测长势的指标，必须经2～3年的数据拟合、利用地面数据验证后加以确定，建立草原植被长势监测模型。用选定的植被指数与某一类型的单产进行回归分析，得到回归方程。

随着全球生态环境的恶化，植物遥感从主要了解局地植物状况和类型，到围绕全球生态环境而进行大尺度（洲际或全球）植被的动态监测及植被与气候环境的关系研究。在全球植被覆盖类型研究中，考虑到南北半球的差异，经数据预处理后，对全球的NDVI作集群分类，分出13种植被覆盖类型——热带雨林、热带大草原、落叶林、常绿阔叶林、季雨林、热带草原和草原、草原、地中海灌木、常绿针叶林、阔叶林地、灌木和仅有旱生植被的干草原（半干旱）、苔原冻土冰区、沙漠，作全球植被覆盖类型图，并作13种类别NDVI的季节变化曲线，以进行全球植被覆盖类型的动态监测。

第二节　草原植物的光谱特征

植物的光谱特征可使其在遥感影像上有效地与其他地物相区别。同时，不同的植物各有其自身的波谱特征，从而成为区分植被类型、长势及估算生物量的依据。

一、健康植物的反射光谱特征

健康植物的波谱曲线有明显的特点（图6-1），在可见光的0.55微米附近有一个反

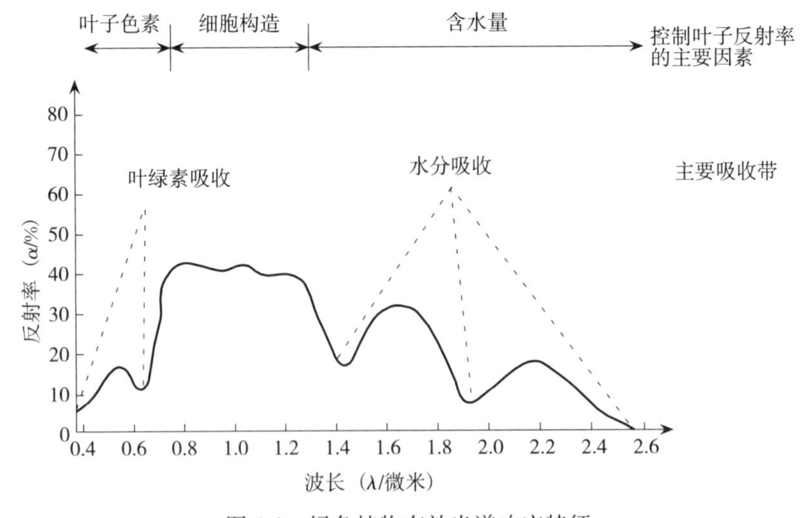

图6-1　绿色植物有效光谱响应特征

射率为10%～20%的小反射峰。在0.45微米和0.65微米附近有2个明显的吸收谷。在0.7～0.8微米是一个陡坡，反射率急剧增高。在近红外波段0.8～1.3微米形成一个高的、反射率可达40%或更大的反射峰。在1.45微米、1.95微米和2.6～2.7微米处有3个吸收谷。

二、影响植物光谱的因素

影响植物光谱的因素除了植物本身的结构特征，同时也受到外界的影响。外界影响主要包括季节的变化，植被的健康状况，植物的含水量的变化，植株营养物质的缺乏与否等。但外界的影响总是通过植物本身生长发育的特点在有机体的结构特征反映出来的。

从植物的典型波谱曲线来看，控制植物反射率的主要因素有植物叶子的颜色、叶子的细胞构造和植物的水分等。植物的生长发育、植物的不向种类、灌溉、施肥、气候、土壤、地形等因素都对有机物的光谱特征发生影响，使其光谱曲线的形态发生变化。

植物叶子中含有多种色素，如叶青素、叶红素、叶黄素、叶绿素等，在可见光范围内，其反射峰值落在相应的波长范围内（图6-2）。

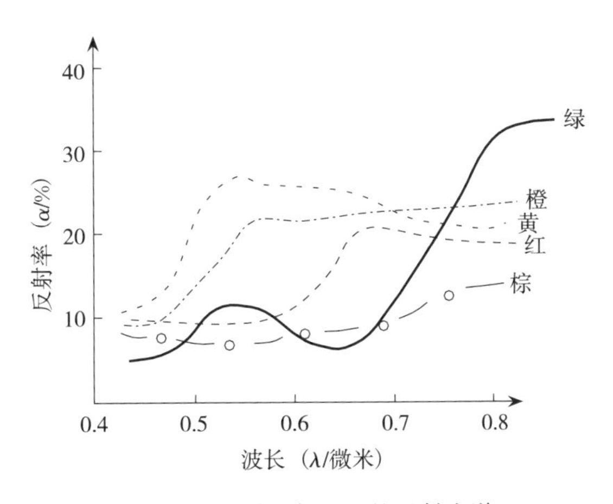

图6-2　不同颜色叶子的反射光谱

还应该指出，不同的植物种类虽然都有共同的光谱反射特性，形成很有特色的光谱反射曲线，但并不都是千树一面。实际上，不同的种属，处于不同的生长环境，其光谱反射曲线就会有许多差异。此外，不同植被类型在可见光区的反射率彼此差异小，曲线几乎重叠在一起，进入红外区，反射率的差异就扩大了，彼此容易区分。波段0.8微米、1.7微米和2.3微米都是识别不同植被类型的最佳波段。

第三节　草原植被生态参数的估算

植被指数是遥感领域中用来表征地表植被覆盖，生长状况的一个简单、有效的度量参数。随着遥感技术的发展，植被指数在环境、生态、农业等领域有了广泛的应用。在环境领域，通过植被指数来反演土地利用和土地覆盖的变化，逐渐成为实现对全球环境变化的研究重要手段；生态领域，随着斑块水平的生态系统研究成果拓展到区域乃至全球的空间尺度上，植被指数成了空间尺度拓展的连接点；在农业领域，植被指数广泛应用在农作物分布及长势监测、产量估算、农田灾害监测及预警、区域环境评价以及各种生物参数的提取。总之，随着人们对于全球变化研究的深入，以遥感信息推算区域尺度乃至全球尺度的植被指数日益成为令人关注的问题。

一、植被指数的概念

遥感图像上的植被信息，主要是通过绿色植物叶子和植被冠层的光谱特性及其差异、变化而反映的，不同光谱通道所获得的植被信息可与植被的不同要素或某种特征状态有各种不同的相关性，如叶子光谱特性中，可见光谱段受叶子叶绿素含量的控制、近红外谱段受叶内细胞结构的控制、中红外谱段受叶细胞内水分含量的控制。再如，可见光中绿光波段 0.52～0.59 微米对区分植物类别敏感，红光波段 0.63～0.69 微米对植被覆盖度、植物生长状况敏感等。但是，对于复杂的植被遥感，仅用个别波段或多个单波段数据分析对比来提取植被信息是相当局限的。因而，往往选用多光谱遥感数据经分析运算（加、减、乘、除等线性或非线性组合方式），产生某些对植被长势、生物量等有一定指示意义的数值——即所谓的“植被指数”。它用一种简单有效的形式来实现对植物状态信息的表达，以定性和定量地评价植被覆盖、生长活力及生物量等。

在植被指数中，通常选用对绿色植物（叶绿素引起的）强吸收的可见光红波段和对绿色植物（叶内组织引起的）高反射的近红外波段。这两个波段不仅是植物光谱中的最典型的波段，而且它们对同一生物物理现象的光谱响应截然相反，故将它们的多种组合对增强或揭示隐含信息是有利的。

二、植被指数的种类

植被光谱受到植被本身、土壤背景、环境条件、大气状况、仪器定标等内外因素的影响，因此植被指数往往具有明显的地域性和时效性。20 多年来，国内外学者已研究发展了几十种不同的植被指数模型（表 6-1）。大致可归纳为以下几类：

表 6-1　主要植被指数表达式一览

名称	简写	公式	作者及年代
比值植被指数	RVI	R/NIR	Pearson 等，1972
转换型植被指数	TVI	$\sqrt{NDVI+0.5}$	Rouse 等，1974
绿度植被指数	GVI	(−0.283MSS4−0.66MSS5+0.577MSS6+0.388MSS7)	Kauth 等，1976
土壤亮度指数	SBI	(−0.283MSS4−0.66MSS5+0.577MSS6+0.388MSS7)	Kauth 等，1976
黄度植被指数	YVI	(−0.283MSS4−0.66MSS5+0.577MSS6+0.388MSS7)	Kauth 等，1976
土壤背景线指数	SBL	(MSS7−2.4MSS5)	Richardson 等，1977

（续）

名称	简写	公式	作者及年代
差值植被指数	DVI	（2.4MSS7－MSS5）	Richardson 等，1977
Misra 土壤亮度指数	MSBI	（0.406MSS4＋0.60MSS5＋0.645MSS6＋0.243MSS7）	Misra 等，1977
Misra 绿度植被指数	MGVI	（－0.386MSS4－0.53MSS5＋0.535MSS6＋0.532MSS7）	Misra 等，1977
Misra 黄度植被指数	MYVI	（0.723MSS4－0.597MSS5＋0.206MSS6－0.278MSS7）	Misra 等，1977
Misra 典范植被指数	MNSI	（0.404MSS4－0.039MSS5－0.505MSS6＋0.762MSS7）	Misra 等，1977
垂直植被指数	PVI	$\sqrt{(\rho_{xil}-\rho)_{R^2}+(\rho_{xil}-\rho)_{NIR^2}}$	Richardson，1977
农业植被指数	AVI	（2.0MSS7－MSS5）	Ashburn，1978
裸土植被指数	GRABS	（GVI－0.09178SBI＋5.58959）	Hay 等，1978
多时相植被指数	MTVI	[NDVI（date 2）－NDVI（date 1）]	Yazdani 等，1981
绿度土壤植被指数	GVSB	GVV/SBI	Badhwar 等，1981
调整土壤亮度植被指数	ASBI	（2.0YVI）	Jackson 等，1983
调整绿度植被指数	AGVI	GVI－（1＋0.018GVI）YVI－NSI/2	Jackson 等，1983
归一化差异绿度指数	NDGI	（G－R）/（G＋R）	Chamadn 等，1991
红色植被指数	RI	（R－G）/（R＋G）	Escadafal 等，1991
归一化差异指数	NDI	（NIR－MIR）/（NIR＋MIR）	McNairn 等，1993
归一化差异植被指数	NDVI	（NIR－R）/（NIR＋R）	Rouse 等，1974
垂直植被指数	PVI	$(NIR-aR-b)/\sqrt{a^2+1}$	Jackson 等，1980
土壤调整植被指数	SAVI	$\frac{NIR-R}{NIR+R+L}(1+L)$	Huete 等，1988
转换型土壤调整指数	TSAVI	[a（NIR－aR－B）]/（R＋aNIR－ab）	Baret 等，1989
改进转换型土壤调整植被指数	TSAVI	$[a(NIR-aR-B)]/[R+aNIR-ab+X(1+a^2)]$	Baret 等，1989
大气阻抗植被指数	ARVI	（NIR－RB）/（NIR＋RB）	Kanfman 等，1992
全球环境监测指数	GEMI	$\eta(1-0.25\eta)-(R-0.125)/(1-R)$； $\eta=[2(NIR^2-R^2)+1.5NIR+0.5R]/(NIR+R+0.5)$	Pinty 等，1992
转换型土壤大气阻抗植被指数	TSARVI	$[a_{tb}(NIR-a_{rb}RB-b_{rb})]/[RB+a_{rb}NIR-a_{rb}b_{rb}+X(1+a_{rb}^2)]$	Bannar 等，1994
修改型土壤调整植被指数	MSAVI	$2NIR+1-\sqrt{[(2NIR+1)^2-8(NIR-R)]/2}$	Qi 等，1994
角度植被指数	AVI	$\tan^{-1}\{[(\lambda_3-\lambda_2)/\lambda_2](NIR-R)^{-1}\}+$ $\tan^{-1}\{[(\lambda_2-\lambda_1)/\lambda_2](G-R)^{-1}\}$	Plumme 等，1994
导数植被指数	DVI	$\int_{21}^{22}\frac{d_2}{d\lambda}d\lambda$	Demetriades 等，1990
生理反射植被指数	PRI	$(R_{rel}-R_{s31})/(R_{ief}+R_{531})$	Gamom 等，1992

1. 比值植被指数（*RVI*） 由于可见光红波段（R）与近红外波段（NIR）对绿色植物的光谱响应十分不同，且具倒转关系。两者简单的数值比能充分表达两反射率之间

的差异。比值植被指数可表达为：

$$RVI = DN_{NIR}/DN_{R} \text{ 或 } RVI = \rho_{NIR}/\rho_{R}$$

式中，DN 为近红外、红外段的计数值（灰度值）；ρ 为地表反照率。

对于绿色植物叶绿素引起的红光吸收和叶肉组织引起的近红外强反射，使其 R 与 NIR 值有较大的差异，使 RVI 值高。而对于无植被的地面包括裸土、人工特征物、水体以及枯死或受胁迫植被，因不显示这种特殊的光谱响应，则 RVI 值低。因此，比值植被指数能增强植被与土壤背景之间的辐射差异。土壤一般有近于 1 的比值，而植被则会表现出高于 2 的比值。可见，比值植被指数可提供植被反射的重要信息，是植被长势、丰度的度量方法之一。同理，可见光绿波段（叶绿素引起的反射）与红波段之比 G/R，也是有效的。比值植被指数可从多种遥感系统中得到。但主要用于 Landsat 的 MSS、TM 和气象卫星的 AVHRR。

RVI 是绿色植物的一个灵敏的指示参数。研究表明，它与叶面积指数（LAI）、叶干生物量（DM）、叶绿素含量相关性高，被广泛用于估算和监测绿色植物生物量。在植被高密度覆盖情况下，它对植被十分敏感，与生物量的相关性最好。但当植被覆盖度小于 50%时，它的分辨能力显著下降。此外，RVI 对大气状况很敏感，大气效应大大地降低了它对植被检测的灵敏度，尤其是当 RVI 值高时。因此，最好运用经大气纠正的数据，或将两波段的灰度值（DN）转换成反射率（ρ）后再计算 RVI，以消除大气对两波段不同非线性衰减的影响。

2. 归一化植被指数（$NDVI$） 归一化指数（$NDVI$）被定义为近红外波段与可见光红波段数值之差和这两个波段数值之和的比值。即：

$$NDVI = (DN_{NIR} - DN_{R})/(DN_{NIR} + DN_{R}) \text{ 或 } NDVI = (\rho_{NIR} - \rho_{R})/(\rho_{NIR} + \rho_{R})$$

实际上，$NDVI$ 是简单比值 RVI 经非线性的归一化处理所得。在植被遥感中，$NDVI$ 的应用最为广泛。它是植被生长状态及植被覆盖度的最佳指示因子，与植被分布密度呈线性相关。因此，又被认为是反映生物量和植被监测的指标。

AVHRR 数据经归一化处理的 $NDVI$，部分消除了太阳高度角、卫星扫描角及大气程辐射的影响，特别适用于大尺度的植被动态监测，在有植被覆盖的情况下，$NDVI$ 为正值（>0），随着植被覆盖度增大，其 $NDVI$ 值越大。可见，几种典型的地面覆盖类型在大尺度 $NDVI$ 图像上区分鲜明，植被得到有效的突出。但是，$NDVI$ 的一个缺陷是，对土壤背景的变化较为敏感。试验证明，当植被覆盖度小于 15%时，植被的 $NDVI$ 值高于裸土的 $NDVI$ 值，植被可以被检测出来，但因植被覆盖度很低，如干旱、半干旱地区，其 $NDVI$ 很难指示区域的植物生物量，而对观测与照明却反应敏感；当植被覆盖度由 25%～80%增加时，其 $NDVI$ 值随植物量的增加呈线性迅速增加；当植被覆盖度大于 80%时，其 $NDVI$ 值增加延缓而呈现饱和状态，对植被检测灵敏度下降。

试验表明，植物生长初期 *NDVI* 将过高估计植被覆盖度，而在作物生长的结束季节，*NDVI* 值偏低。因此，*NDVI* 更适用于植被发育中期或中等覆盖度的植被检测。Hμete 等（1988）为了修正 *NDVI* 对土壤背景的敏感提出了可适当描述土壤—植被系统的简单模型，即土壤调整后的植被指数（Soil-Adjμsted Vegetation Index），其表达式为：

$$SAVI=[\frac{DN_{NIR}-DN_R}{DN_{NIR}+DN_R+L}](1+L)$$

或者

$$SAVI=[\frac{\rho_{NIR}-\rho_R}{\rho_{NIR}+\rho_R+L}](1+L)$$

式中，L 是一个土壤调节系数，它是由实际区域条件所决定的常量，用来减小植被指数对不同土壤反射变化的敏感性。当 L 为 0 时，*SAVI* 就是 *NDVI*。对于中等植被盖度区，L 一般接近于 0.5。因子（1+L）主要是用来保证最后的 *SAVI* 值与 *NDVI* 值一样介于－1 和＋1 之间。

在 *SAVI* 的基础上，人们又进一步发展了转换型土壤调整指数：

$$TSAVI=[a(NIR-aR-b)]/(R+aNIR-ab)$$

将土壤背景值的有关参数（a，b）直接参与指数运算。

为了减少 SAVI 中裸土影响，发展了修改型土壤调整植被指数：

$$MSAVI=(2NIR+1)-\sqrt{(2NIR+1)^2-8(NIR-R)/2}$$

Major 等又依据土壤干湿强度及太阳入射角的变化等，给出 SAVI 的 3 种新的形式（SAVI2、SAVI3、SAVI4）等。

试验证明，SAVI 和 TSAVI 在描述植被覆盖和土壤背景方面有着较大的优势。由于考虑了（裸土）土壤背景的有关参数，TSAVI 比 *NDVI* 对低植被覆盖有更好的指示意义，适用于半干旱地区的土地利用制图。

此外，针对不同的区域特点和不同的植被类型，人们又发展了不同的归一化植被指数。如，用于检验植被不同生长活力的归一化差异绿度指数：

$$NDGI=(G-R)/(G+R)$$

用于建立光谱反射率与棉花作物残余物的表面覆盖率关系的归一化差异指数：

$$NDI=(NIR-MIR)/(NIR+MIR)$$

3. 差值植被指数（*DVI*） 差值植被指数（*DVI*）又称环境植被指数（EVI），被定义为近红外波段与可见光红波段数值之差。即：

$$DVI=DN_{NIR}-DN_R$$

差值植被指数的应用远不如 *RVI*、*NDVI*。它对土壤背景的变化极为敏感，有利于对植被生态环境的监测。另外，当植被覆盖浓密（≥80%）时，它对植被的灵敏度下降，适用于植被发育早—中期，或低—中覆盖度的植被检测。

上述的 *NDVI*、*DVI* 等植被指数均受土壤背景的影响大，且这种影响是相当复杂的，它随波长、土壤特征（含水量、有机质含量、表面粗糙度等）及植被覆盖度、作物排列方向等的变化而变化。

对于植被指数的主要组成波段红光和近红外光而言，叶子对红光的作用主要是吸收，而透射、反射均很小，作为背景的土壤则红光的反射较强，因此在植被非完全覆盖的情况下，冠层的红光反射辐射中，土壤背景的影响较大，且随着覆盖度的变化而变化；但近红外波段情况完全不同，叶子对近红外光的反射、透射均较高（约各占50%），吸收极少，而土壤对近红外光的反射明显小于叶的反射。因此，在植被非完全覆盖的情况下，冠层的近红外反射辐射中，叶层的多次反射及与土壤的相互作用是复杂的，土壤背景的影响仍较大。

4. 缨帽变换中的绿度植被指数（*GVI*） 为了排除或减弱土壤背景值对植物光谱或植被指数的影响，除了前述出现一些调整、修正土壤亮度的植被指数（如 *SAVI*、*TSAVI*、*MSAVI* 等）外，还广泛采用了光谱数值的缨帽变换技术（Tasseled Cap，即TC变换）。该技术是由 K. J. Kaμth 和 G. S. Thomas 首先提出，故又称之为 K-T 变换。

5. 垂直植被指数（*PVI*） 是在 R、NIR 二维数据中对 *GVI* 的模拟，两者物理意义相似。在 R、NIR 的二维坐标系内，土壤的光谱响应表现为一条斜线——即土壤亮度线。土壤在 R 与 NIR 波段均显示较高的光谱响应，随着土壤特性的变化，其亮度值沿土壤线上下移动。而植被一般在红波段响应低，在近红外波段光谱响应高。因此，在这二维坐标系内植被多位于土壤线的左上方。

三、植被指数与生物量的关系

以上讨论了植被指数与叶面积指数、植被覆盖度的相关性。尽管不同的植被指数与LAI、植被覆盖度的相关性大小不同，但总体看来，这种相关性是明显的。

生物量指的是植物组织的重量。它是由植物光合作用的干物质积累所致。显然，叶面积指数 LAI 与植被覆盖度均是生物量的重要指标，它们都与植被指数相关。关于植被指数与生物量的定量关系，将在下面的“草原生产力监测”部分做详细论述。这里仅讨论植被条件指数与植被覆盖度、生物量的关系。

由 NOAA/AVHRR 数据获得的植被条件指数 *VCI* 被定义为：

$$VCI=(NDVI-NDVI_{med})/(NDVI_{max}-NDVI_{min})$$

式中，$NDVI$、$NDVI_{max}$、$NDVI_{med}$、$NDVI_{min}$ 分别为平滑化后每周（7 天）的

NDVI 以及它的多年最大值、中值、最小值（以像元为计算单元）。

研究结果表明，用植被条件指数 *VCI* 对植被覆盖度的估算误差<16%，低覆盖区误差更小；且 *VCI* 与实测的植被覆盖度相关性较高（相关系数约 0.76）。因此，用遥感卫星数据所获得的植被条件指数 *VCI* 方法来定量估算大面积植被覆盖度和生物量是有效的。

第四节 植被指数与草原生态环境参数的关系

一、环境背景对植被指数的影响

植被指数用于反映植被状况的理论模型是科学的，但就像利用大气环流模型预测气象状况一样，在实践中还要受到一些临时或局地的因素影响。影响的因素主要有：

1. 大气 大气中水汽、臭氧、气溶胶以及瑞利散射等对红光和近红外光的反射有不同影响。传感器在接收地面目标信号的同时，也接收到部分噪声，而且在大气的散射和吸收的作用下，使得红波段和近红外波段反射值有很大的误差，只有消除这些影响，才能获得稳定的植被指数。

2. 土壤背景 尽管研究对象是植被，但是传感器接收的信号则包括除植被以外的背景。当植被覆盖稀疏时，由于土壤背景的反射作用，红波段反射增加，而近红外波段反射减少，致使比值植被指数（*RVI*）和垂直植被指数（*PVI*）都不能准确地对植被反射进行度量。此外，土壤颜色变化使土壤波谱曲线分布范围加宽，影响对植被覆盖的探测，特别是对低密度植被的反射率具有较大影响。

3. 云雾 云雾严重影响地面目标信号的获取，遥感影像中云雾遮盖的区域，阻碍了图像的分析与判读。

4. 地形 在高低不平起伏较大的地区，遥感影像中阴影影响大，读取的植被指数难以真实的反应草原植被生长状况。

二、生态因子对植被指数的影响

植被指数如 *NDVI* 常被认为是气候、地形、植被/生态系统和土壤/水文变量的函数。从概念上讲，可以用这些环境因子建立 *NDVI* 模型。在 GIS 支持下研究 *NDVI* 与植被与生态变量的关系，以及用 *NDVI* 来准确估算植被与生态多种参数的可能性变得越来越大。

1. 植被指数与降水 Di 和 Rμndgμist 等（1994）进一步研究了在植物缺水条件下（即干旱—半干旱环境下），植被指数 *NDVI* 与降水的关系，建立了植物生长期内降水—植被响应模型，来描述一次降水事件带来的随时间变化的 *NDVI* 响应曲线和对总的

NDVI 响应延续时间，以说明植被如何响应降水事件。

不少学者（Tμcker 等，1985；Peters，1989；Nicholson 等，1990；Di，1991；Schμltz 等，1993）也都对 *NDVI* 与降水的关系进行了研究，指出 *NDVI* 与降水空间分布及年内、年际变化有关，并建立了 *NDVI* 与降水/土壤水分含量之间的描述性/统计性关系，以说明 *NDVI* 是识别气候干旱程度的一种方法。Kogan 和 Sμllivan（1993）证实植被条件指数（*VCI*）可作为很好的干旱指标，运用长期 *NDVI* 测量所得的 VCI 进行全球干旱监测。

2. 植被指数与地表温度 植被指数与表面温度的关系，也被许多学者研究。Hope 和 McDowell（1992）调查高草牧区的 *NDVI* 和遥感所得的表面温度的关系，评价烧草或其他环境控制的效应。Shigeto（1994）研究由 TM 数据所提取的 *NDVI* 和亮度温度及表面温度梯度之间的线性关系，并研究不同地表类型表面温度的植被效应。

3. 植被指数与蒸发量、土壤水分

一般说来，*NDVI* 能反映植被状况，而植被状况与植被蒸发量、土壤水分有关。对某一站点的绿色植被连续测定表明，累计的蒸发量与累计的植被指数间高度相关。Smith 等（1990）对半干旱地区的研究表明，图像上测得的植被覆盖与实际地面测得的蒸发量有密切关系：Desjardins（1989、1990）的研究发现，草本植被冠层测得的 CO_2 和 H_2O 通量高度相关；Cihlar 等（1991）通过作物生长季节每 15 天的 *NDVI*、气象站点的气象数据，由土壤水分模型（VSMB、SWOM）反演计算了根系不同深度水含量以及生态、土壤等信息。

03 第三篇 草原监测重点内容与方法

DISANPIAN CAOYUAN JIANCE ZHONGDIAN NEIRONG YU FANGFA

第七章
草原物候关键期监测

物候学是研究自然界以年为周期重复出现的各种生物现象的发生时间及其与环境条件（气候、水文和土壤）周期性变化相互关系的科学（竺可桢等，1999）。是以了解气候变化对动植物影响以及自然季节的变化规律，为农业生产和科学研究服务为目标的。物候现象不仅反映自然季节的变化，而且能表现出生态系统对全球环境变化的响应和适应，是全球变化的“诊断指纹”。物候资料是与气象和水文等仪器观测数据及遥感影像数据相独立的综合反映环境变化的独立证据（Schwartz 等，2013）。不断增强的物候变化直接影响植物种类的分布范围、植被生产，对生态系统生产力和碳循环研究具有重要意义。

草地是全球分布最广的生态系统类型之一，在全球碳循环和气候调节中起重要作用，天然草原年碳汇约为 0.5 皮克。因此，准确监测物候关键期及其变动，分析其空间格局，为深入理解草原植被物候的特征和规律，更好地研究天然草地生态系统对气候变化的影响程度和响应机制具有重要作用，还可为全球气候变化和碳源汇的确定提供科学参考依据。

第一节　数据来源与处理

一、地面数据来源与预处理

草原牧草物候期（返青期和枯黄期）的地面数据来源于地面观测，从单株、样方、样地，及更大区域等不同空间尺度上，观测方法和判断标准都有所不同。为了配合草原物候期的遥感监测，地面物候观测主要以样方法为主。下面就返青期和枯黄期的地面监测来分别叙述。

（1）对于返青期而言，在样方监测过程中，依据样方内植物开始展叶并正常发育的株（丛）占总株（丛）的百分率，或者样方内草原植被返青盖度的百分率来判定草原返青状况。具体定义为：

$$返青株数百分率=\frac{进入返青期的牧草株（丛）数}{牧草总株（丛）数}\times100\%$$

或者

$$返青盖度百分率=\frac{进入返青期的植物盖度}{植物总盖度}\times100\%$$

目前常用的是返青盖度百分率，可以简称为返青率。当样方内植被返青株数百分率或返青盖度百分率达到20%时，即表示开始返青；当草原植被返青株数百分率或返青盖度百分率达到50%时，即表示普遍进入返青；当草原植被返青株数百分率或返青盖度百分率达到80%时，表示完全返青。即草原植被返青率在20%～80%的时期即为草原返青期，其中依据植被返青株数百分率或返青盖度百分率可将草原返青期分为返青初期（20%～40%）、返青普遍期（40%～60%）和返青后期（60%～80%）3个时期。

在样地水平上，通过重复设置3个样方，依据样方的观测结果来判定样地返青状况。3个样方中，有2个植被返青率超过20%时，即认定该样地即进入返青期。对所有返青率超过20%的样方的返青率进行平均，依据计算结果，判断出该样地处于返青的什么时期，如返青初期（20%～40%）、返青普遍期（40%～60%）和返青后期（60%～80%）。

（2）对于枯黄期监测而言，在样方监测过程中，依据样方内植物叶片开始变灰变黄的株（丛）占总株（丛）的百分率，或者样方内草原植被枯黄盖度的百分率来判定草原进入枯黄状况。具体定义为：

$$枯黄株数百分率=\frac{进入枯黄期的牧草株（丛）数}{牧草总株（丛）数}\times100\%$$

或者

$$枯黄盖度百分率=\frac{进入枯黄期的植物盖度}{植物总盖度}\times100\%$$

为便于实际操作，使用枯黄盖度百分率，简称枯黄率。当样方内草原植被枯黄率达到20%时，即表示枯黄期开始；当草原植被枯黄率达到50%时，即表示普遍进入枯黄；当草原植被枯黄率达到80%时，表示完全枯黄。即草原植被枯黄率在20%～80%的时期即为草原枯黄期，其中依据草原植被枯黄比率可将草原枯黄期分为枯黄初期（20%～40%）、枯黄普遍期（40%～60%）和枯黄后期（60%～80%）3个时期。

在样地水平上，通过重复设置3个样方，依据样方的观测结果来判定样地枯黄状况。3个样方中，有2个植被枯黄率超过20%时，即认定该样地进入枯黄期。对所有枯黄率超过20%的样方的枯黄率进行平均，依据计算结果，判断出该样地处于枯黄的哪一时期，如枯黄初期（20%～40%）、枯黄普遍期（40%～60%）和枯黄后期（60%～80%）。

二、遥感数据来源与预处理

目前，经常使用监测植被物候的遥感数据有NOAA-AVHRR、SPOT-VEGETATION、MODIS等，多为长时间序列低空间分辨率的遥感数据。尽管这些数据会降低植物物候反演的空间精度，而且由于遥感影像中混合像元的影响，也会降低植物物候反演的客观性，但是这些数据时间序列较长，就宏观尺度的物候反演而言，还是比较好的遥感数据源。为了准确地监测和反演草原植被物候，更高分辨率的多源遥感数据（如TM/ETM+、HJ-1A/B、ASTER、GF等）以其高时效、宽范围和低成本等优点也被广泛应用于对地观测活动中，为大范围上掌握植被空间格局提供了新的数据源。

MODIS仪器的地面分辨率为250米、500米和1 000米，扫描宽度为2 330千米，时间分辨率为1天。可以选取白天每日MOD 09或者MOD13产品进行物候期监测。MOD09陆地2级标准数据产品，内容为表面反射，空间分辨率250米；MOD13，陆地2级标准数据产品，内容为栅格的归一化植被指数和增强型植被指数（NDVI/EVI），空间分辨率250米。MODIS产品可以从http：//modis. gsfc. nasa. gov/免费获得。

由欧洲联盟委员会赞助的VEGETATION传感器于1998年3月由SPOT-4搭载升空，从1998年4月开始接收用于全球植被覆盖观察的SPOT VGT数据，该数据由瑞典的Kiruna地面站负责接收，由位于法国Toulouse的图像质量监控中心负责图像质量并提供相关参数（如定标系数），最终由比利时弗莱芒技术研究所（Flemish Institute for Technological Research，Vito）VEGETATION影像处理中心（VEGETATION Processing Centre，CTIV）负责预处理成逐日1千米全球数据。预处理包括大气校正、辐射校正、几何校正，生产10天最大化合成的NDVI数据，并将−1到−0.1的值设置为−0.1，再通过公式DN＝（NDVI+0.1）/0.004转换到0～250的DN值。VGT-S（synthesis）最大值合成产品，提供经过大气纠正的地表反射率数据，并运用多波段合成技术来获得1千米分辨率的归一化植被指数数据集。为减小云的影响，海洋的值设为0，VGI-S产品包括每天合成的4个波段的光谱反射率及NDVI数据集（s1），每10天合成的4个波段的光谱反射率及10天最大化NDVI数据集（S10）以减少云及BRDF的影响，VGT-S产品以其高时间分辨率而被广泛使用。VGT-S产品可以从http：//www. vito-eodata. be/免费获得。

针对研究区高时间分辨率遥感数据，如MODIS、SPOT VGT遥感数据，运用MRT（MODIS Reprojection Tool）和ERDAS软件对遥感数据进行重投影、图像拼接、NDVI计算、裁剪、最大化合成、数据格式转换等预处理。

第二节　监测方法和流程

遥感数据被广泛应用于大尺度植被生长过程的研究，尤其是对于草地生态系统。基于遥感技术的植物物候监测目前主要侧重于植物物候生长季开始和结束日期的确定，而且这两个物候参量与其生长季光合作用过程密切相关。具体监测方法和流程如下。

一、NDVI 时间序列重构

用传感器进行观测时，部分时期受云、气溶胶、传感器角度的影响，获取的观测值无法准确反映地表信息。由这种带有大气信息的观测值反演得到的植被指数普遍低于真实值，成为不可预测的噪声。夹杂噪声的植被指数时间序列无法表达出地表植被准确的时间特征和强度特征。所以，有必要对时间序列进行重建，降低最大化合成数据中的噪声水平，为草原植被监测提供更可靠的数据。

根据重建方式的不同，时间序列数据的重建方法大致可以分为两类：①基于信号处理的频域分析方法，代表性方法包括快速傅里叶变换法（Fourier Transform，FT）和小波变换法（Wavelet Transform，WT）。②基于统计模型的分时段重建方法，代表性方法为最小二乘滑动拟合法（Savitzky-Golay）、最佳指数斜率提取法（BIAS）、非对称高斯模型拟合法（Asymmetric Gaussian）和双逻辑斯蒂函数拟合法（Double Logistic Function）。

通过比较一些研究成果，可以看出，由于研究者选取的研究区域、数据来源和重建方法各异，因此对最优的重建方法难以定论。不同的研究区具有相应的噪声的特性，如噪声点多少、偏低（高）幅度、连续或离散等，相应的重建方法也可能存在选择性，所以在对时序 NDVI 数据进行重建时有必要根据植被类型分析重建结果。

二、物候关键期遥感监测方法

NDVI 是植被生长状态及植被覆盖度的指示因子。许多研究表明 NDVI 与 LAI、绿色生物量、植被覆盖度、光合作用等植被参数有关，因而该指标可运用于植被的监测、分类和物候分析，可为大范围地理区域的变化性监测和评估提供可行的方法。NDVI 时间序列曲线的规律变化反映了植物在一年内各个物候阶段之间的转变情况。结合植物生长机理来看，返青期之后 NDVI 时间序列曲线应保持最大持续增长，而生长盛期之后则保持持续下降的趋势，直到枯黄期结束。

物候关键期遥感监测比较常用的方法包括：NDVI 阈值法、平滑移动平均法、NDVI 中点法、谐波分析法、植物物候期的频率分布型与 NDVI 相结合确定植被物候期法、最大变化斜率法等。

各种物候期提取算法都有其优缺点（武永峰等，2008b）。阈值法充分考虑研究区时间序列植被指数曲线特征，通过设定阈值条件，可将植被物候期的评估限制在合理时间范围内，从而提高计算效率与准确性。但阈值的选取容易受人为主观因素影响，其结果直接影响物候的准确性，而且在阈值选取上应考虑不同地区的差异性，通用性不强；斜率最大值法在一定程度上也局限于经验阈值的限制；移动平均法对时间序列植被指数的计算更为稳定、可靠，但由于是对连续几个物候发育期进行监测的，移动平均方法时间间隔的选择可能使第 1 个返青期无法监测；函数拟合法逐个处理像素时不需设置阈值或经验限制条件，具有全球适用性，但实际上时序植被指数曲线并非理想的规则曲线，拟合精度的高低直接影响物候期的提取结果。此外，外界自然条件等不确定因素会影响物候提取算法的准确性，比如在高纬度地区植被由于春季受积雪覆盖融化延迟的影响使得植被发芽生长的日期（SOS）很难通过 NDVI 提取获得。因此，如何准确植物提取物候期，将是一个逐渐深化和统一认识的过程。结合使用测物候数据对遥感提取结果进行验证，不仅可以获取较为准确的物候结果，而且将有助于发展更加合理、精确的遥感监测方法。

1. 草原物候关键期提取　借助于以上 2 个步骤得到的时间序列，基于物候提取方法，设置好相关参数，即可以提取每个像元内植物的物候信息，如返青期、枯黄期，提取结束后，对异常值进行剔除。将提取的结果进行格式转换，以便于进一步研究和分析。

由于遥感是通过监测植被绿度来识别植被生长状况，因此，草原植被返青的遥感监测，可以通过分析植被绿度指数（如 NDVI）的连续变化状况来判断识别。全国草原监测采用这种分析方法来确定草原植被的返青，并把草原植被返青定义为，对于任一遥感图像像元 p，其植被绿度指数值 NDVI 在当前监测旬 j 的表现为，已经在前面 2 个连续监测旬内都有增加，并且增加幅度超过某个预设的阈值 V。公式如下：

$$GI_{p,j} \in \begin{cases} NDVI_{p,j} - NDVI_{p,j-1} > V \\ NDVI_{p,j-1} - NDVI_{p,j-2} > V \end{cases}$$

式中，$NDVI_{p,j}$是像元 p 在监测期 j 的 NDVI 值；$NDVI_{p,j-1}$是像元 p 在监测期 $j-1$（即上期）的 NDVI 值；$NDVI_{p,j-2}$是像元 p 在监测期 $j-2$（即前期）的 NDVI 值；$GI_{p,j}\in$表示像元 p 在监测期 j 被判断识别为返青的条件。如果上式同时满足，则把像元 p 判断为在监测期 j 内的返青像元，否则为非返青像元。

同理，草原枯黄的植被遥感监测，对于任一遥感像元 p，其植被指数值 NDVI 在当前监测旬的表现为，较前面 2 个连续监测旬内都有减少，并且减少幅度超过某个预设的阈值 V。则把像元 p 判断为在监测期 j 内的枯黄像元，否则为非枯黄像元。

在草原返青期和枯黄期监测的基础上，结合草原类型图和全国行政区划矢量图，利用 Arcgis 的统计功能进行全国和分省份草原返青区或枯黄期面积统计。

2. 草原物候关键期的地面验证 为了对草原物候关键期遥感提取结果进行验证，首先选取同期的地面物候观测数据，利用 Arcgis 软件，依据数据点的经纬度位置生成250米半径的缓冲区，根据缓冲区的范围提取草原物候遥感监测结果，使用地面—遥感“数据对数据”的方式进行正确率判定，得到草原物候关键期的地面验证精度。由于遥感物候和地面物候实测数据在定义上有一定的差别，而且空间尺度两者也不一致，遥感数据的空间分辨率为250米，而地面样方的尺度为1米，尽管在布置地面物候观测的时候尽可能地考虑与遥感物候相配合，但是目前遥感监测结果的地面验证精度还不太高。

第三节　草原物候关键期遥感监测案例分析

利用上述草原物候遥感监测方法，以2014年春季返青为例，说明草原物候关键期（返青期）的监测及其结果分析。

一、2014年我国草原返青总体情况

截至2014年5月中旬，全国草原返青面积为2 312 471千米^2，占全国草原总面积的65.72%。就我国六大牧区返青面积比较而言，返青面积最大的是内蒙古，返青面积为522 120千米^2；返青面积居第2位的为新疆，返青面积为400 033千米^2；西藏草原返青面积居第3位，返青面积为377 171千米^2；六大牧区中返青面积最小的是甘肃，返青面积为105 256千米^2。

就我国六大牧区各自返青面积占草原总面积的比例而言，返青面积比例最大的是四川，返青面积占其草原总面积的92.04%；返青面积比例居第2位的为新疆，返青面积占其草原总面积的68.83%；内蒙古草原返青面积比例居第3位，返青面积占其草原面积的65.64%（表7-1）。

表7-1　2014年5月中旬六大牧区及全国草原返青情况

省（自治市、直辖区）	至5月中旬累计返青面积（千米^2）	累计返青面积占草原面积的比例（%）
内蒙古	522 120	65.64
四川	171 932	92.04
西藏	377 171	46.60
甘肃	105 256	55.96
青海	245 493	59.14
新疆	400 033	68.83
全国	2 312 471	65.72

2014年5月中旬与2013年同期相比（表7-2），全国正常返青的面积为1 871 100千米²，占全国草原面积的53.17%，总体上以正常返青为主；提前返青10天的面积为441 481千米²，比例为12.55%；推迟返青10天的面积为527 866千米²，比例为15.00%。推迟返青的面积略高于提前返青的面积。

六大牧区中，正常返青面积比例最大的为四川，占该区草原面积的比例为71.40%；其次为新疆，面积比例为64.97%；再次是内蒙古，正常返青面积为477 586千米²，比例为60.04%；正常返青面积比例最小的是西藏，为26.16%。

六大牧区中，提前返青10天面积比例最大的是青海，为28.97%；其次是四川，比例为20.61%；第3位为西藏，比例为20.45%。提前返青面积比例最小的是新疆，为3.79%。推迟返青10天面积比例最大的是西藏，为22.41%；最小的是四川，占5.19%。

表7-2　2014年5月中旬与2013年同期相比草原返青期变化情况

省（自治区）	推迟面积及比例	提前面积及比例	正常面积及比例
内蒙古	95 735千米² 12.04%	44 695千米² 5.62%	477 586千米² 60.04%
四川	9 701千米² 5.19%	38 502千米² 20.61%	133 373千米² 71.40%
西藏	181 423千米² 22.41%	165 518千米² 20.45%	211 752千米² 26.16%
甘肃	26 693千米² 14.19%	19 892千米² 10.58%	85 445千米² 45.43%
青海	67 313千米² 16.22%	120 263千米² 28.97%	125 613千米² 30.26%
新疆	110 121千米² 18.95%	22 003千米² 3.79%	377 579千米² 64.97%
全国	527 866千米² 15.00%	441 481千米² 12.55%	1 871 100千米² 53.17%

2014年5月中旬与多年同期相比（表7-3），全国正常返青的面积为1 991 331千米²，占全国草原面积的56.59%；提前返青10天的面积为321 251千米²，占9.13%；推迟返青10天的面积为395 307千米²，比例为11.23%。表明5月中旬与多年同期相比，全国草原总体上以正常返青为主。

六大牧区中，正常返青面积比例由大到小的排序为：四川＞新疆＞内蒙古＞甘肃＞

青海>西藏。正常返青面积的排序为：内蒙古>新疆>西藏>青海>四川>甘肃。

六大牧区中，提前返青10天的面积比例最大的是西藏，为22.26%；其次是青海，比例为11.88%；第3位为四川，比例达到5.71%。提前返青面积比例最小的是新疆，为2.38%。推迟返青10天的面积比例最大的是新疆，为17.25%；最小的是四川，占6.20%。

表7-3 2014年5月中旬与多年同期相比草原返青期变化情况

省（自治区）	推迟面积及比例	提前面积及比例	正常面积及比例
内蒙古	84 549千米^2 10.63%	39 025千米^2 4.91%	483 256千米^2 60.75%
四川	11 584千米^2 6.20%	10 666千米^2 5.71%	161 209千米^2 86.30%
西藏	66 576千米^2 8.23%	180 131千米^2 22.26%	197 138千米^2 24.36%
甘肃	27 638千米^2 14.69%	7 312千米^2 3.89%	98 025千米^2 52.12%
青海	69 588千米^2 16.76%	49 321千米^2 11.88%	196 554千米^2 47.35%
新疆	100 269千米^2 17.25%	13 858千米^2 2.38%	385 724千米^2 66.37%
全国	395 307千米^2 11.23%	321 251千米^2 9.13%	1 991 331千米^2 56.59%

二、2014年3—5月全国草原返青的空间格局

截至2014年5月中旬，全国约66%的草原区域都已返青，并在各草原省（自治区）均有分布，只是草原返青面积和返青日期有所不同。未返青的区域主要分布在内蒙古西部、西藏中北部、青海中西部、新疆中部局部，以及甘肃西北部局部（图7-1）。

2014年3月中旬，南方大部分省、自治区草原都已返青；进入到3月下旬，草原返青的区域扩展到了新疆北部、内蒙古东北部局部、黑龙江北部和宁夏局部。

4月上旬，草原返青区域继续向东北和西北扩展，包括内蒙古中东部、黑龙江、甘肃、青海东南部、宁夏、新疆北部等区域；4月中旬，返青区域在内蒙古中部、青海中部、四川西北部和西藏北部等地继续增加；4月下旬，返青区域继续扩展到内蒙古东南部、甘肃南部、宁夏南部、青海东部等地区。

进入5月上旬，南方大部分省、自治区的草原接近完全返青，在北方返青区域主要

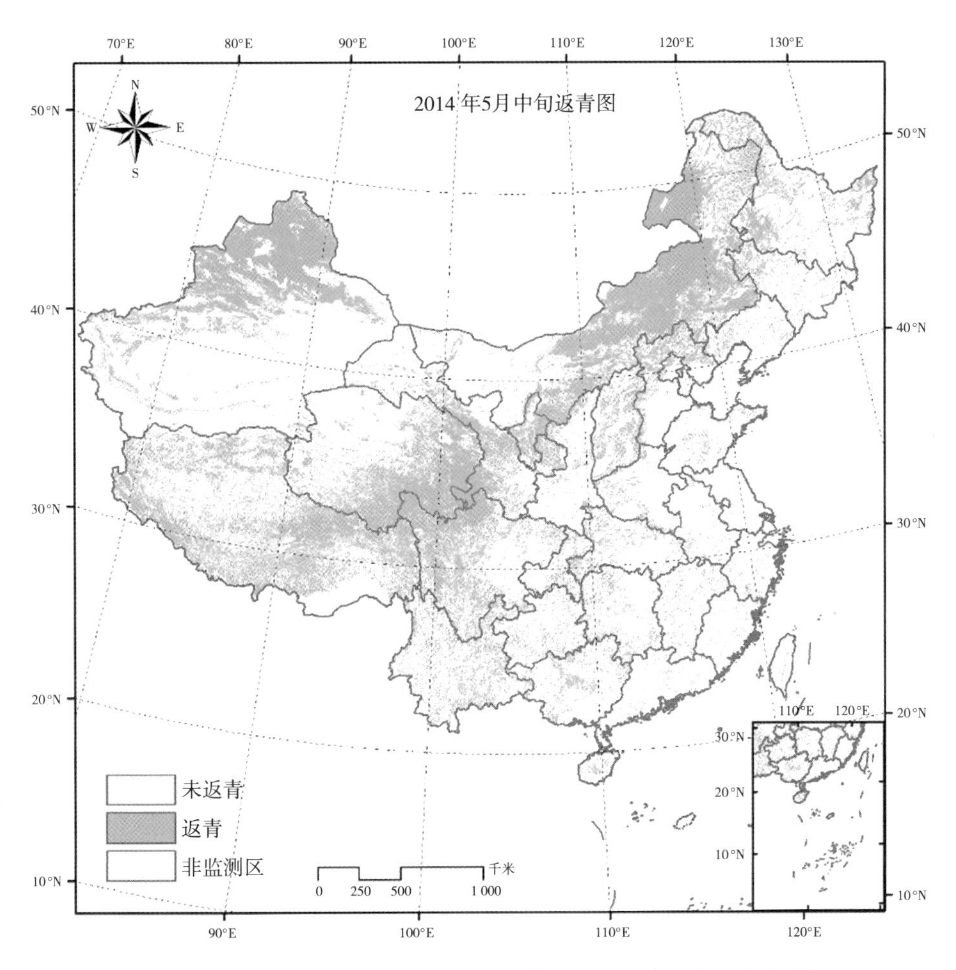

图 7-1　2014 年 5 月中旬我国草原返青区和未返青区空间分布图

是在黑龙江西部、内蒙古中东部、宁夏中部、青海中部和甘肃北部等地增加。5 月中旬，内蒙古中部、甘肃中部、青海中部、西藏北部和新疆中部等地返青区域迅速增加，此时全国大部分草原面积都已返青。

2014 年与 2013 年相比，就返青期空间格局变化而言（图 7-2），3 月中旬草原返青提前的区域主要分布在内蒙古东北部、青海东南部、四川西北部、西藏东部局部、新疆北部局部，以及南方大部分省份；推迟 10 天的区域包括内蒙古东部局部、新疆北部局部等地。4 月中旬，草原返青提前的区域有内蒙古东北部、黑龙江北部、青海东南部、四川西北部、西藏东部局部等地；返青推迟的区域包括内蒙古中部和西部局部、新疆东部局部、青海中西部、西藏中西部等地区。5 月中旬，返青提前的区域主要有：内蒙古中部局部、青海东南部、西藏东部和四川西北部局部等地；草原返青推迟的区域主要包括：内蒙古西部、青海中西部、西藏西部、新疆中部局部、吉林西部等地区。

2014 年与多年平均相比，3 月中旬，草原返青提前的区域分布在内蒙古东部局部、青海东南部、四川西北部局部和新疆北部局部等；草原返青推迟的区域有内蒙古东部局部、新疆北部偏东地区等。4 月中旬，草原返青提前的区域分布在内蒙古中部局部、青海东南部、四川西北部等地区；草原返青推迟的区域主要分布在内蒙古东部局部、黑龙江西部、吉林西部、青海中西部局部、西藏西部局部、新疆中部局部。5 月中旬，草原返青提前的区域主要分布在内蒙古中部局部、西藏中西部、青海东南部局部等地区；草原返青推迟的区域主要分布在内蒙古西部局部、黑龙江西部、吉林西部、青海中西部局部、新疆中部和南部等区域。

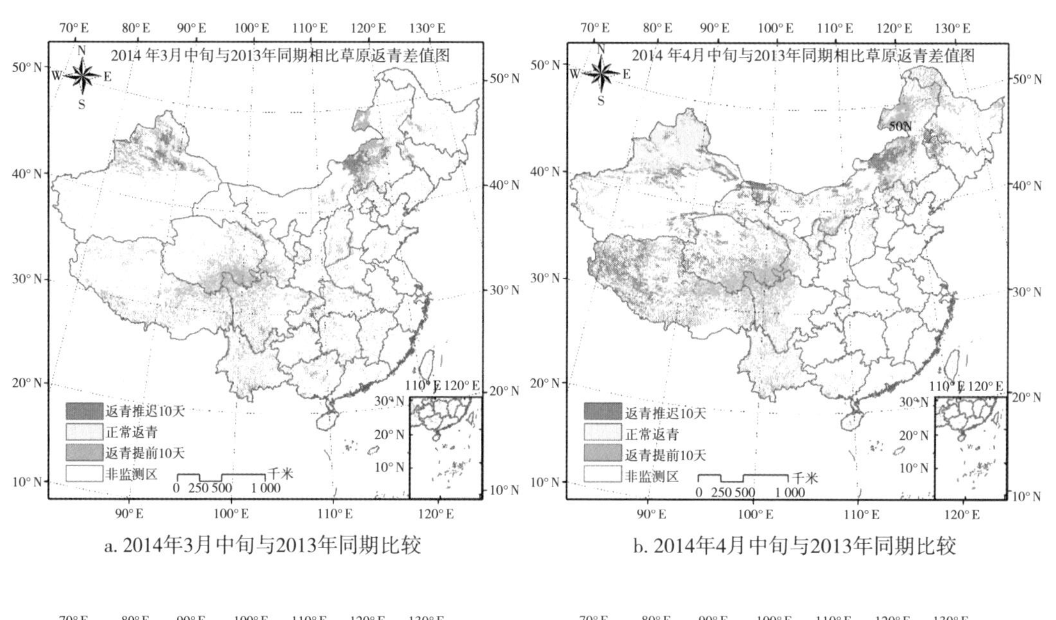

a. 2014年3月中旬与2013年同期比较

b. 2014年4月中旬与2013年同期比较

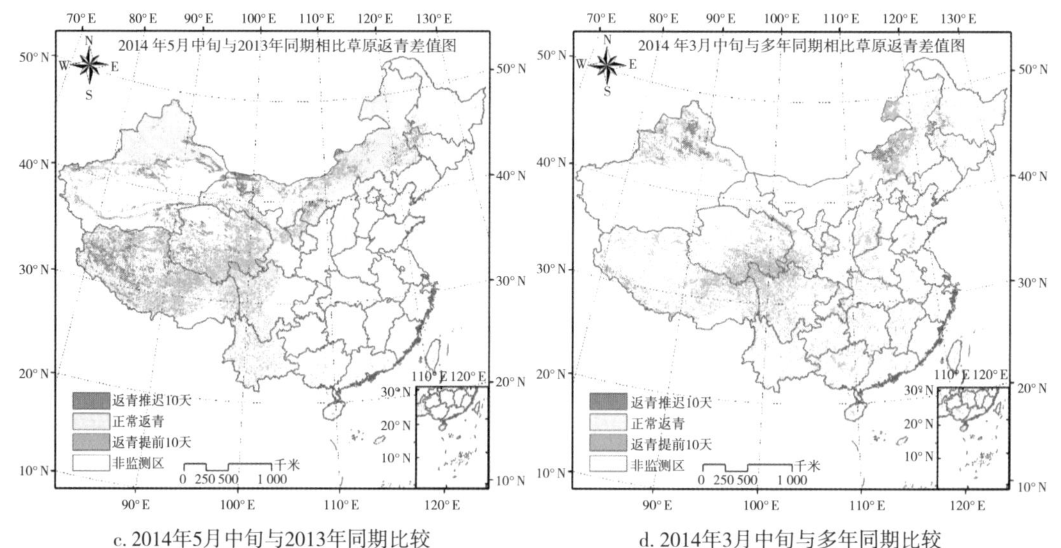

c. 2014年5月中旬与2013年同期比较

d. 2014年3月中旬与多年同期比较

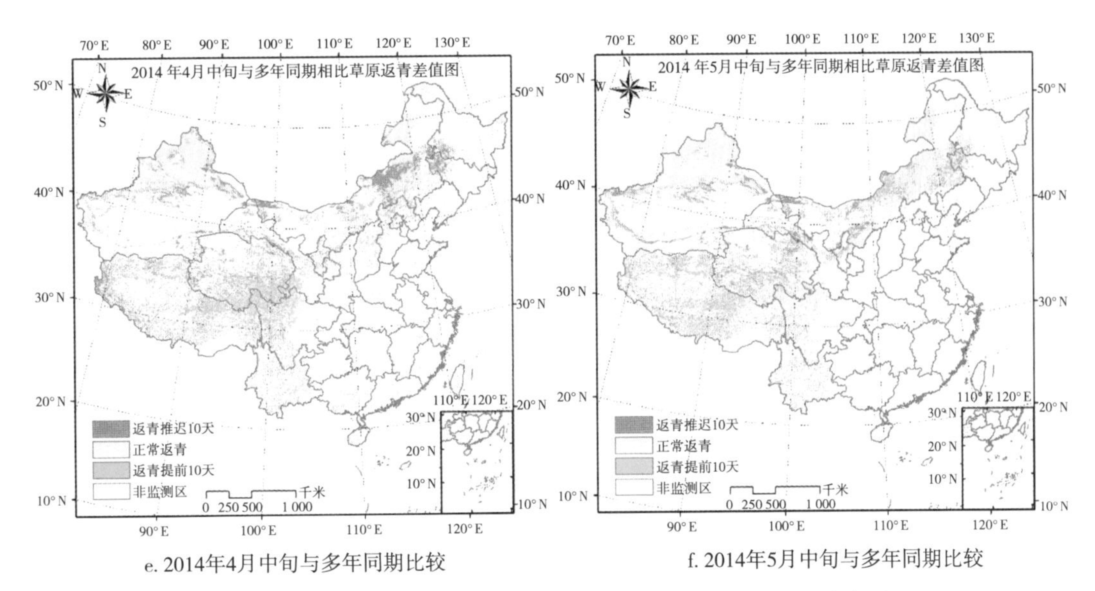

e. 2014年4月中旬与多年同期比较

f. 2014年5月中旬与多年同期比较

图 7-2　2014 年与 2013 年和多年相比草原返青期变化空间分布图

第八章
草原植被长势遥感监测

草原植被长势是草原植被的总体生长状况与趋势，是了解草原植被状况和进行草原畜牧业管理及牲畜调控的重要植被指标，是从宏观上把握草原植被生长状况的指标之一。草原植被长势可以从野外进行观测了解，野外观测是通过样地、样方测定植被的长势指标，从草丛高度、生物量、土壤含水量、旱情等方面综合判断草原植被的长势情况，也可以和过去某个时间段的测定结果进行比较，来说明现在的植被长势情况。草原植被长势也可以用遥感技术从宏观上进行监测，草原植被长势遥感监测的基本原理是建立在植被光谱特征基础之上的，即植被在可见光部分（被叶绿素吸收）有较强的吸收峰，近红外波段（受叶片内部构造影响）有强烈的反射率，形成突峰，这些敏感波段及其组合（通常称为植被指数）可以反映植被生长的空间特征信息。通常与以往同期的草原植被状况进行对比，来说明现在草原植被生长状况，根据实际需要，时间段可以是旬、月等（杨邦杰等，1999；徐斌，2006；Xu，B.，2013），对于同一像元不同年份相同时间段的植被指数等进行差值运算，根据差值的大小判断植被的生长情况或长势情况。在不同草原类型中，差值绝对值在反映草原状况时不够稳定，同样的绝对值大小，反映出对不同植被的影响效果是不一样的，因此需要寻求更加稳定的方法。

针对草原植被生长全过程难以定量描述的问题，徐斌、杨秀春等创建了新的草原植被长势普适性模型，实现了国家尺度上在复杂条件下草原植被长势全遥感高频次监测，经过地面真实性验证能够稳定而准确地反映草原植被的生长状况（Xu，B. 等，2013）。开发了中国草原植被长势遥感监测系统，每旬可以全覆盖监测我国草原植被的长势情况。

第一节　草原植被长势遥感监测的方法

一、遥感数据的获取与准备

目前，进行草原植被长势遥感监测主要用的是美国国家航空航天局（NASA）的MODIS数据产品，MODIS的全称为中分辨率成像光谱仪（Moderate-resolution imaging spectroradiometer）。MODIS是EOS-AM1系列卫星的主要探测仪器，也是EOS Terra平台上直接进行广播的对地观测仪器。MODIS发射后，在大尺度观测中应用广泛，具有36个光谱通道，主要分布在0.4～14微米的电磁波谱。MODIS仪器的地面分辨率分别为250米、500米、1 000米，扫描宽度为2 330千米，每1～2天可以获取一次全球的观测数据，广泛应用于陆地、大气、海洋等方面。草原植被长势监测用得较多的是MODIS数据产品中250米和500米分辨率的数据。MODIS数据主要来源分为2种，一种是中国农业科学院农业资源与农业区划研究所建有MODIS卫星接收和处理信息系统，每天接收卫星过境时广播的遥感数据，对数据进行处理，建立数据库，进行草原植被长势遥感监测的应用；MODIS数据第2种来源是从美国NASA网站（http：//modis.gsfc.nasa.gov/）下载，根据需要确定需要的下载时间、空间、波段和分辨率等产品，对下载的产品构建数据库，计算草原植被长势结果。目前，建立的数据库包括了从2003—2015年进行植被遥感监测所需要的完整数据库。

二、草原植被长势遥感监测的方法

草原植被长势遥感监测需要经过多个步骤才能完成监测过程，第一，需要进行大量的前期试验，来确定需要的遥感数据和选用的遥感植被指数，经过大量前期稳定性和敏感性试验，选择MODIS的NDVI来进行全国草原植被长势的遥感监测，NDVI相对于其他植被指数的主要优势是比较敏感和稳定，在草地类型变化较大时，NDVI指数反映的植被信息还可以表现出相对的稳定性。第二，针对全国草原植被长势的遥感监测的需要，经过对MODIS遥感数据预处理，建立2003年以来，每年以及多年平均的旬度NDVI时间序列数据库，为植被长势的遥感计算建立数据基础。第三，克服传统草原植被长势监测方法在反映不同草地类型长势变化差异敏感性方面的不足，构建既适合高NDVI区域又适合低NDVI区域的全国统一的草原植被长势指数遥感监测模型，经过反复的遥感试验和对模型的精度检验及调试，优选草原植被长势指数遥感监测模型，根据我国草原面积大，类型多的特点，制定适合全国的草原植被长势等级标准。第四，在前期草原植被长势遥感监测模型研究和草原植被长势等级划分的基础上，通过数据库、遥感与地理信息系统技术的耦合与集成过程，研发“中国草原植被长势遥感监测系统”，经过反复的运行与修改调试本系统具有运行稳定、快捷并可扩展功能。从2005年开始，率先实现了对全国草原植被生长季（5～9月）以旬为单位的长势监测运行。

具体的草原长势遥感监测方法步骤一般由植被指数计算及合成、草原长势确定及等级划分、图像数据的统计与分析等3个方面组成，主要包括以下过程：

1. NDVI植被指数计算整理过程 植物是地球表面陆地生态系统重要组成部分。以植被反射光谱为基础的植被遥感指数用于反映植被特征。近20多年来已经提出了40多种植被指数。归一化植被指数NDVI是大尺度植被动态变化遥感研究中应用最广泛的指数，因此，选择植被指数NDVI来进行全国草原植被长势监测。

草原植被长势监测主要利用空间分辨率为250米的MODIS数据，对第1波段红波段（620～670纳米）和第2波段近红外波段（841～876纳米）进行辐射定标、几何校正和Bow-tie处理，以及利用NASA云掩膜产品的标准算法做云检测。然后计算这两个波段的反射率值及归一化植被指数NDVI，采用如下公式：

$$Reflectances = Scales[B] \times (SI - Offsets[B])$$

$$NDVI = \frac{\rho_{NIR} - \rho_{RED}}{\rho_{NIR} + \rho_{RED}}$$

式中，*Reflectances* 表示反射率；*SI* 为影像DN（Digital Number）值；*B* 是波段在数据集SDS中的序号组；*Scales*［*B*］和 *Offsets*［*B*］是波段的偏移量和缩放比例；ρ_{NIR} 和 ρ_{RED} 分别为第2波段和第1波段的反射率。

一般地说，*NDVI* 值越大，植被越茂密；相反，*NDVI* 值越小，地表植被生长越稀疏。所以，利用 *NDVI* 数值大小，可以从遥感图像上判定地表植被生长状况。在天空晴朗时，当 $NDVI \leqslant 0.1$ 时，通常地表为裸地，绿色植被极其稀少；当 $NDVI \geqslant 0.8$ 时，地表植被非常茂密，地表植被覆盖度接近于100%。

NDVI 经过10天（旬）或7天（周）最大值合成方法可以减少云、水汽、气溶胶、观测角度等衰减因素对地表观测信息的影响，通常有去云的效果，可以获得少云或无云的影像数据，提高对植被观测的精度。最大值合成方法如下：

$$VI(X, Y) = Max[NDVI(X, Y)]$$

式中，*X*，*Y* 代表坐标；*VI*（*X*，*Y*）表示合成期内处于（*X*，*Y*）位置的不同时相的最大NDVI值。据此方法，建立多年旬度标准NDVI时间序列数据库。

对多年旬度标准NDVI时间序列数据库5～9月每旬的NDVI最大值进行平均，得出多年平均值，计算公式如下：

$$\overline{VI}(X, Y) = Average[NDVI(X, Y)]$$

式中，*X*，*Y* 代表坐标；$\overline{VI}$（*X*，*Y*）表示合成期内处于（*X*，*Y*）位置的不同时相的最大 *NDVI* 值的平均值。

2. 草原植被长势指数的构建和等级划分 根据草原植被长势含义可知，用遥感来定义长势通常是用现在（监测期）的草原植被状况与以往同期的草原植被状况进行对比，来说明现在草原植被生长状况，根据实际需要，时间段可以是旬、月等，遥感数据可以用不同的数据源，但是原则是相比较的数据源必须是不同年份同时相的。高分辨率的数据，由于不同年份，同时相的数据较难获得，或者时相相同，但数据有云覆盖，数据质量较差，不利于计算草原植被长势。通常选用 MODIS 数据来进行草原长势监测，就是因为不同时期同时相的数据容易获得，经过对旬等时间内多景数据经过最大化处理可以基本去掉云的影响。通过各种处理，得到准备好的 NDVI 数据库，可利用 2 个时期的 NDVI 图进行差值比较，以差值的大小和方向来确定植被与过去某个时期相比的长势情况，为了提高草原植被长势计算的稳定性，徐斌、杨秀春等构建了新的草原植被长势指数 NDGI（Normalized Difference Growth Index），GI 的计算公式如下：

$$NDGI=(NDVI_m-NDVI_n)/(NDVI_m+NDVI_n)$$

式中，$NDGI$ 是草原植被长势指数；$NDVI_m$ 和 $NDVI_n$ 代表不同时间的植被指数值，它可以是旬、月或某段时间的平均值。

实际中根据 NDGI 值大小，将有效监测区的遥感图像像元分为 6 种类型，草原长势分为 5 个等级，依次为好、较好、持平、较差和差。把遥感数据存在质量问题、有云干扰和非草地部分统称为非监测区。然后按 1 到 6 分别赋予不同的颜色，制作专题图，同时进行分级统计。根据实际需要，统计可以按照行政单元进行。对全国的草原植被长势遥感监测，可以按照省（自治区）为单元进行统计，如果是某省进行草原植被长势遥感监测，可以以县为行政单元进行统计，对统计的结果可以进行时空变化的分析，掌握时空变化的特征，为草原资源管理服务。统计也可以按照自然单元进行统计，如按照草原类型进行统计，这样可以揭示各种草地类型的长势情况，按照自然单元指导草地资源的管理，有时更加符合实际情况。

三、草原植被长势遥感监测系统研发

草原植被长势遥感监测贯穿于整个草原植被生长季节，目前时间最小监测单元以旬为单位，即从 5 月开始直到 9 月，每旬对草原植被长势进行遥感监测，因此监测工作量巨大，人工监测费时费力，还容易出错。因此，研发草原植被长势遥感监测系统是草原植被长势遥感监测的基础，也是提高草原植被长势遥感监测质量的重要保障。为了满足草原主管部门对草原植被长势时空动态变化信息的需求，以草原植被长势的快速、准确监测为目标，以 MODIS 遥感数据为基本数据源，构建 MODIS 遥感数据库和 NDVI 指数数据库，试验构建植被长势指数模型，以遥感技术和地理信息系统（GIS）为支撑，开发中国草原植被长势遥感监测系统。在 Microsoft Visual 2005 开发环境下，综合利用

ArcGIS Engine二次开发平台中国农业科学院农业资源与农业区划研究所草原遥感监测项目组设计开发了遥感监测系统（图8-1），实现了对草原植被长势的业务化运行。

图8-1 中国草原植被长势遥感监测系统界面

系统主要由数据预处理模块、MODIS数据处理模块、草原植被长势监测模块和制图输出模块4大部分组成。

数据预处理模块主要实现遥感数字图像处理与Excel表格数据处理等功能，包括影像镶嵌、影像裁剪、投影转换、波段运算、批处理等功能菜单，其中影像裁剪批处理和投影转换批处理，可以选定多个文件进行顺序计算。

MODIS预处理模块主要实现MODIS L1B HDF格式数据的处理及相同数据产品的运算功能。其中，MODIS影像几何校正、MODIS影像云识别、NDVI计算（250米、500米和1千米）等功能模块主要处理MODIS L1B HDF格式的原始数据。NDVI周期合成、NDVI多年平均等功能模块主要处理MODIS数据的NDVI数据产品。其中，MODIS预处理算法在常用遥感处理软件的基础上进行了优化，系统基于MODIS传感器的成像原理、MODIS L1B HDF格式数据文件的结构，采用并行计算的思想，实现多线程分块运行的MODIS几何校正算法和MODIS NDVI处理算法。NDVI周期合成可以根据需要进行旬、月等最大值合成。

植被长势监测模块主要实现由NDVI数据进行植被长势监测以及植被长势监测结果的空间统计功能。包括植被长势遥感监测与植被长势空间统计两大部分。其中，植被长势遥感监测包括长势指数计算、长势指数平均值计算和长势指数分级。草原长势遥感监测方法一般由植被指数计算及合成、草原长势确定及等级划分、图像数据的统计与分析等3个方面组成，使用本系统的植被长势监测流程功能，输入原始的MODIS影像，通过内嵌的长势计算流程算法，可以输出草原长势分级影像和长势统计结果。

制图输出模块主要实现草原植被长势遥感监测结果的图形预览和专题制图功能。按照系统生成的影像数据及专题图类型的不同，分为浏览影像数据、浏览植被长势遥感监测数据、浏览表格数据和植被长势遥感监测专题制图 4 个部分。

第二节　草原植被长势遥感监测的应用

草原植被长势遥感监测的业务化运行开始于 2005 年，2005 年至今每年进行草原植被长势遥感监测，我们选择 2013 年我国草原植被长势遥感监测的结果进行分析，可以看出我国草原植被长势遥感监测的特点。

一、2013 年草原植被长势遥感监测方法

2013 年草原植被长势遥感监测采用了中国农业科学院农业资源与农业区划研究所草原遥感监测项目组徐斌和杨秀春等构建的草原植被长势指数 NDGI（Normalized Difference Growth Index），GI 的计算公式如下：

$$NDGI=(NDVI_m-NDVI_n)/(NDVI_m+NDVI_n)$$

式中，$NDGI$ 是草原植被长势指数，$NDVI_m$ 和 $NDVI_n$ 代表不同时间的植被指数值，它可以是旬、月或某段时间的平均值。草原长势分为 5 个等级，依次为好、较好、持平、较差和差。把遥感数据存在质量问题、有云干扰和非草地部分统称为非监测区。

二、2013 年与 2012 年相比草原植被长势遥感监测结果

1. 2013 年与 2012 年相比草原植被总体长势情况　2013 年 5—9 月与 2012 年同期状况比较，全国草原植被长势好、较好、持平、较差和差的面积分别占总监测面积的 13.98%、17.70%、45.98%、12.52% 和 9.83%，其中长势偏好的面积比例为 31.68%，长势偏差的面积比例为 22.35%（图 8-2）。总的来说，2013 年全国草原植被长势略好于 2012 年。

2. 草原植被长势时间动态变化　2013 年，我国草原植被长势与 2012 年同期相比 6—7 月以持平偏好为主，5 月、8 月和 9 月以持平为主。其中，5—9 月长势偏好的草原面积比例依次为 24.00%、38.22%、38.49%、28.55%和 27.82%，长势持平的草原面积比例依次为 55.68%、43.60%、41.32%、45.72%和 42.39%，长势偏差的草原面积比例依次为 20.31%、18.18%、20.20%、25.73%和 29.79%。

从旬动态变化来看（表 8-1、表 8-2、图 8-3），草原持平的面积全年所占比例较大，始终保持在 30%以上；草原偏好的草原面积先上升后下降，6 月、7 月间曾一度超过持平的

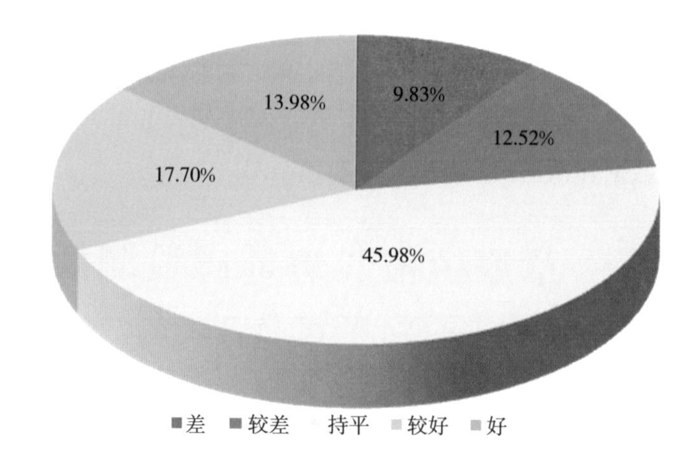

图 8-2 2013 年与 2012 年同期相比全国草原长势遥感监测结果

面积比例;草原偏差的面积比例先曲折升高,9月中旬下降，除个别时期外所占比例较小。

表 8-1 2013 年 5—9 月与 2012 年同期相比我国草原植被的长势月动态

时间	百分比（%）				
	差	较差	持平	较好	好
5 月平均	8.04	12.27	55.68	14.31	9.69
6 月平均	7.27	10.91	43.60	20.21	18.01
7 月平均	9.79	10.41	41.32	20.49	18.00
8 月平均	11.52	14.21	45.72	16.61	11.94
9 月平均	13.87	15.92	42.39	16.44	11.38

表 8-2 2013 年 5—9 月与 2012 年同期相比我国草原植被的长势旬动态

时间	百分比（%）				
	差	较差	持平	较好	好
5 月上旬	10.83	11.06	54.29	14.11	9.71
5 月中旬	10.22	15.03	55.41	12.24	7.09
5 月下旬	3.08	10.71	57.33	16.59	12.28
6 月上旬	5.40	9.27	42.48	21.31	21.54
6 月中旬	6.93	11.16	43.95	20.12	17.84
6 月下旬	9.48	12.31	44.37	19.20	14.64
7 月上旬	13.31	11.9	41.67	18.51	14.62
7 月中旬	9.84	10.72	41.33	21.17	16.95
7 月下旬	6.21	8.61	40.96	21.79	22.42
8 月上旬	8.83	11.71	47.43	18.75	13.27
8 月中旬	8.96	13.42	47.51	16.94	13.17
8 月下旬	16.77	17.5	42.22	14.13	9.38
9 月上旬	21.06	15.95	36.19	15.45	11.34
9 月中旬	6.68	15.88	48.59	17.43	11.42
平均	9.83	12.52	45.98	17.7	13.98

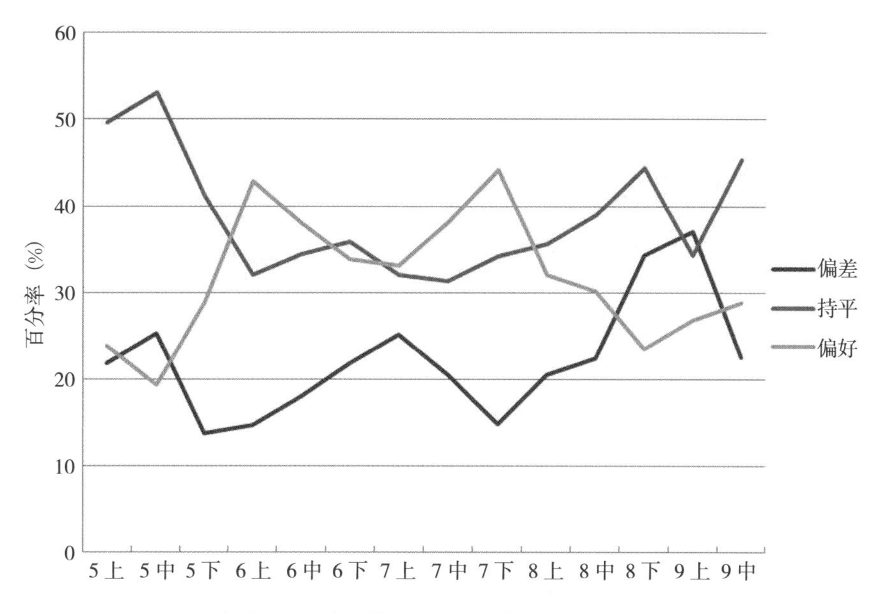

图 8-3　2013 年与 2012 年同期相比我国草原植被的平均长势动态变化

3. 草原植被长势的空间格局　2013 年 5—9 月与 2012 年同期比较草原平均长势空间分布如图 8-4 所示。长势偏好的区域集中分布在内蒙古东部、新疆北部、西藏西部、甘肃北部；长势偏差的区域分布在内蒙古中西部局部、西藏东部、青海东部、甘肃中部

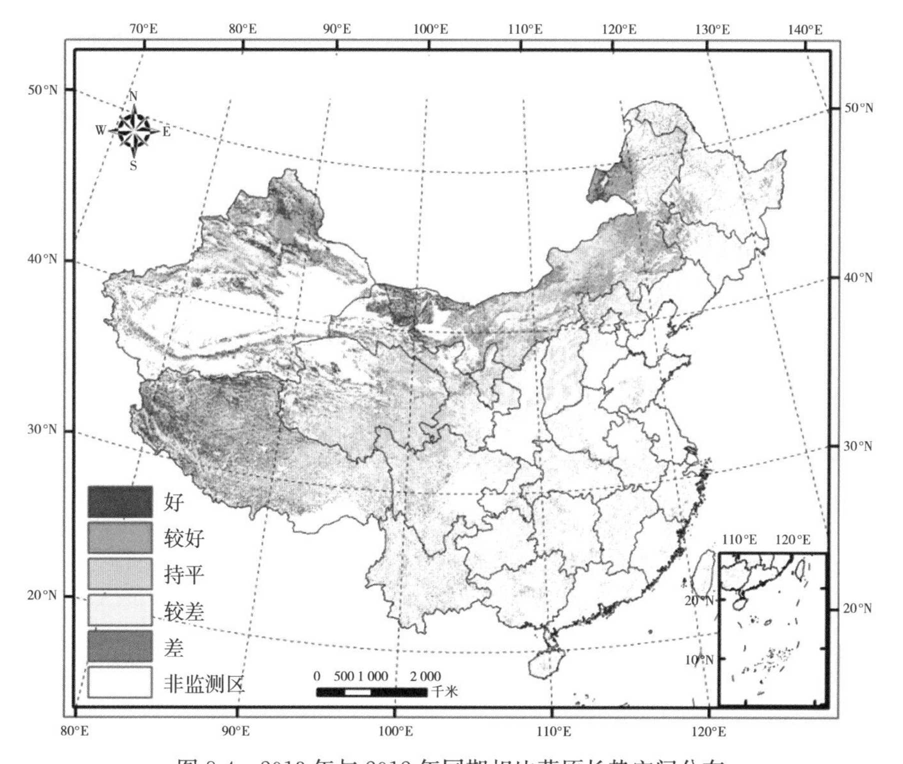

图 8-4　2013 年与 2012 年同期相比草原长势空间分布

局部、宁夏、四川和云南西部等地。

4. 2013 年 5—9 月重点草原省份与 2012 年相比草原植被长势情况 2013 年对内蒙古、西藏、甘肃、青海、新疆和四川六大牧区草原植被长势进行了分析，下面以内蒙古为例，进行简短的概述，对其他省（自治区）仅简述结论。

内蒙古自治区 2013 年 5—9 月与 2012 年同期状况相比（表 8-3、表 8-4），长势好、较好、持平、较差和差的面积分别占全区草原总面积的 9.57%、20.28%、49.41%、13.50%和 7.24%。其中，长势偏好的占 29.85%，长势偏差的占 20.74%，内蒙古 2013 年草原植被长势以持平、偏好为主。

从月动态看（表 8-3），内蒙古草原植被长势 5 月、6 月、7 月和 9 月以持平偏好为主，8 月以持平偏差为主，特别是 8 月中旬，长势偏差的草原面积比例高达 40.25%；而偏好的面积比例最高发生在 5 月下旬，为 41.28%。

表 8-3 2013 年与 2012 年同期相比内蒙古自治区草原植被长势月动态

时间	百分比（%）					
	差	较差	持平	较好	好	监测面积所占百分比（%）
5 月平均	1.53	7.93	55.21	24.26	11.09	99.65
6 月平均	4.69	13.67	48.26	20.85	12.53	99.58
7 月平均	8.74	12.20	48.18	21.25	9.63	99.77
8 月平均	14.83	18.12	47.49	13.87	5.69	99.68
9 月平均	5.98	16.65	47.18	21.62	8.59	99.81

5 月下旬到 6 月中旬明显偏好，6 月下旬到 7 月下旬较好，到 8 月各旬变成持平或偏差，9 月两旬又变好（表 8-4）。

表 8-4 2013 年与 2012 年同期相比内蒙古自治区草原植被长势旬动态

时间	百分比（%）					
	差	较差	持平	较好	好	监测面积所占百分比（%）
5 月上旬	1.65	6.76	58.52	25.75	7.33	99.68
5 月中旬	1.68	8.9	57.74	22.01	9.68	99.63
5 月下旬	1.25	8.12	49.36	25.01	16.27	99.63
6 月上旬	2.77	11.75	47.49	21.49	16.51	99.06
6 月中旬	6.91	15.65	47.7	19.05	10.69	99.79
6 月下旬	4.40	13.62	49.58	22.00	10.4	99.9
7 月上旬	9.27	11.64	46.07	23.06	9.96	99.63
7 月中旬	6.64	11.23	49.18	22.1	10.84	99.86

（续）

时间	百分比（%）					
	差	较差	持平	较好	好	监测面积所占百分比（%）
7月下旬	10.31	13.72	49.3	18.6	8.08	99.81
8月上旬	16.54	14.92	48.87	14.56	5.11	99.82
8月中旬	19.12	21.13	45.37	9.87	4.51	99.82
8月下旬	8.83	18.32	48.22	17.19	7.44	99.4
9月上旬	5.38	14.51	47.02	23.01	10.08	99.71
9月中旬	6.57	18.79	47.33	20.22	7.09	99.90
平　均	7.24	13.50	49.41	20.28	9.57	99.69

四川省2013年5—9月与2012年同期相比长势好、较好、持平、较差和差的面积分别占全省草原监测面积的13.42%、17.00%、41.21%、12.24%和16.12%。其中，长势偏好的占30.42%，长势偏差的占28.37%。2013年四川草原植被总体长势与去年基本持平。从月动态看，四川5月和9月草原整体长势比去年稍差，6月和8月比去年要好，7月基本持平。从旬动态看，6月中旬为全年最好时期，长势偏好的面积比例为57.63%。

西藏2013年5—9月与2012年同期相比，长势好、较好、持平、较差和差的面积分别占全区草原总监测面积的17.36%、14.91%、46.93%、10.18%和10.63%。其中，长势偏好的占32.27%，长势偏差的占20.80%。总的来说，2013年西藏草原植被长势略好于2012年。从月动态来看，西藏草原长势5月以持平为主，6—8月以持平偏好为主，9月与2012年基本持平。从旬动态看，与2012年比较7月下旬长势最好，偏好的面积比例高达63.28%。

甘肃省2013年5—9月与去年同期相比，长势好、较好、持平、较差和差的面积分别占全区草原总监测面积的9.11%、12.03%、54.88%、14.61%和9.38%。其中，长势偏好的占21.14%，长势偏差的占23.99%。2013年全省草原植被长势与去年基本持平。从月动态看，5月、9月甘肃草原长势基本上以持平为主。从旬动态来看，5月中旬、6月中旬、7月上旬、8月下旬、9月上旬整体长势不如去年，7月中下旬长势明显好于去年，其他时期与去年基本持平。

青海省2013年5—9月与去年同期相比，长势好、较好、持平、较差和差的面积分别占全省草原总面积的8.48%、13.59%、46.51%、18.86%和12.56%。其中，长势偏好的占22.07%，长势偏差的占31.42%。2013年全省草原植被总体长势要略差于去年。从月动态看，青海草原长势5月和9月以持平偏差为主，6月和7月以持平偏好为主，8月以持平为主。从旬动态看，与2012年比较6月上旬为全年长势最好的时期，持平和偏好的面积比例总和高达88.03%。5月下旬、8月下旬和9月上旬长势偏差的比例较高。

新疆2013年5—9月与去年同期相比，长势好、较好、持平、较差和差的面积分别占全区草原总面积的22.93%、20.22%、40.54%、7.92%和8.40%。其中，长势偏好的占43.14%，长势偏差的占全区草原面积的16.32%。2013年全区草原植被总体长势明显好于去年。从月动态看，新疆草原植被长势除8月基本持平外，其余均以持平偏好为主。从旬动态看，7月下旬为和去年同期比较最好时期，长势持平与偏好的面积总和比例高达91.40%。8月下旬为和去年比较全年最差时期，长势偏差的面积比例达44.29%。

三、2013年与多年同期平均状况比较

1. 2013年5—9月草原植被总体长势平均状况 2013年，我国草原植被长势与多年同期平均状况相比以持平、偏好为主（图8-5、表8-4、表8-5）。5月上旬至9月中旬长势好、较好、持平、较差和差的面积分别占全国草原总面积的20.10%、30.62%、38.74%、5.16%和5.37%。其中，长势偏好（长势好和长势较好统称为长势偏好）的占50.72%，长势偏差（长势差和长势较差统称为长势偏差）的占10.53%。总的来说，2013年全国草原植被总体长势明显好于常年。

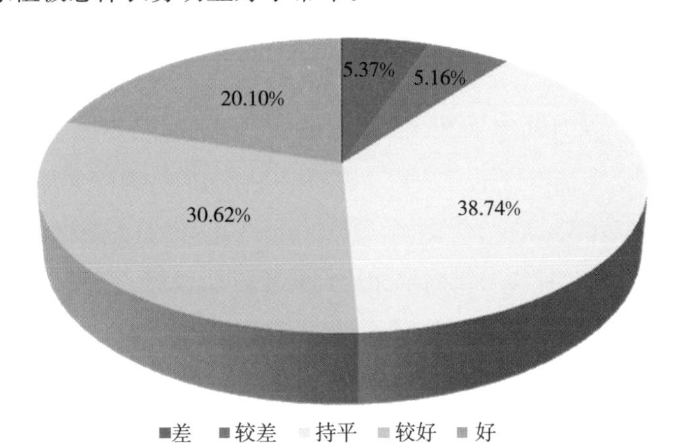

图8-5 2013年与多年同期相比全国草原长势遥感监测结果

2. 5—9月草原植被长势的时间变化 与多年同期平均状况相比，2013年5—9月全国草原植被长势均以持平、偏好为主。其中，长势偏好的草原面积分别占全国草原监测面积的43.95%、57.66%、55.59%、49.86%和44.48%，长势持平的面积比例依次为47.93%、34.15%、32.50%、39.68%和39.80%，长势偏差的面积比例依次为8.12%、8.18%、11.90%、10.46%和15.73%（表8-5、表8-6）。

表 8-5 2013 年 5—9 月与多年同期平均相比我国草原植被长势的月动态

时间	百分比（%）				
	差	较差	持平	较好	好
5 月平均	4.31	3.81	47.93	28.46	15.49
6 月平均	4.13	4.05	34.15	31.25	26.41
7 月平均	6.76	5.14	32.50	31.66	23.93
8 月平均	4.08	6.38	39.68	32.19	17.67
9 月平均	8.69	7.04	39.8	29.01	15.47

表 8-6 2013 年 5—9 月与多年同期相比我国草原植被的长势旬动态

时间	百分比（%）				
	差	较差	持平	较好	好
5 月上旬	7.10	5.07	49.60	24.11	14.12
5 月中旬	5.00	4.75	53.03	26.83	10.39
5 月下旬	0.83	1.61	41.17	34.44	21.95
6 月上旬	3.22	3.70	32.11	30.86	30.11
6 月中旬	2.46	3.31	34.46	32.29	27.48
6 月下旬	6.72	5.13	35.89	30.61	21.65
7 月上旬	9.35	5.59	32.01	29.90	23.15
7 月中旬	7.02	5.41	31.30	32.09	24.17
7 月下旬	3.91	4.42	34.20	32.99	24.48
8 月上旬	2.98	4.85	35.68	35.28	21.21
8 月中旬	2.15	4.79	38.99	33.73	20.34
8 月下旬	7.12	9.51	44.36	27.56	11.46
9 月上旬	15.12	8.29	34.27	26.29	16.03
9 月中旬	2.26	5.78	45.33	31.72	14.91
平　均	5.37	5.16	38.74	30.62	20.10

从旬动态变化来看（图 8-6），全年生长季我国草原长势均以持平和偏好为主，且长势偏好的草原面积比例均远大于长势偏差的草原面积比例，特别是 5 月下旬至 8 月中旬，全国草原总体长势明显偏好，偏好的面积比例维持在 50％以上；9 月上旬偏差的面积比例稍大，达 23.41％，但整体长势仍好于常年。

3. 5—9 月草原植被长势的空间变化　与多年同期平均状况比较，全国 5—9 月草原平均长势空间格局见图 8-7。受降水空间分布不均等影响，内蒙古大部、新疆大部、西藏西部、青海西部、甘肃北部、宁夏等地草原长势偏好，西藏东部、青海东部、四川等区域草原长势接近于多年平均水平，云南草原长势偏差。

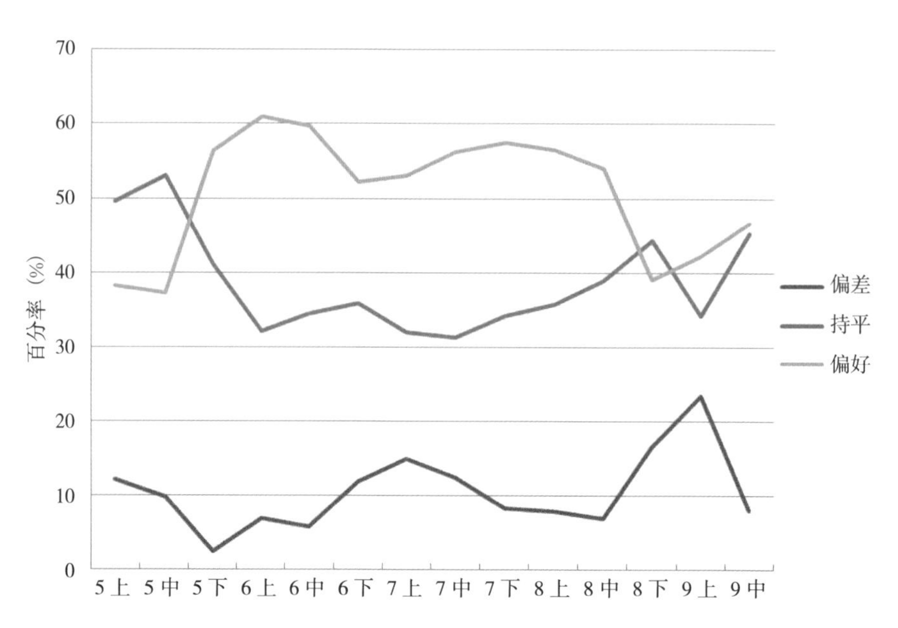

图 8-6　2013 年与多年同期平均状况相比我国草原植被长势动态变化

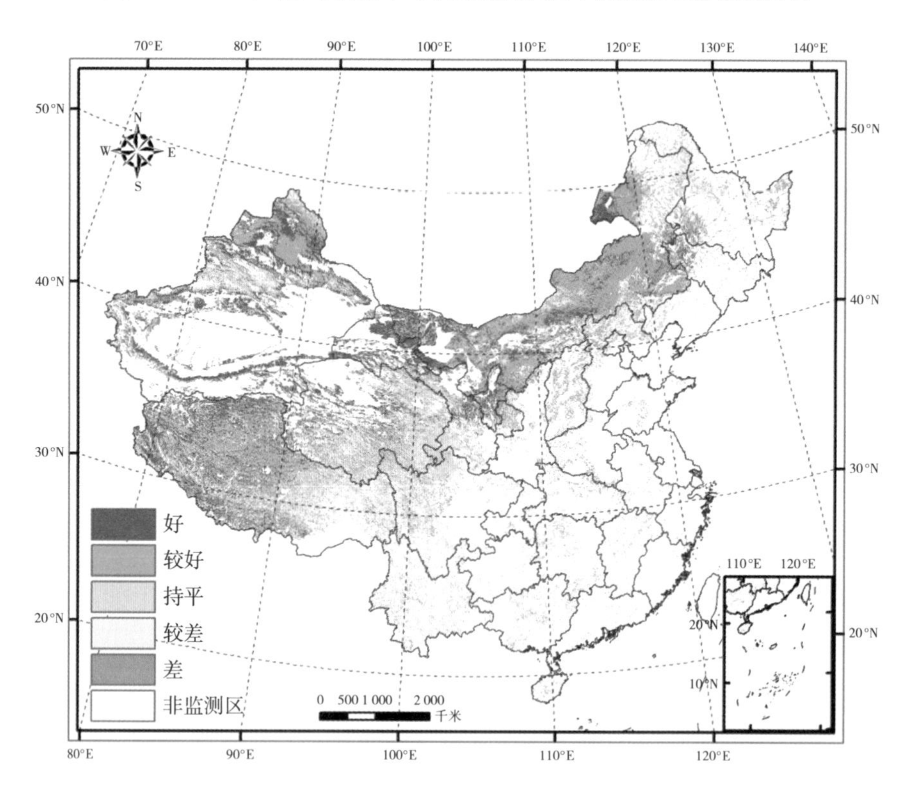

图 8-7　2013 年与多年同期相比平均长势空间分布

第九章
草原生产力监测

草原生产力监测是一项长期的基础性业务工作，目的是掌握草原生产力现状与动态，为评价草畜平衡与草原健康状况提供关键指标信息，为合理利用草原资源和草原管理规划决策提供依据。生产力监测是草原监测中国内外研究最多、应用最广的一项内容。一定的利用条件下，地上生物量与草原第一性生产力（一段时间内草原植物总的产出）之间有稳定的关系；因地上生物量便于观察和测定，可以通过监测地上生物量去估算第一性生产力；地上生物量也是反映草原生态状况的最根本的特征之一，是维持生态功能的物质基础。生产实践中，我们更关心草原第一性生产力中可饲用的部分，因而可通过可利用的地上生物量推算可利用的草原生产力。然而，由于自然和人为因素的影响，草原地上生物量呈现出明显的季节变化和年际波动；植被对可见光、近红外反射特征能反映植被差异或变化，这使得遥感成为草原生产力大面积监测的最有效的手段。

第一节　生产力监测的技术环节

一、遥感估产的优越性

遥感估产的重要意义在于可以准确地（好的情况下可达到 90%以上）估计每种草原类型地方、地区乃至全球的预期产量，在生长季节相对较少的云覆盖能够完成多次监测。通常，来自卫星数据的产量估测比传统收获方法更全面、更早。草原遥感估产的优越性主要表现以下几个方面：

1. 客观性和科学性　遥感是通过传感器大量获取地面的多波段信息，其中包括人眼难以看到的信息，这就大大增强了收集草原信息的能力。经过遥感图像处理、地面调查数据复合、建立估产模型、空间运算等过程，最终得到的草原长势、面积和生产力等信息是客观的。特别是在当今，卫星信息丰富且价格便宜，精确度高，使遥感估产精度和稳定性越来越好。

2. 宏观性和综合性 气象、资源或海洋等卫星大多在距地面700～1 000千米的位置上观测地球表面，具有覆盖面大、宏观、综合性强等优点，在较大的空间尺度上，能够保证较小的时间尺度，有利于对区域的草原生产力做出综合评价。同时，这些周期性的卫星获取的地面数据是连续不断的，信息量大，便于综合性宏观分析。

3. 时效性和动态性 针对不同草原类型进行动态监测和估产，不仅要求能够适时地获取草原信息，而且要求能够对草原进行跟踪观测，卫星遥感获取的草原信息具有多时相、速度快，能够满足此方面的要求。

4. 经济性和实用性 实践证明，只要选用卫星信息源合理，就能在保证较高精度的同时，用少量的经费实施草原生产力的遥感估产。

二、草原生产力监测的要素

1. 地上生物量动态 地上生物量是指草原地上植物体（无论死的或活的）的总量，可简称为“生物量”。离开植物体的植物器官归入“凋落物”中。利用地面测定方法可以获得地面样本的地上生物量；通过地面测定数据与遥感图像提取的植被指数之间建立数学模型，即可推算监测区域每一点（像元）的地上生物量。地上生物量随季节而变化，可通过逐月的监测获取地上生物量的动态数据。在稳定的利用条件下，还可通过生长高峰地上生物量（最高地上生物量）监测数据与地上生物量的季节动态模型结合，换算其他时间的地上生物量。

在草原生产力监测的实际应用中，为了便于计算产草量，测定和估算地上生物量时扣除灌木的多年生茎、干部分，仅包含当年生长的部分。除非特指，本书中的地上生物量均不包含灌木的多年生茎、干部分。

2. 草原生产力 草原生产力指在现实的草原（利用）状况下，一定时期内一定面积草原植物形成地上生物量的能力，是草原生态系统第一性生产的能力。生产力监测实践中，一般只对植物地上部分的生产能力进行监测。生产力具有时效范围，如年生产力、月生产力等，如不表明时间，则泛指年度生产力，年度生产力在实际意义上与产草量相当。不考虑灌木的多年生茎、干时，生长高峰地上生物量是年度生产力扣除前期已利用部分后的剩余量。对于干旱、半干旱地区的草原，草原生产力可以用在不利用的长期（永久）样地中测定的最高地上生物量代表。对于生长季长、生物量大的草原类型，利用条件下草原植物的再生量很大，需要逐月测定被利用的部分，再加上最高地上生物量，可得到全年的草原生产力。在指定的区域进行多年生产力监测时，可建立一定利用条件下最高地上生物量与年度生产力之间的关系模型，从地上生物量动态数据中推算年度生产力。如果用最高地上生物量直接推算冷季载畜能力，可不考虑生长季内、生物量高峰前家畜的采食量，可以在一定程度上减小因局部的利用方式差异引起的误差。

3. 利用率 草原利用率是指一种类型草原在一定环境条件下可利用面积在总面积中的比例。不同的草原类型适宜利用的季节不同，且受地形、距水源距离、畜群种类等因素影响。牧草利用率指草原上用于采食或饲喂的植物量占草原生产力的比例，它决定于草原的植物构成和牲畜的食性。草原利用率和牧草利用率对于评价草原的载畜能力有重要意义，实践中可将二者结合，综合冷季的牧草保存率，建立草原生产力的利用率模型。需要指出，由于植物组成的差异，草原在暖季和冷季的利用存在差异，许多牧草家畜仅在冷季采食，如需要精确的测定或研究，可分别测定暖季和冷季的利用率。

4. 合理载畜量 载畜能力指在一定的草原面积上，在维持草原植被不断更新与正常生长，对草原适度放牧利用并且能够保证家畜良好生长与正常生产的前提下，在一定时间内可放牧饲养的家畜数量（羊单位）；除非特指，本书中合理载畜量指年度载畜能力。合理载畜量是评价草畜平衡最重要的指标。根据草原生产力或生物量计算合理载畜量的方法有 2 种：

（1）合理载畜量＝产草量×利用率÷利用天数÷每羊单位日食量

式中，利用天数是一年中扣除饲料和调入饲草舍饲的时间后剩余的天数，但打草舍饲的天数不能扣除，因为产草量中包含打草量，算式中利用率为草原利用率和牧草利用率的综合（下同）。因合理载畜量和草原生产力均在一定面积上衡量，所以单位面积上或区域的合理载畜量均可依此计算。这种计算方法反映了草原生产力与合理载畜量之间明晰的关系。

（2）合理载畜量＝（最高地上生物量×利用率＋前期打草量）÷利用天数÷每羊单位日食量

式中，前期打草量是指生长季内、地上生物量高峰前的打草量，即获取最高生物量前被转移而未体现在最高生物量中的部分。利用天数是指自最高生物量获取时到次年生长季放牧期前的利用天数。

三、生产力监测一般步骤

草原生产力监测技术流程包括相关资料收集分析、地面样地监测、牲畜生产统计、遥感影像植被指数提取、地上生物量估算模型构建、产量计算、合理载畜量计算等。

技术流程如图 9-1。

目前，多使用 MODIS 数据进行草原生产力遥感监测。MODIS 图像的植被指数与地面实测的地上生物量数据有较好的匹配关系和同步性，所以可用来建立草产量估测模型。可以通过连续多年的对草原生物量与植被指数相互关系研究，建立生物量与 MODIS 植被指数稳定的关系模型，应用于业务化的监测。另外，还可通过对草原生态

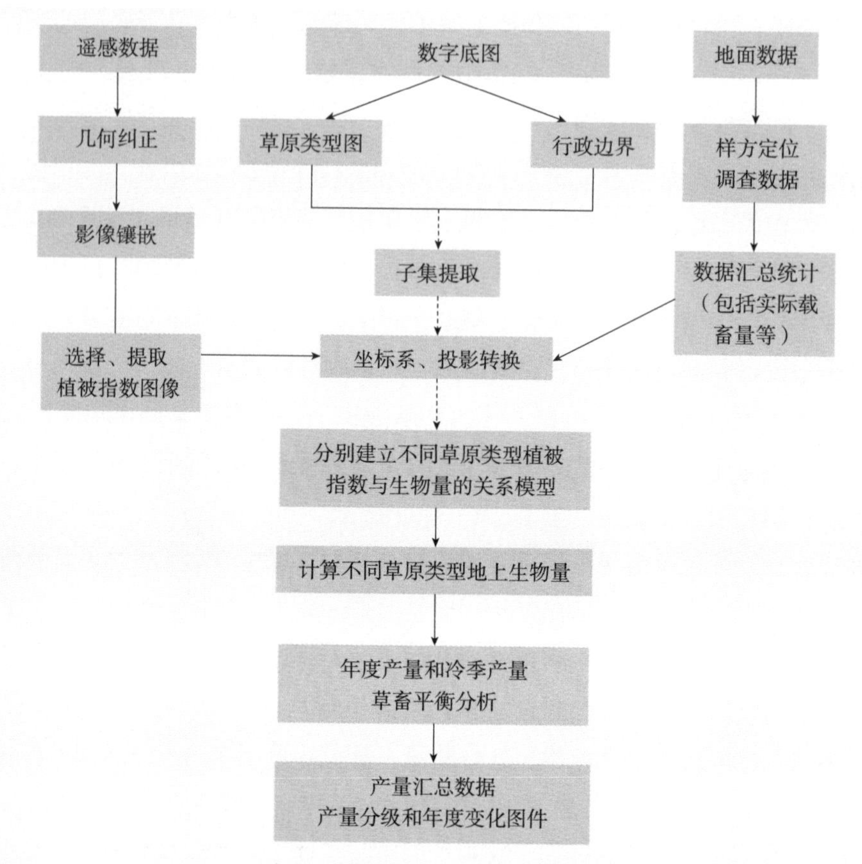

图 9-1　草原生产力监测技术流程

环境的各种要素的监测（如土壤水分、温度等），建立各种要素与生物量之间的关系模型，作为植被指数估产模型的补充和验证手段。以下介绍部分重点环节。

1. 建立植被指数与生物量的关系模型　不同草原类型，其地上生物量与植被指数相关变化的关系不一致。对于一种草原类型，通过地面样本的最高地上生物量与遥感影像提取的植被指数之间建立数学模型，可推算监测区域该类型任意一点（像元）的最高地上生物量。从已有研究结果看，该模型多为指数或一次线性模型。具体步骤包括地面样本矢量要素构建、样本植被指数提取、建立相关模型等。

2. 计算产草量　包括使用模型估算最高地上生物量、计算年度产草量、折算标准干草产量、计算可食产草量、产草量分级等步骤。

年度产草量是草地生产牧草的总量，可用最高地上生物量加上之前已利用部分（牲畜已采食量和已打草量）来近似计算。已利用部分可用牲畜放牧采食量计算或可由牧草再生率推算。

可食产草量指草地可食牧草（含饲用灌木和饲用乔木之嫩枝叶）地上部的产量。

年度可食产草量（鲜重）＝最高地上生物量×牧草可食比例÷100＋生长高峰前已

利用部分

年度可食产草量（干重）＝（最高地上生物量×牧草可食比例÷100＋生长高峰前已利用部分）×干鲜比×标准干草折算系数

生长高峰前已利用部分＝实际载畜量×生长高峰前放牧天数×每羊单位日食量

3. 计算合理载畜量

年度合理载畜量＝年度可食产草量×全年放牧利用率÷100÷365÷每羊单位日食量

冷季合理载畜量＝最高地上生物量×可食比例×干鲜比×标准干草折算系数×冷季保存率×冷季放牧利用率÷冷季天数÷每羊单位日食量

式中，每羊单位日食量一般为1.8千克/（日·羊单位），表示1个标准羊单位日耗1.8千克标准干草；冷季保存率可由地面实测或查询资料获得。

第二节　草原生产力监测案例

草原遥感估产研究与应用始于20世纪80年代末至90年代，草原生产力遥感监测的业务化运行始于21世纪初，我们以青海省2003年草原生产力遥感监测结果为例，分析我国草原遥感估产的特点及方法。

一、数据获取

1. MODIS图像及几何纠正　草原遥感估产主要采用NOAA卫星、MODIS卫星、Landsat卫星等的资料，由于它们的空间分辨率不同，进行遥感估产的尺度也随之改变。NOAA卫星图像星下点空间分辨率为1.1千米，主要为大尺度遥感估产，MODIS卫星图像空间分辨率最高为250米，适合大、中尺度遥感估产，Landsat卫星TM图像空间分辨率为30米，适合小范围的遥感估产。本次实例分析选择2003年8月的MODIS卫星资料进行遥感估产。

不同的地面接收站提供的MODIS图像处理级别不同，其中一些直接提供了原始数据，因为存在扫描行的交叉或重叠，必须根据传感器的控制参数，利用专门的软件进行处理。MODIS图像的幅宽很大，因而有明显的球面变形，需要根据地球的椭球体参数进行专门的纠正，常用的遥感图像处理软件一般在图像导入时提供球面纠正的工具。球面纠正后图像还有较大的误差，是因为卫星提供的定位信息不完全准确。

为了保证精度，利用ERDAS Imagine软件选用多项式几何精校正的方法对图像进行校正。依照“多点均匀分布、选择相对固定地物点”的采点原则，考虑MODIS图像地物尺度较大，将控制点选在河流交汇处和明显的拐角处。图像纠正变换关系采用二项三次完全多项式内插新像素的灰度值进行采用最近邻像元法重采样。

2. 野外测定 野外测定的内容包括记录样地草原类型、用 GPS 测定的样地经纬度、测定样方内主要植物的盖度和高度以及地上生物量等资料。含灌木的草原类型，样方面积为 10 米×10 米，草本测定样方面积为 1 米×1 米。样方主要选择在能够代表大范围的草原类型区域，根据不同草原类型的群落特征变异程度而定，选择群落内部植物分布均一性较好的典型地段，做 3 次重复样方测定。最后利用 GPS 接收机对样方进行准确定位。

图 9-2 为野外地面调查样方的分布情况，黑色五角形代表地面测定点。

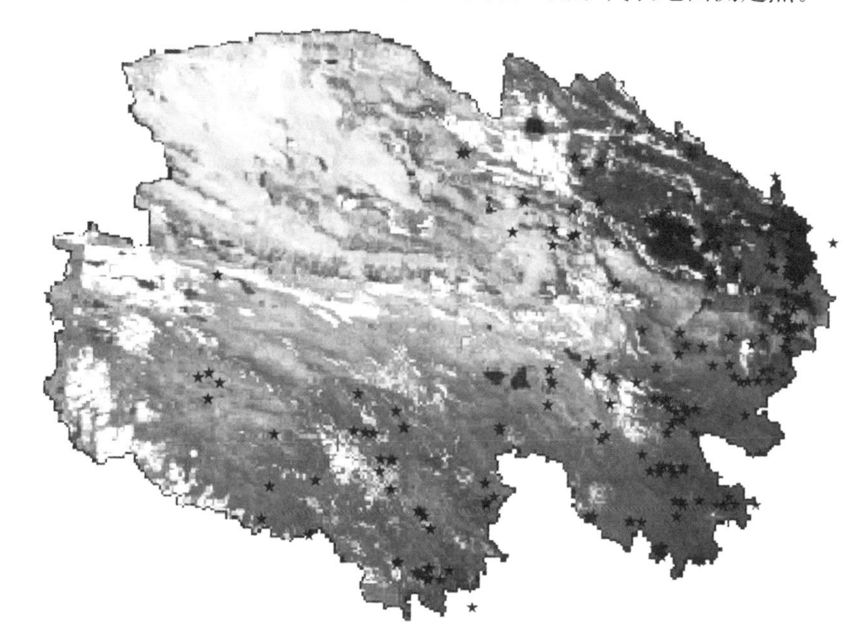

图 9-2 青海省 MODIS 图像及样地分布

二、植被指数提取

1. 不同植被指数对比分析 不同植被指数适用于分析不同区域和范围的草原地上生物量，如 RVI 对大气影响敏感，且当植被覆盖度不高时，它的分辨能力很弱，尤其是温性荒漠草原类，地表植被覆盖度较低，RVI 受土壤背景因素的影响较大，不能准确地反映植被生长及其生产力情况，但在植被覆盖度较高地情况下 RVI 能够准确地反映植被信息；NDVI 对绿色植被表现较为敏感，经常被作为土壤、植被监测的指标，但前人已证明在植被生长初期，NDVI 将过高估测植被覆盖度；而在植被生长的结束季节，可能低估植被覆盖度；TNDVI 是对 NDVI 进行了一定的数学调整，能更好地反映植被生长变化。上述 3 种植被指数都是基于波段的线性组合，而忽略了大气、土壤等因子的影响，故又提出了 MSAVI。MSAVI 能够较好地消除土壤背景对植被指数的影响（图 9-3）。

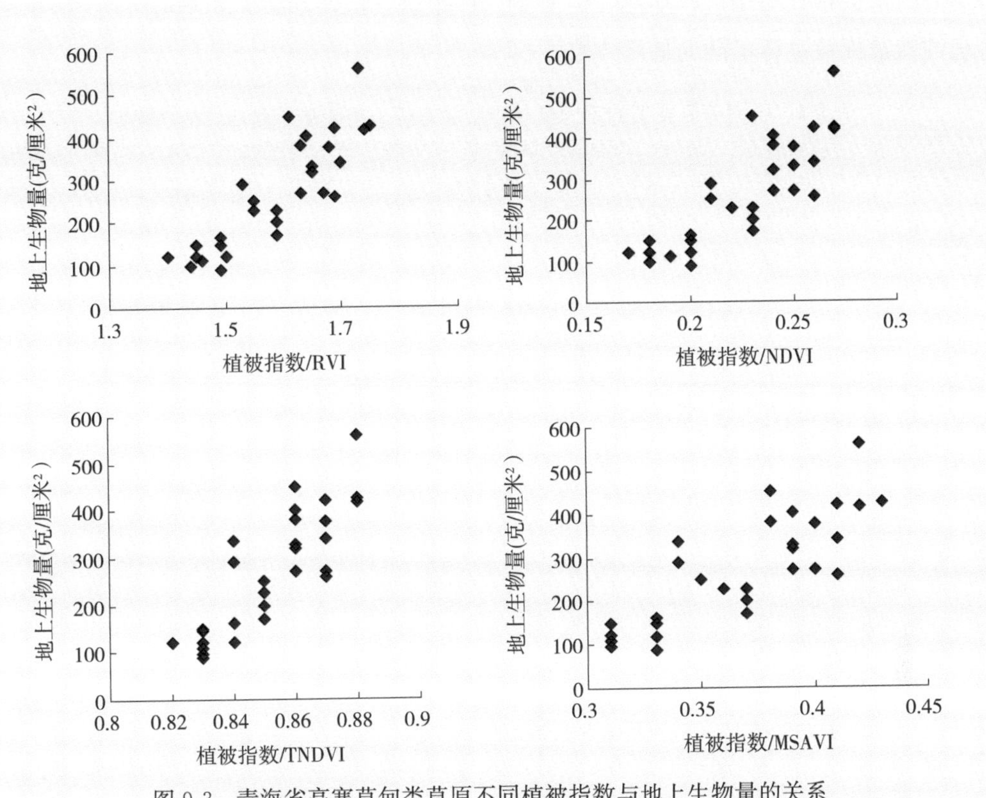

图 9-3　青海省高寒草甸类草原不同植被指数与地上生物量的关系

将野外实地调查数据准确地复合到 MODIS 图像上，获取各样地的植被指数，然后利用统计软件分析不同植被指数与各种草原类型地上生物量的关系，针对不同草原植被特征和土壤背景选择最佳的估产模型。图 9-3 是青海省高寒草甸类草原不同植被指数与地上生物量的关系图。从图 9-3 中可看出，与 TNDVI、SAVI、RVI 相比，NDVI 与草原地上生物量的相关性较差。因此，在建立估产模型时，选择最佳的植被指数作为变量是保证遥感估产精度的关键。通过对比分析，这里针对不同草原类型结合上述植被指数建立了 24 个估产模型，表 9-1 是不同草原类型的不同植被指数牧草原上生物量卫星遥感估产模型；其中，y 代表地上生物量，x_1 代表归一化差异植被指数（NDVI），x_2 代表比值植被指数（RVI），x_3 代表标准化差异植被指数（TNDVI），x_4 代表修改型土壤调整植被指数（MSAVI）。可以看出，不同草原类型的模型参数有较大幅度的变化。

图 9-4 是不同草原类型 TNDVI 估产曲线，可以看出同一植被指数、不同草原类型的估产模型有较大的差异。主要是由于水热分布的地域差异，不同草原类型的地上生物量和覆盖度均有不同，在进行草原生产力估测时，所有的草原类型运用一个估产模型很难全面地反映草原地上生物量的变化，必须考虑不同草原类型的差异选择适当的植被指数和模型参数。从图 9-4 也可看出高寒草原、草原草甸类的估产模型非常接近，可以运

用相同的植被指数模型进行估测，但对于一些水热条件差别较大的类型，应该分别选择适宜的植被指数进行不同的估产模型。

表 9-1　不同草原类型的不同植被指数牧草原上生物量卫星遥感估产模型

草原类型	估产模型	r	F	n	草原类型	估产模型	r	F	n
低地盐化草甸类	$y=10^{(1.470+6.407x_1)}$	0.998	484.872*	10	温性草原类	$y=10^{(1.771+2.492x_1)}$	0.676	27.774**	18
	$y=10^{(-0.501+2.169x_2)}$	0.998	428.597*	10		$y=10^{(1.205+0.7x_2)}$	0.677	27.935**	18
	$y=10^{(-6.068+10.540x_3)}$	0.998	498.175*	10		$y=10^{(-1.299+4.270x_3)}$	0.675	27.615**	18
	$y=10^{(1.274+4.440x_4)}$	0.998	536.896*	10		$y=10^{(1.650+1.893x_4)}$	0.673	27.312**	18
高寒草甸类	$y=10^{(1.371+4.271x_1)}$	0.539	11.450*	15	温性荒漠草原类	$y=10^{(1.223+4.378x_1)}$	0.759	17.663**	21
	$y=10^{(0.314+1.274x_2)}$	0.533	11.114*	15		$y=10^{(0.020+1.381x_2)}$	0.754	17.151**	21
	$y=10^{(-3.861+7.274x_3)}$	0.540	11.528*	15		$y=10^{(-4.038+7.337x_3)}$	0.760	17.811**	21
	$y=10^{(1.157+3.215x_4)}$	0.543	11.683*	15		$y=10^{(1.052+3.160x_4)}$	0.762	17.953**	21
高寒草原类	$y=10^{(1.320+4.818x_1)}$	0.715	28.226**	25	温性山地草甸类	$y=10^{(2.113+1.931x_1)}$	0.738	0.545*	23
	$y=10^{(-0.068+1.555x_2)}$	0.700	25.934**	25		$y=10^{(1.572+0.609x_2)}$	0.757	0.573*	23
	$y=10^{(-4.411+8.008x_3)}$	0.720	28.985**	25		$y=10^{(-0.194+3.223x_3)}$	0.732	0.536*	23
	$y=10^{(1.160+3.418x_4)}$	0.726	30.061**	25		$y=10^{(2.048+1.383x_4)}$	0.725	12.156*	23

注：* 代表 0.05 显著水平，** 代表 0.01 极显著水平。

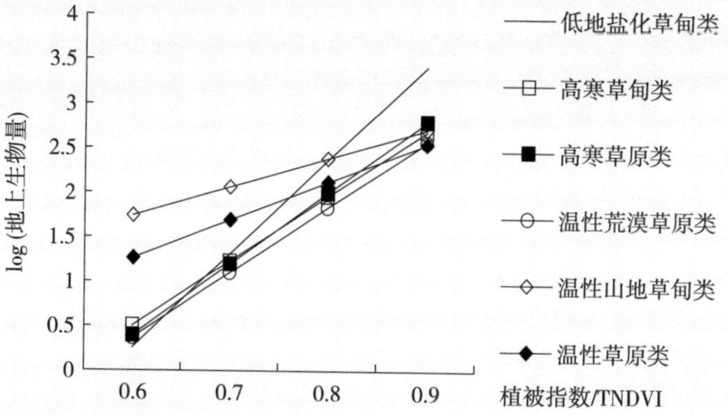

图 9-4　不同草原类型 TNDVI 估产曲线

2. 不同草原类型的最优模型　从表 9-2 中可以看到，不同草原类型的 4 种植被指数估产模型 F 检验均达到 0.05 显著水平以上。低地盐化草甸类的地上生物量与各植被指数建立的模型中，R 值几乎没有差异。除低地盐化草甸类、温性草原类和温性山地草甸类草原，其他草原类型 4 种植被指数估产模型的 R 值，都遵循 MSAVI>TNDVI>NDVI>RVI 规律，但温性草原类和温性山地草甸类草原 RVI 模型的 R 值最大。这主要是由于高寒草甸草原等草群普遍低矮稀疏，植被指数受土壤背景的影响较大，故 MSAVI 能够反映植被情况，R 值相对较高；温性山地草甸类和温性草原类的草群高度较高、覆盖度较好，土壤背景的影响相对较小，故RVI模型的R值最大；但低地盐化草甸类草原由于草群生长繁茂、地上生物量高、土壤含水量较高等综合因素，使得这4种植被指数模型的R值差异很小。参考R值、回归平方和、F值等选择最佳的遥感估产模型，列于表9-2，结果表明这些最佳模型大部分通过了0.01水平的统计检验。

表 9-2　不同草原类型最优遥感估产模型

草原类型	估产模型	r	F
低地盐化草甸类	$y=10^{(1.274+4.440x_4)}$	0.998	536.896*
高寒草甸类	$y=10^{(1.157+3.215x_4)}$	0.543	11.683*
高寒草原类	$y=10^{(1.160+3.418x_4)}$	0.726	30.061**
温性草原类	$y=10^{(1.545+0.519x_2)}$	0.502	12.455**
温性荒漠草原类	$y=10^{(1.052+3.160x_4)}$	0.762	17.953**
温性山地草甸类	$y=10^{(1.572+0.609x_2)}$	0.757	0.573*

表9-3是青海省部分草原类型的地上生物量估算结果与地面测定值的对比，可以看出通过遥感手段估测的不同草原类型地上生物量与实际野外调查的结果较为接近。图9-5是不同时期的草原产草量的对比情况，与20世纪80年代调查结果相比，2003年的地上生物量有明显变化，地面调查结果和估产结果均低于20世纪80年代地面调查的结果。这是由于自然因素和人为因素等多方面的影响，草原载畜压力增大，一些地方过牧严重，原退化面积逐年增加，使得牧草产量下降、覆盖度降低、优良牧草比例减少、适口性差的杂类草蔓延滋生。另外，草原类型的面积发生了较大的变化，天然草原的开垦严重，主要集中在环湖地区、柴达木盆地和江河源头区域，开垦的草原类型主要有温性草原类、山地草甸类、高寒草甸类。

表 9-3　青海省部分草原类型的地上生物量估算结果

干重（千克/公顷）

草原类型	模型估算值	地面调查值
低地盐化草甸类	896.09	1 001.40
高寒草甸类	705.22	690.80
高寒草原类	390.56	334.83
温性草原类	630.00	657.63
温性荒漠草原类	342.43	389.40
温性山地草甸类	1 085.93	1 020.89

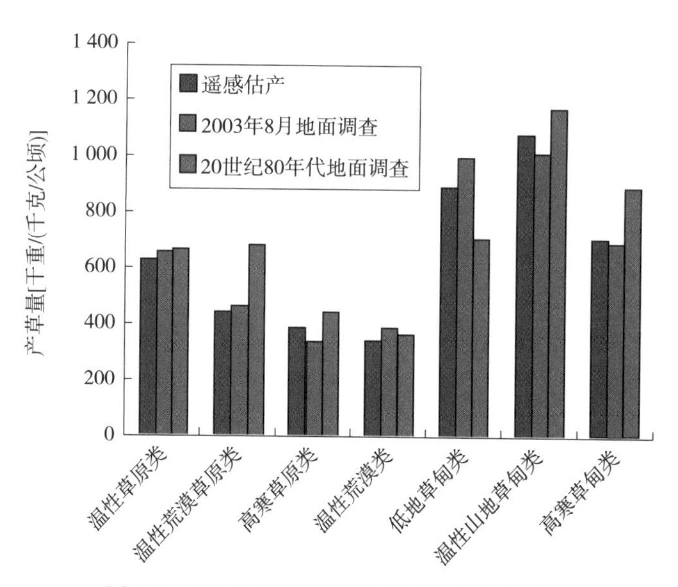

图 9-5 不同时期各草原类型平均产草量对比

三、地上生物量计算、统计

图 9-6 是利用 ERDAS 软件中的 Model 模块描述的估产模型。将获取各草原类型的最佳遥感估产模型代入其中，可以计算 MODIS 图像上每个像元不同草原类型的地上生物量，形成地上生物量分布的图像，再汇总统计不同草原类型所有像元的地上生物量数据。

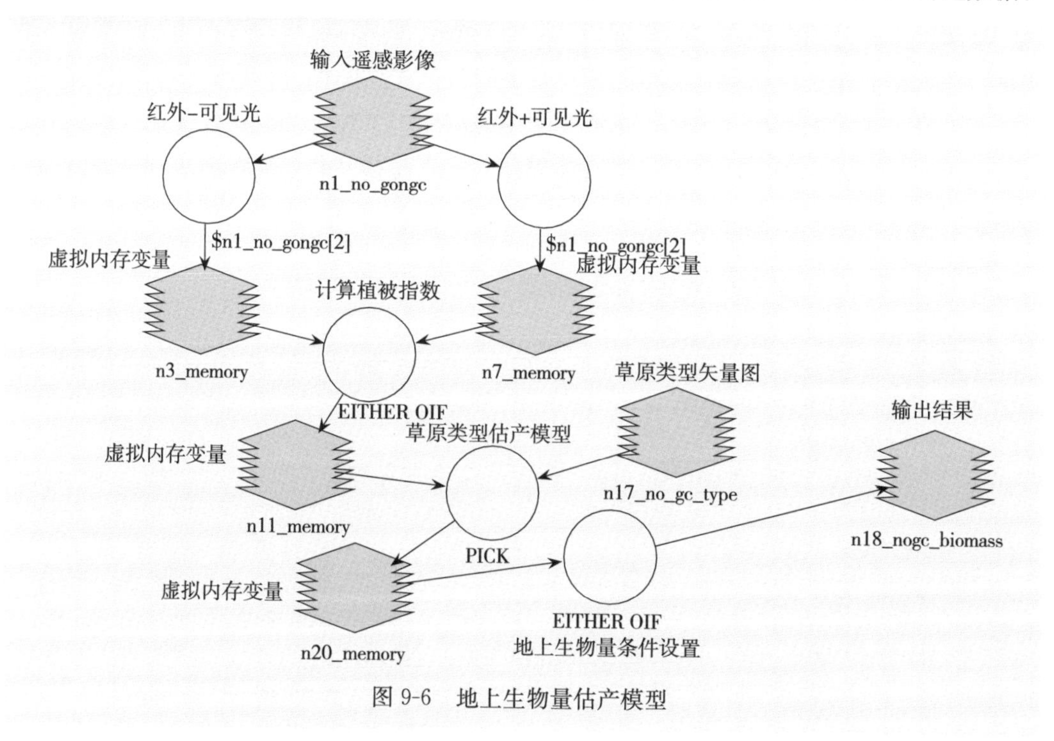

图 9-6 地上生物量估产模型

ERDAS软件中的Model模块采用面向对象的方式设计，可以运用于栅格、矢量和统计数据的复合运算，是自定义空间分析模型的输入、管理和运算的有效工具。它除了支持栅格变量、矢量变量、表变量等外，还内建立了大量图像处理和统计分析的函数，提供了丰富的模型运算功能。

通过模型运算得到的青海省草原地上生物量结果，每个像元的产草量一一被算出，估算结果与实际的草原类型分布、地上生物量状况基本相符。本次遥感估产处于草原植被生长最高时期，所获取的地上生物量是一年中的最高值，在干旱、半干旱地区与全年的产草量非常接近，可以按照草原产草量分级标准确定产草量级别。

ERDAS软件中RECODE功能能够完成密度分割的功能，将不同灰度值范围的像元分别合并为不同级别的数值。利用这一功能，生成青海省草原产草量分级图，见图9-7。

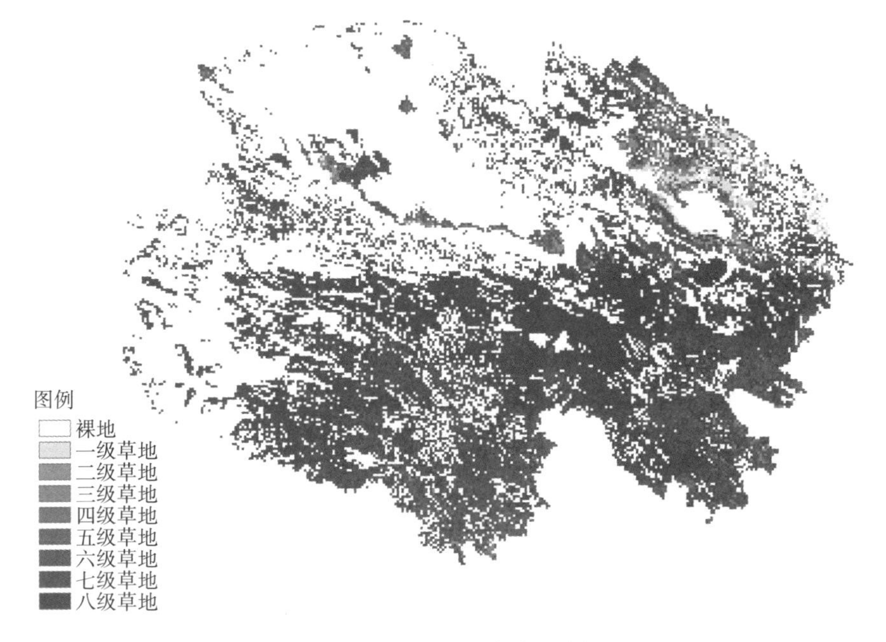

图9-7　青海省草原产草量分级

四、计算合理载畜量

得到产草量后，可以根据家畜的草原利用率、日食量计算合理载畜量。利用率数据需要综合不同草原类型的可利用面积和牧草利用率。将利用MODIS图像数据估测的产草量、利用率、日食量、打草量等代入合理载畜量计算公式，求得草原合理载畜量。

根据20世纪80年代草原地面调查数据，全省草原适宜载畜量为2 870.01万羊单位，占全国草原载畜量9.00%；而2003年8月遥感估产的全省草原适宜载畜量为2 453.83万羊单位，占全国草原载畜量7.79%。由于草原发生不同程度的退化、草原面积减少、牲畜头数显著增加等因素，造成草原生产能力降低，适宜载畜量下降。

第十章 草原利用状况监测

草原生态系统具有能量流动和物质循环的功能，在合理利用下，草原生态系统可以不断地恢复其平衡，可以基本上处于周而复始的良好状态，周期性地提供畜产品，是取之不尽的自然资源，这也是它区别于矿产资源等的一个重要特点。近年来，农业部和各地不断加大草原保护建设力度，稳定和完善承包制度，落实基本草原保护、禁牧休牧轮牧，增强草业科技支撑能力，转变草原畜牧业生产方式，逐步减轻了天然草原牲畜放牧压力，草原超载率持续下降，草原科学合理利用水平逐渐提高。草原合理利用不仅能保持草原的生产能力，而且是维护草原生态系统稳定和发展的前提，对区域经济社会的发展具有十分重要的意义。

本章节草原利用状况监测，从利用方式的角度分为草原放牧利用监测、矿区征占用地监测、草原开垦耕地监测和野生植物资源监测 4 部分。

第一节 草原放牧利用监测

草原放牧利用监测这里主要指草畜平衡监测。草畜平衡是指为了保持草原生态系统良性循环，在一定区域和时间内，使草原和其他途径提供的饲草料总量和饲养牲畜所需的饲草料总量保持动态平衡。草畜平衡可以理解为放牧时处于合理载畜量，即在适度放牧（或割草）利用并维持草地可持续生产的条件下，满足承养家畜正常生长、繁殖、生产畜产品的需要，所能承养的家畜头数和时间。草畜平衡是一种理念，是一种发展战略和发展道路，也是一种制度。草畜平衡理念是实现草畜平衡目标的思想基础，草畜平衡战略是这一理念在战略思想上的体现，草畜平衡制度则是实现草畜平衡的保障。实行草畜平衡制度并不能简单理解为是为了解决目前草原严重退化而采取的一项临时性措施，它是实现一个地区可持续发展的基础，也是从根本上治理草原退化的途径。在草原保护和管理工作中，及时、充分地了解草畜平衡的现状，才能更好地合理利用草原，科学地确定放牧强度，改善生态环境，实现草原资源的可持续利用。

一、数据来源与处理

草畜平衡监测使用的数据主要有遥感数据、地面样方数据和表格调查数据。

1. 遥感数据 选用美国国家航空航天局（NASA）无偿共享的中分辨率成像光谱仪（MODIS，Moderate Resolution Imaging Spectroradiometer），为陆地产品中分辨率为 250 米的遥感影像数据，并使用农业遥感应用中心研究部的 MODIS 数据接收处理系统处理每天接收的 MODIS 遥感数据，在大气校正、几何校正、云标识、归一化植被指数（NDVI，Normalized Difference Vegetation Index）计算和最大值合成（MVC，Maximum Value Composite）等预处理的基础上，获取逐日的 MODIS 影像。

2. 地面样方数据 是根据遥感监测的要求以及 1∶100 万中国草原资源类型分布图中 18 种草地类型的面积比例，以省（自治区、直辖市）为单元制订样地和样方采样框架，分配采样任务，要求样地和样方的布设空间尽量均匀，并具有代表性。样方由农业部草原监理中心组织 20 余个省（自治区、直辖市）的草原站进行采集。采样时间从 6 月中旬至 8 月下旬。草本样方大小为 1 米×1 米，灌木样方为 10 米×10 米。对每个样方数据进行检查整理，并剔除问题数据，建立草原地面样方数据库。

3. 表格填报和调查数据 主要包括牲畜数量（包括山羊、绵羊、牛、马、骡子、骆驼等草食性牲畜）、人工草地产量、秸秆补饲量、青贮饲料量、粮食补饲量和购买其他饲料量等。牲畜数据为上年度末分县（旗）的牲畜存栏数，属于统计数据，由各地填报的统计数据获取；天然草原产草量是遥感监测计算的数据。配合草畜平衡监测建立了我国牧区、半牧区 268 个县（旗）牲畜数量、天然草原产草量、秸秆补饲、人工种草产量和青贮饲料量等数据库。

二、监测方法和流程

草畜平衡监测是指在一定区域与时间内，利用现有的技术、工具监测和计算草地初级生产力及其他饲草饲料量以及饲养牲畜需要的饲草饲料量，按照规定的载畜平衡标准，计算草畜平衡状况。草畜平衡监测的关键是获取计算监测单元内（旗、县）的牲畜数量（换算为标准羊单位）和可利用的饲草料总量。①牲畜数量是上年度末监测单元内（旗、县）的牲畜存栏数，属于统计资料，由各地填报的统计数据获取，不同的草食牲畜换算成标准羊单位。②饲草料总量主要包括：遥感模型测算的天然草地上的产草量，牲畜采食量，补充饲料量。分县补充饲料量分为秸秆补饲、青贮饲料、人工草地补充饲料、精饲料补饲量，补饲量通过给牧区和半牧区县发放调查表及实际抽样调查而获取。

牲畜采食量根据各县报的全放牧开始时间到 7 月中旬的放牧天数和牲畜数量进行推算。草畜平衡具体的计算流程如图 10-1。

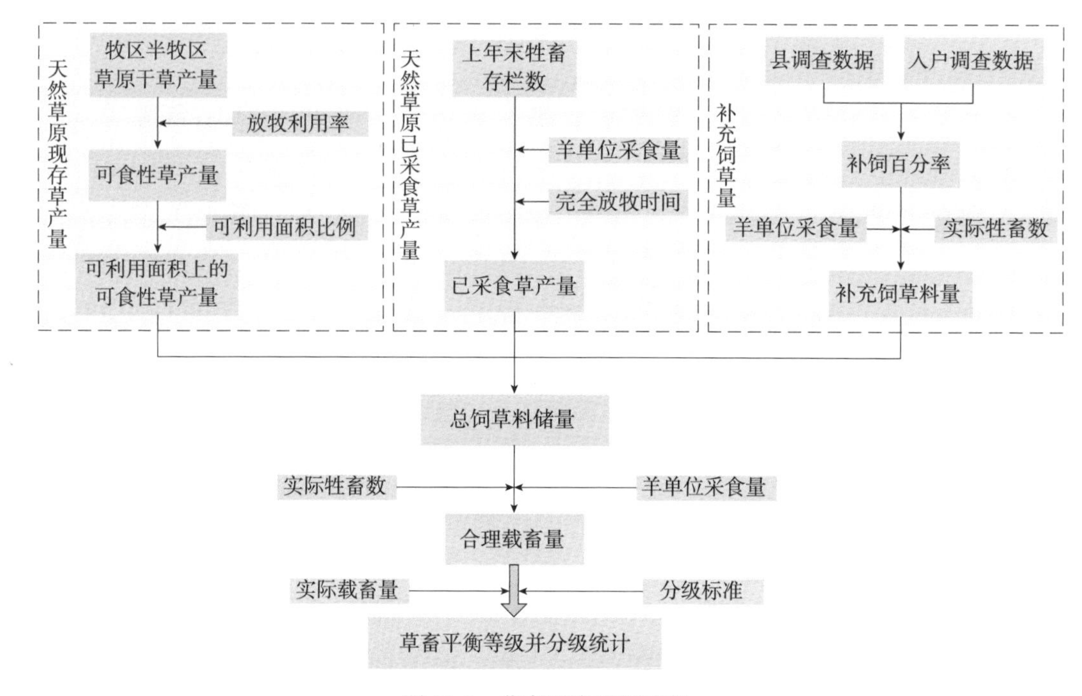

图 10-1 草畜平衡监测流程

1. 草畜平衡相关参数估算 求算草畜平衡的过程中，可食产草量、可利用面积上的可食产草量、补充饲草料和牲畜已采食产草量的估算是 4 个关键的参数。

牲畜放牧采食牧草具有一定的区域性。因此，产草量要结合放牧利用率进行折算，得到可食性的产草量。放牧利用率是根据《天然草地合理载畜量的计算》（中华人民共和国农业行业标准 NY/635—2002，2003—03—01 实施）有关不同类型放牧草地的全年放牧利用率的规定，取其平均值。

产草量是计算草畜平衡的基础，而要实现草畜平衡的估算，需要将可食性产草量进行可利用面积上的折算，得到可利用面积上的可食性产草量。

补饲率是计算补充饲草料的重要参数。补饲率的估算根据家畜补饲情况县调查数据和入户调查数据进行。县调查和入户调查的内容主要包括牲畜数量（包括山羊、绵羊、牛、马、骡子、骆驼等草食性牲畜）、人工草地产量、秸秆补饲量、青贮饲料量、粮食补饲量和购买其他饲料量等。通过对《非常规饲料资源的开发与利用》的来自全国不同地区 10 个试验区若干个试验点资料的整理，得到补充饲料量的折算系数。牲畜数量折算为标准羊单位的计算系数采用《天然草地合理载畜量的计算》。在上述数据调查和整理的基础上，计算出各县及各户饲养牲畜的羊单位数、年需干草量、补充饲料量、补饲百分率等。

已采食的草产量是假定在某段时间完全放牧的情况下被牲畜采食的草产量。获得牲畜已采食产草量，主要是通过入户调查和分县调查表获取完全放牧时间，然后用上年末的牲畜存栏数、羊单位采食标准和完全放牧时间（天），计算牲畜已经采食的产草量。

2. 总饲草料数量的计算　将牧区和半牧区县（旗）的行政界线叠加到草原产草量分布图上，分县（旗）计算产草量，然后在获得可食性干重、可利用面积上的可采食干重和现存可食草产量的基础上，计算总饲草料储量，具体计算公式如下：

$$TR = F + S + E$$

式中，TR（Total Forage Grass and Feed Reserve）为总饲草料储量；F 为已采食的草产量；S 为补充饲料总量；E 为现存可食草产量。

3. 理论适宜载畜量的计算　根据监测单元（县、旗）得到的总的饲草料储量，除以标准羊单位，即可得到监测单元（县、旗）的理论适宜载畜量。

4. 草畜状况分级评价　常规的草畜平衡评价首先计算冷季或全年的理论载畜量，然后与实际载畜量对比，从而评价草原是否超载。本章通过构建草畜平衡指数（$BGLI$，Balance of Grassland and Livestock Index，单位为%）对草畜状况进行分级评价。公式如下：

$$BGLI = \frac{A - R}{R} \times 100\%$$

式中，$BGLI$ 为草畜平衡指数，为百分数；A 为实际载畜量，是指已承载的放牧牲畜数量（根据上年年末存栏数来进行计算），单位为羊单位数；R 为理论适宜载畜量，是指草场生产能力在最大可承载限度内的载畜量，单位也为羊单位数。

根据各县（旗）计算的载畜平衡指标可以划分草畜平衡等级，等级的划分可以根据当地的放牧试验等结果进行划分，划分的等级可依据监测面积的大小和当地的实际需要而定。一般划分为5级。5级一般分为极度超载、严重超载、超载、载畜平衡和载畜不足，对应 $BGLI$ 分别为：$BGLI > 150\%$、$80\% < BGLI \leqslant 150\%$、$20\% < BGLI \leqslant 80\%$、$-20\% \leqslant BGLI \leqslant 20\%$、$BGLI < -20\%$。

三、草畜平衡监测案例

1. 研究区域　农业部认定牧区县（旗）和半牧区县（旗）共有268个。其中，内蒙古包括25个牧区县（旗）、28个半牧区县（旗）（表10-1）。内蒙古牧区为中国六大牧区之一，在草畜平衡的实施方面，是起步最早、进展最快的省份之一。内蒙古相继出台了一系列措施促进草畜平衡制度的推广与实施。因此，选择内蒙古牧区作为草畜平衡监测的案例分析具有较好的代表性。

表 10-1 内蒙古牧区、半牧区县（旗）名录

数量	牧区县（旗）名称
25	新巴尔虎右、新巴尔虎左、陈巴尔虎、鄂温克、巴林右、阿鲁科尔沁、阿巴嘎、锡林浩特市、苏尼特左、苏尼特右、镶黄旗、正镶白、正蓝、东乌珠穆沁、西乌珠穆沁、达茂、鄂托克、乌审、杭锦、鄂托克前、乌拉特中、乌拉特后、阿拉善左、阿拉善右、额济纳
数量	半牧区县（旗）名称
28	扎兰屯市、阿荣、莫力达瓦、科尔沁右翼前、科尔沁右翼中、突泉、扎赉特、开鲁、奈曼、库伦、林西、敖汉、太仆寺、察右中、察右后、伊金霍洛、乌拉特前、磴口、准格尔、达拉特、东胜市、巴林左、翁牛特、克什克腾、科尔沁左翼中、科尔沁左翼后、扎鲁特、四子王
牧区合计 25 个	半牧区合计 28 个 总计 53 个

结合 2006—2014 年中国牧区、半牧区草畜平衡监测报告，以内蒙古自治区为例，具体介绍该地区草畜平衡总体情况、牧区草畜平衡总体情况、半牧区草畜平衡总体情况。

2. 内蒙古牧区县（旗）情况 由于农业部审定的牧区半牧区县（旗）的调整，2006—2010 年内蒙古牧区县（旗）个数为 33 个，2011—2014 年调整为 25 个。内蒙古牧区县（旗）草原总体情况见表 10-2。总体而言，内蒙古牧区县（旗）草原平均草畜平衡指标为 14.63%，处于平衡状态。2006—2014 年，有 4 个年份为草畜平衡状态，超载年份的情况在可控制范围之内。2013 年，载畜平衡指标为－2.13%，属于载畜不足。2013 年，内蒙古地区载畜不足的县（旗）有 10 个，占内蒙古牧区草地面积的 55.13%，合理载畜量为 1 533 万羊单位，实际载畜量为 893 万羊单位，还有 640 万羊单位空间可利用。

内蒙古牧区草畜平衡指标县（旗）个数总体分布情况见表 10-3。综合起来，载畜不足、载畜平衡、超载、严重超载、极度超载县（旗）个数平均比例 25%、31%、35%、9%、0%。载畜不足和载畜平衡的县（旗）占到将近 60%，并且没有极度超载的情况。

表 10-2 内蒙古牧区县（旗）草原总体情况

年份	草地面积（万千米^2）	总饲草量（万吨）	合理载畜量（万羊单位）	实际载畜量（万羊单位）	载畜平衡指标（%）
2006	64.7	2 555	3 888	4 181	7.00
2007	64.7	2 712	4 128	4 249	2.93
2008	64.7	2 709	4 123	4 217	2.29
2009	64.6	2 371	3 609	4 463	23.66
2010	64.6	2 377	3 619	4 762	31.61
2011	64.6	3 115	4 741	6 470	36.46

（续）

年份	草地面积（万千米^2）	总饲草量（万吨）	合理载畜量（万羊单位）	实际载畜量（万羊单位）	载畜平衡指标（%）
2012	64.6	3 277	4 987	6 038	21.08
2013	55.8	2 518	3 833	3 751	−2.13
2014	55.8	2 058	3 133	3 408	8.77

表 10-3 内蒙古牧区草畜平衡指标县（旗）分布情况（个）

年份	载畜不足	载畜平衡	超载	严重超载	极度超载
2006	7	11	9	6	0
2007	7	17	7	2	0
2008	11	13	7	2	0
2009	5	8	15	5	0
2010	2	8	20	3	0
2011	10	4	9	2	0
2012	8	9	7	1	0
2013	10	6	8	1	0
2014	7	6	10	2	0
平均	7	9	10	3	0

3. 内蒙古半牧区县（旗）情况　2006—2011 年，内蒙古半牧区县（旗）个数为 21 个，2012—2014 年则为 28 个。内蒙古半牧区县（旗）草原总体情况见表 10-4。总体而言，内蒙古半牧区县（旗）草原平均草畜平衡指标为 36.48%，处于超载状态。近两年，由于草地面积的增加，总饲草量的增多，可以承载的载畜量增加，所以草原处于平衡状态。

内蒙古半牧区草畜平衡指标县（旗）个数总体分布情况见表 10-5。综合起来，载畜不足、载畜平衡、超载、严重超载、极度超载县（旗）个数平均比例 4%、23%、59%、13%、1%。近几年出现载畜不足的情况。2014 年，内蒙古地区载畜不足的县（旗）有 4 个，占内蒙古半牧区草地面积的 16.86%，饲草料总量为 548 万吨，合理载畜量为 835 万羊单位，实际载畜量 537 万羊单位。草畜平衡的状况有所好转。而超载以上的情况也基本保持稳定。

表 10-4 内蒙古半牧区县（旗）草原总体情况

年份	草地面积（万千米^2）	总饲草量（万吨）	合理载畜量（万羊单位）	实际载畜量（万羊单位）	载畜平衡指标（%）
2006	7.3	1 281	1 950	2 392	22.67
2007	7.3	1 267	1 933	2 630	36.07

（续）

年份	草地面积（万千米²）	总饲草量（万吨）	合理载畜量（万羊单位）	实际载畜量（万羊单位）	载畜平衡指标（%）
2008	7.3	1 067	1 628	2 462	51.22
2009	7.4	1 153	1 755	2 613	48.88
2010	7.4	1 094	1 665	2 653	59.38
2011	7.4	1 905	2 899	4 100	41.36
2012	7.4	2 138	3 254	4 383	34.70
2013	16.2	2 302	3 504	4 135	18.00
2014	16.2	3 163	4 814	5 587	16.05

表 10-5　内蒙古半牧区草畜平衡指标县（旗）分布情况（个）

年份	载畜不足	载畜平衡	超载	严重超载	极度超载
2006	0	6	12	3	0
2007	0	5	16	0	0
2008	0	2	16	3	0
2009	0	2	14	5	0
2010	0	1	15	5	0
2011	1	6	14	5	2
2012	1	5	17	4	1
2013	2	13	12	1	0
2014	4	9	12	3	0
平均	1	5	14	3	0

总体而言，内蒙古牧区草原处于平衡状态，有着良好的生态环境。尤其是近两年表现更为良好。牧区和半牧区情况相比，半牧区的草畜平衡状况总体要差于牧区，所以今后的工作要重点加强对牧区的监测工作。近两年也出现个别县（旗）草畜不足的情况，草地资源没有得到充分利用，所以说加强这些地区的载畜量测定核算工作，从而使草地草原得到更好地利用。

第二节　矿区征用占地监测

随着社会经济的发展，草原地区用地需求旺盛，矿产等用地量大的资源开发初级利用模式普遍存在。超规征占用草原，致使草原退化现象时有发生，草原保护因此面临着严峻的挑战。煤矿业在国民经济建设中占有重要地位。随着中国煤矿区开发地不断向西延伸，西部地区已成为中国新世纪重要的矿业基地，而这里又是我国重要的草原区。煤矿资源的开发和利用，促进了当地的经济发展，也给相对较为脆弱的西部草原区带来了新的生态问题。草原矿区遥感监测的目的是为了全面、准确、实时地掌握草原矿区现状及动态变化，为矿产与草地资源的合理利用以及可持续发展提供决策依据。在搜集相关资料的基础上，综合运用遥感和3S等技术支撑，掌握草原利用变化情况，可为构建草原利用的保护模式，为科学合理有效保护草原和经济发展提供借鉴。

开矿监测一般使用中等分辨率的Landsat TM/ETM+/OLI数据，结合高分辨率的SPOT或GF数据来监测。根据研究区开矿的时间、程度和规模，选择开矿前和开矿后2个时期的影像来监测开矿占用草原的情况，以及对开矿草原生态的影响。本节以内蒙古乌审旗为例来说明数据来源与处理，以及遥感监测方法和流程。

图 10-2　研究区位置与TM影像行列号

一、数据来源与处理

数据源主要为Landsat TM数据，选择研究区2010年、2013年的二期TM影像，每个时期2景TM影像（包含半景），二期共计4景；2013年2景覆盖内蒙古乌审旗梅林庙煤矿、伊化母杜柴登煤矿和营盘壕煤矿三大煤矿区的高分影像，TM影像的轨道行列号如图10-2所示。表10-6为项目中使用的卫星影像的行列号与采样时间。

其他资料还包括：文本资料，研究区开矿征地的相关资料，包括开矿数量、开矿时间、矿区经纬度等相关文本资料；图件资料，草地类型图、行政区划图、土地利用现状图。

表 10-6　研究区 TM 影像行列号

行号	列号	景	2013年	2010年	位置
128	33	全景	2013.08.03	2010.08.27	乌审旗
128	34	上半景	2013.08.03	2010.08.27	乌审旗

遥感数据的预处理包括：

（1）对所有 Landsat TM 影像进行辐射定标、大气校正、图像增强、几何校正（误差小于 0.5 个像元），几何校正选择足够的控制点，以提高几何校正的精度。

（2）对各景影像进行无缝拼接。

（3）提取乌审旗县界，然后利用 ArcGIS 10.0 软件对拼接进行影像切割，得出研究区的 TM 影像（图 10-3）。

图 10-3 乌审旗 2013 年 TM 影像

（4）地图采用横轴墨卡托投影（UTM _ Zone _ 49N），单位为米。

二、监测方法和流程

1. 遥感影像的增强处理 图像增强用来突出煤矿区人工扰动信息，增强矿区与其他地物间的色彩差异。具体处理方法有：

（1）主成分分析 通过主成分变换，各主要地物类型表现为单一的色调，减少了次要信息所带来的干扰，矿区、沙地、岩石和植被等信息被很好地区别出来（图 10-4）。

（2）缨帽变换 可视为主成分变换的一种，主要是针对植被、土壤和水分等的波段特征而进行波谱增强的一种处理方法，通过缨帽变换，能将植被、沙地和矿区信息区分开来（图 10-5）。

（3）植被指数 通过植被指数可以很好地将植被、沙地和矿区信息进行区分（图 10-6）。

图 10-4　主成分分析解译矿区

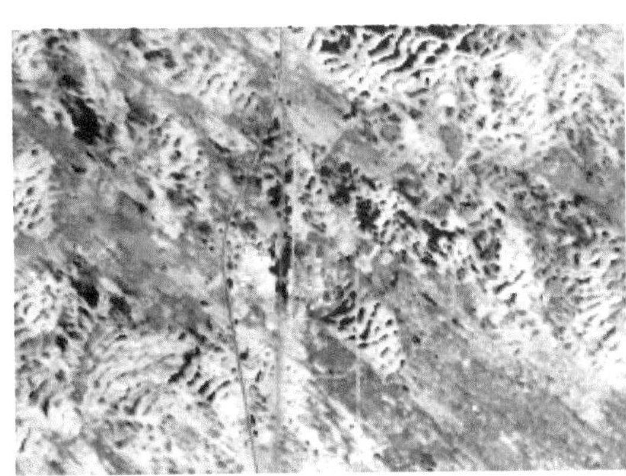

图 10-5　利用缨帽变换矿区

图 10-6　结合植被指数（NDVI）解译煤矿矿区

（4）各种图像拉伸　通过几种图像拉伸的方法可以增加影像的对比度，拉伸颜色范围，增加可视化效果，进而提高目视解译的精度（图 10-7）。

2. 色彩合成　Landsat7 的影像使用波段 5、4、3 分别为红、绿、蓝的合成方案，Landsat8 的影像使用波段 6、5、4 分别为红、绿、蓝的合成方案，该合成方法得到的

图 10-7　色彩拉伸解译煤矿矿区

合成颜色与真实颜色较为接近，且具有颜色增强的效果。

3. 人工目视解译　运用人工目视解译方法，对研究区遥感影像进行解译。由于研究区较大，我们先采用地方提供的矿区资料以及 Google 地图对矿区进行大致定位，再通过增强处理后的 TM 影像进行人工目视解译，勾绘出矿区图斑与矿区道路。解译过程在 ArcGIS 10.0 软件中完成。

4. 精度验证　TM 的空间分辨率较低，而高分影像空间分辨率较高。为了保证目视解译结果的可靠性，可以采用 2013 年的高分影像对 2013 年 TM 影像的解译结果进行精度验证。在这里，我们对营盘壕煤矿和梅林庙煤矿的解译结果进行精度验证，具体步骤为：①对高分影像的矿区进行解译；②对应 TM 影像的矿区解译；③对两者的解译结果进行比较分析，通过差异度来评价 TM 的解译精度。

$$差异度=\frac{TM解译面积}{高分解译面积}-1$$

差异度越接近 0，说明两者解译的面积越接近，TM 解译面积的精度越高（以高分影像为验证）。图 10-8、图 10-9 分别为营盘壕煤矿与梅林庙煤矿不同分辨率影像的解译结果，表 10-7 为两大煤矿 TM 影像与高分影像解译结果的对比，以及反映 TM 解译精度的差异度值。

表 10-7　乌审旗 TM 与高分影像解译面积对比

矿区	TM 解译面积（米^2）	高分解译面积（米^2）	差异度
营盘壕煤矿	530 501.8	516 165.5	0.03
梅林庙煤矿	629 585.2	589 849.6	0.07

5. 解译结果的汇总与成图　将研究区不同时期三大煤矿区的影像解译结果进行汇总，利用 ArcGIS10.0 软件进行制图输出，分别得到梅林庙煤矿（图 10-10）、伊化母杜柴登煤矿（图 10-11）和营盘壕煤矿（图 10-12）三大煤矿矿区变化图，并统计矿区的

面积以及矿区道路长度。

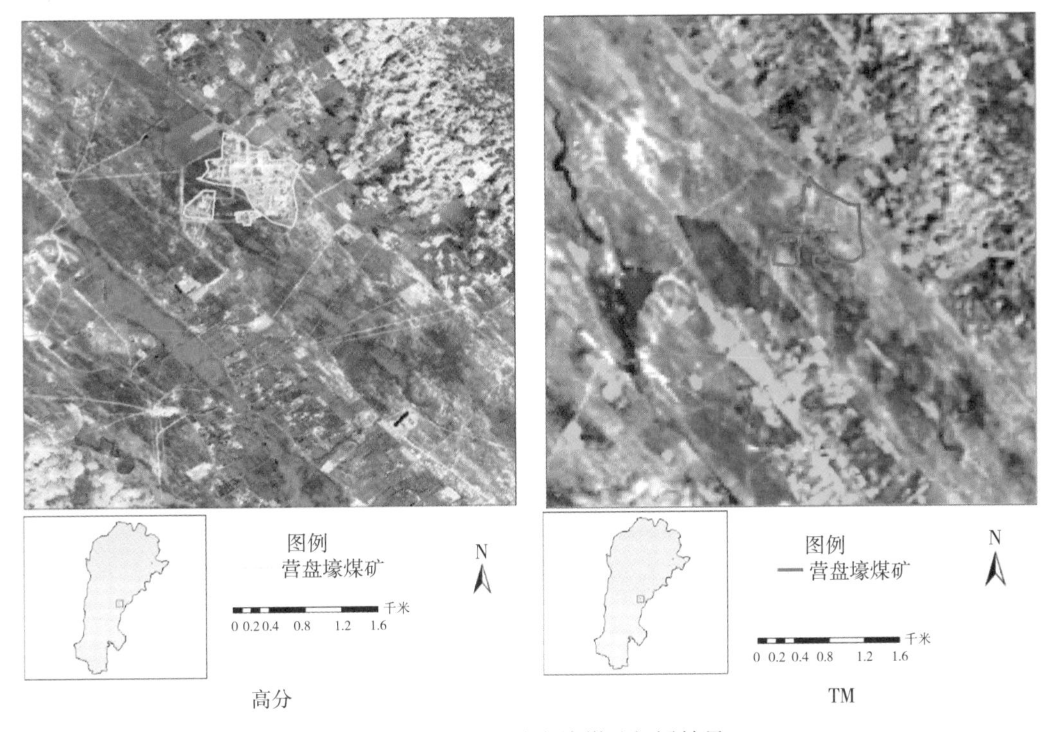

图 10-8 2013 年营盘壕煤矿解译结果

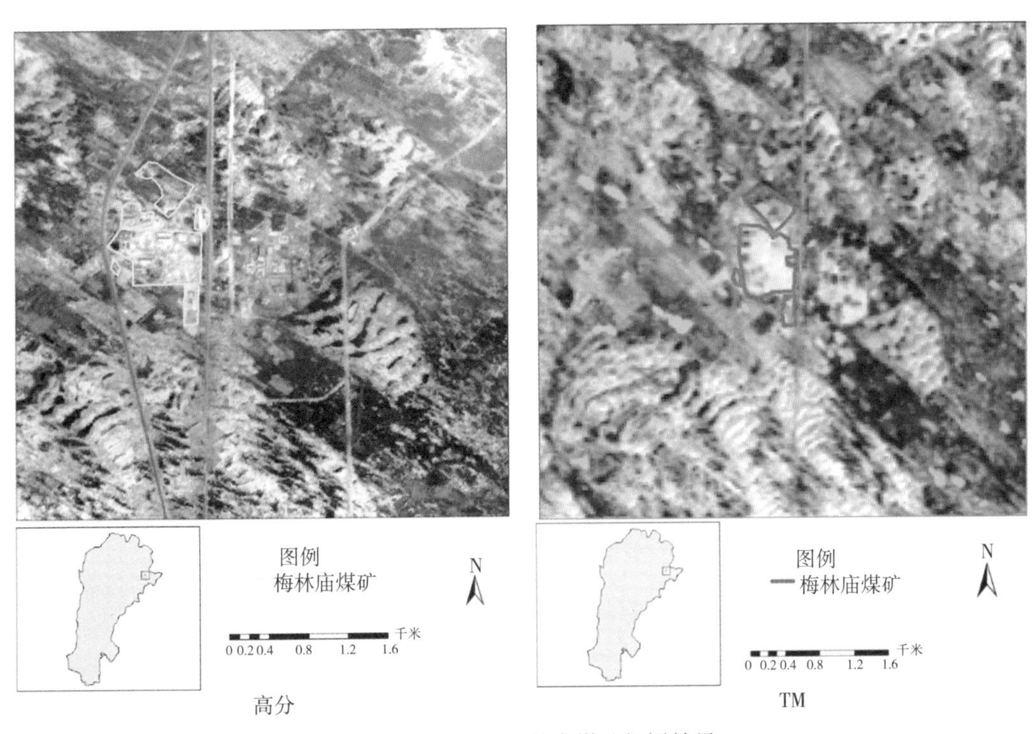

图 10-9 2013 年梅林庙煤矿解译结果

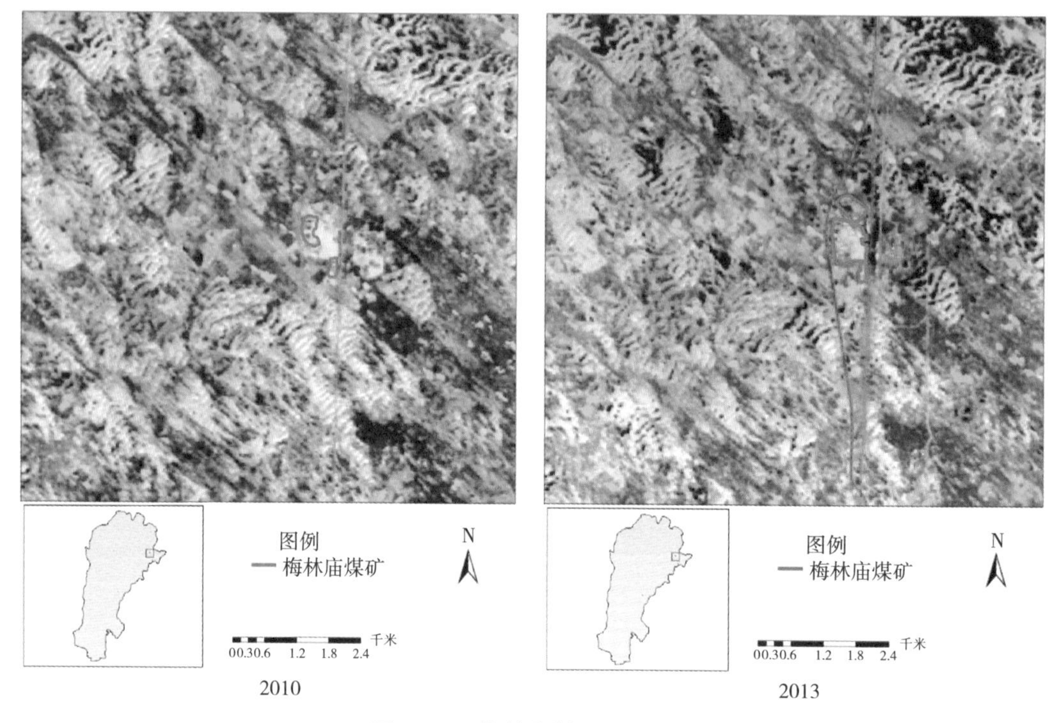

图 10-10 梅林庙煤矿矿区变化

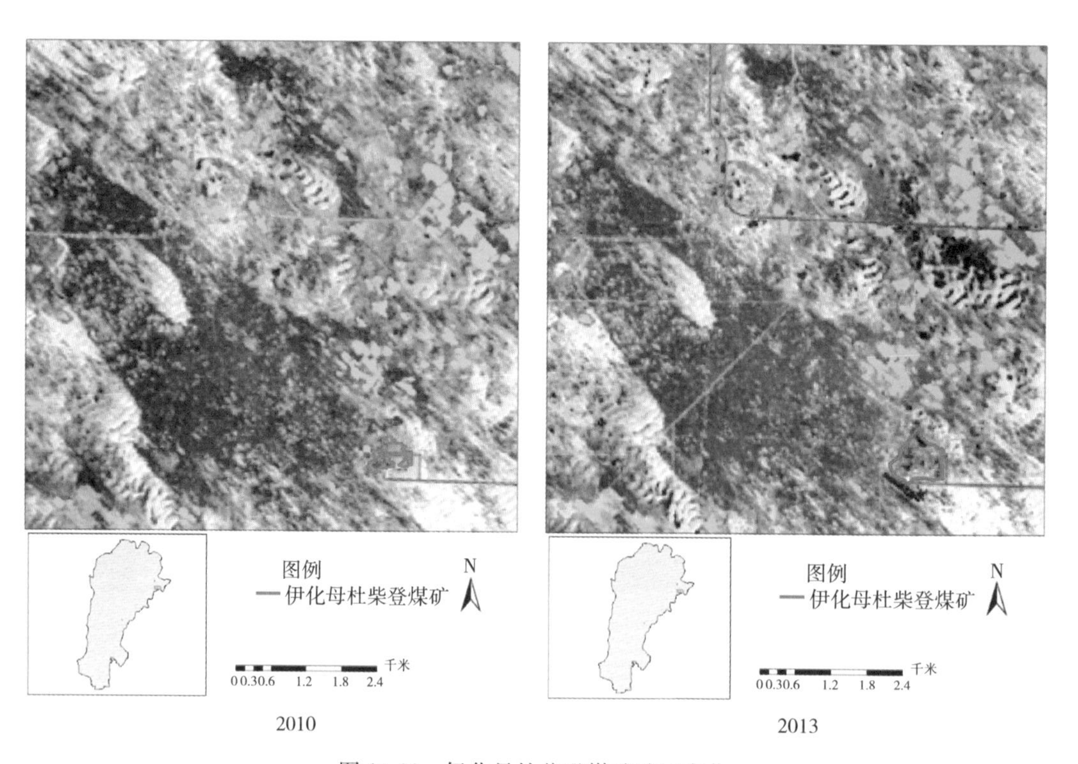

图 10-11 伊化母杜柴登煤矿矿区变化

图 10-12　营盘壕煤矿矿区变化

三、开矿监测案例分析

1. 2010—2013 年乌审旗三大煤矿区总体状况与变化　通过野外考察、室内解译得到研究区 2010 年和 2013 年两个时期的营盘壕煤矿、伊化母杜柴登煤矿和梅林庙煤矿三大煤矿矿区以及矿区道路分布情况。结果见表 10-8、表 10-9。

表 10-8　2010—2013 年矿区遥感解译结果

项目	2010 年	2013 年
	解译结果	解译结果
图斑数	5 个	8 个
面积	0.37 千米^2	1.65 千米^2

表 10-9　2010—2013 年矿区道路遥感解译结果

项目	2010 年	2013 年
	解译结果	解译结果
道路数	7 个	13 个
长度	95.23 千米	111.65 千米

2. 开矿对草原植被的影响　通过野外实地调查，我们发现矿区内的植被十分稀少；从遥感影像上看，矿区内的 NDVI 一般都小于 0.1，可基本认为无植被覆盖。此外，矿

区道路是草原开矿后的衍生物，同样对植被的破坏较大。

综上所述，从矿区与道路解译的结果来看，2010年，乌审旗梅林庙煤矿矿区面积的解译结果为0.17千米^2，矿区道路的解译结果为78.94千米；乌审旗伊化母杜柴登煤矿矿区面积的解译结果为0.19千米^2，矿区道路的解译结果为16.28千米；乌审旗营盘壕煤矿矿区面积的解译结果为0千米^2；矿区道路的解译结果为0千米。2013年，乌审旗梅林庙煤矿矿区面积的解译结果为0.63千米^2，矿区道路的解译结果为78.94千米；乌审旗伊化母杜柴登煤矿矿区面积的解译结果为0.49千米^2，矿区道路的解译结果为16.28千米；乌审旗营盘壕煤矿矿区面积的解译结果为0.53千米^2，矿区道路的解译结果为16.42千米。

从矿区与矿区道路的动态变化来看，乌审旗梅林庙煤矿、伊化母杜柴登煤矿和营盘壕煤矿三大草原煤矿的矿区面积从2010年的0.37千米^{2}增加到2013年的1.65千米^2，面积增加了1.28千米^2；矿区道路的长度从2010年的95.23千米增加到2013年的111.65千米，道路增加了16.42千米。说明乌审旗梅林庙煤矿、伊化母杜柴登煤矿和营盘壕煤矿三大草原煤矿的开矿正处于发展期，很多新的矿点被建立起来。

通过矿区解译面积与征用面积的比较，2013年，乌审旗梅林庙煤矿的解译面积为0.63千米^2，比征用面积0.61千米^{2}多0.02千米^2；乌审旗伊化母杜柴登煤矿的解译面积为0.49千米^2，比征用面积0.29千米^{2}多0.2千米^2；乌审旗营盘壕煤矿的解译面积为0.53千米^2，比征用面积0.52千米^{2}多0.01千米^2。矿区解译结果与征用面积的比较表明，乌审旗梅林庙煤矿与营盘壕煤矿的实际占地面积与征用面积基本一致，而伊化母杜柴登煤矿的实际占地面积比征用面积多。

通过分析矿区以及矿区道路对草原植被的影响，得出乌审旗梅林庙煤矿、伊化母杜柴登煤矿和营盘壕煤矿三大煤矿共占用草原面积1.65千米^2，主要占用的类型为温性草原类、低地草甸类与温性草甸草原类。矿区占用草原面积相对不大，但是矿区道路解译结果为111.65千米，相比矿区对草原的破坏性更大。

第三节　草地开垦监测

我国粮食需求量随着人口数量的增长而日益增加，为提高粮食产量，人们通过开垦草原的方式来扩大耕地面积，由于土壤比较贫瘠，开垦后撂荒等现象普遍存在，这在一定程度上会加剧土地退化、草原植被荒漠化、水土流失、土壤盐渍化等现象的发生，对草原生态系统势必会造成严重的影响。目前，利用遥感技术进行耕地提取可归纳为以下3种，一是基于光谱特征差异和土地利用特征差异建立分类模型，自动提取耕地信息

（赵庚星等，2001；杨建锋等，2012）；二是目视解译（李金亚等，2011）；三是人机交互式解译（高会军等，2005；乔五十等，2013）。3 种方法均可有效提取耕地信息，具体应用中，需根据研究区具体情况，如耕地面积大小、背景地物复杂性以及耕地特征的凸显性等进行选择，如果耕地与背景地物特征差异明显，且耕地面积较大，目视解译等方法需耗费大量时间，则可以通过特征差异寻找自动提取方法；如果研究区仅存少量耕地，且分布相对集中，目视解译很快可以完成，则选择目视解译；人机交互式解译则是相对折中的方法。利用遥感技术监测草地与耕地类型的转移情况，对草原生态系统健康稳定发展有着重要的意义。

一、数据来源与处理

选取覆盖研究区的中分辨率的 Landsat TM/ETM+/OLI 影像作为数据源，对其进行辐射定标、大气校正、几何校正等预处理，其中几何校正误差小于 0.5 个像元。使用研究区矢量边界，提取研究区的遥感影像。

其他资料还包括土地利用现状图、草地类型图和行政区划图等，以及研究区土地利用变化等的相关资料。

二、监测方法和流程

基于 Landsat TM/ETM+/OLI 影像综合运用自动解译及目视解译法，在保持精度的前提下，以提高提取效率为主要依据，选用基于特征参数的方法进行提取，以下以感兴趣区为例，对本研究的耕地提取方法进行说明。需要特别指出的是，这里主要针对作物或人工牧草植被仍存在的情况，已经收割的耕地，因面积较小则直接采用目视解译的方法。

1. 基于植被指数的草地耕地类型划分 由于人为植被（耕地、人工牧草地、人工林地）因灌溉、施肥等人为护理活动，生长条件和生长状况优于自然植被（草、灌木、自然林），故在区分耕地（人工牧草地划为耕地）与自然草地时（因林地与草地和耕地的光谱差异大，容易区分，故这里只讨论容易混淆的草地和耕地），则可以通过它们的光谱差异进行区分（图 10-13）。

归一化红外指数（Normalized Difference Infrared Index，NDII）对植被冠层水分含量变化非常敏感，NDII 值越大表示水分含量越多（图 10-14），耕地在 NDVI 上的值域为 0.59～0.81，草地为 0.3～0.61，两者的值域有重叠部分，而在 NDII 上值域为 0.2～0.4，草地为−0.05～0.15，两者值域有 0.05 的差距，所以可以很容易的区分它们。经试验可知，NDII 在干旱、半干旱区，特别是发生极端土壤退化的草原沙地，对于区分自然植被和人为植被效果较好（不包括林地）。NDVI 和 NDII 两个植被指数的公

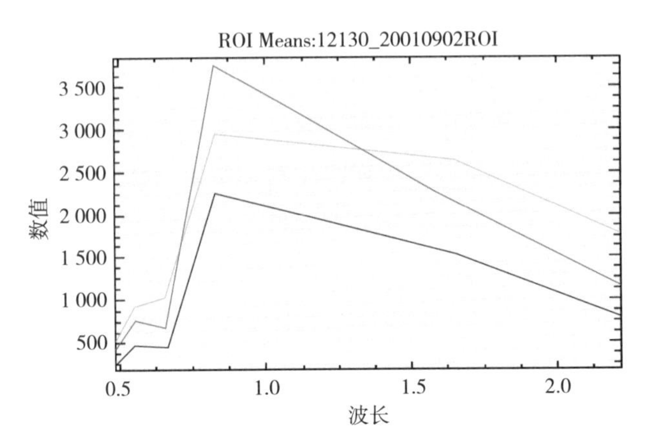

图 10-13 感兴趣区 Landsat TM 影像上耕地、草地及林地的光谱曲线
（红色为耕地、绿色为草地、蓝色为林地）

式如下：

$$NDII = (\rho_{819} - \rho_{1649}) / (\rho_{819} + \rho_{1649})$$

$$NDVI = (\rho_{Nir} - \rho_{Red}) / (\rho_{Nir} + \rho_{Red})$$

式中，ρ_{Nir} 为近红外波段反射率；ρ_{Red} 为红光波段反射率；ρ_{819} 和 $\rho_{1\,649}$ 分别为波长 819 纳米和 1 649 纳米处的反射率。对于研究所用的 Landsat TM/ETM+数据，NIR 和 Red 分别为 Band4 和 Band3，波长 819 纳米和 1 649 纳米分别用 Band4 和 Band5 代替；OLI 影像上，NIR 和 Red 分别为 Band5 和 Band4，波长 819 纳米和 1 649 纳米分别用 Band5 和 Band6 近似代替。

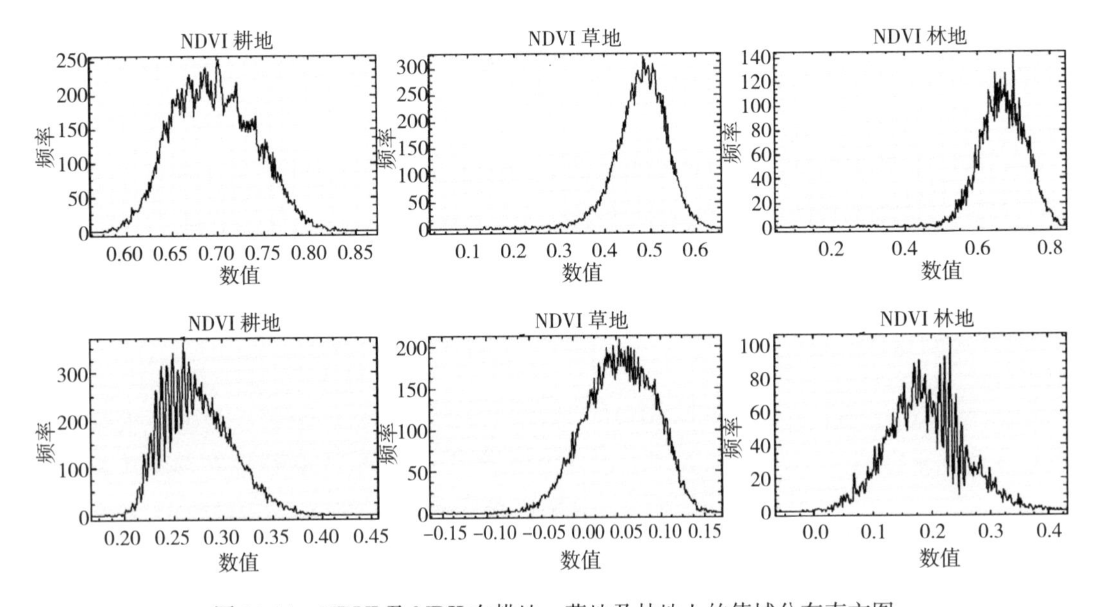

图 10-14 NDVI 及 NDII 在耕地、草地及林地上的值域分布直方图

2. 监测流程 选择 Landsat TM/ETM+/OLI 为数据源，对遥感数据进行几何校正和大气校正等图像预处理后，基于特征参数的方法对耕地进行提取，利用耕地在 NDII和 NDVI 与其他地物阈值之间的差异，通过 ENVI5.1 软件自动提取出遥感影像中的耕地情况，采用 1∶100 万草地类型图与解译耕地覆盖图进行分析，然后从时间和空间上探讨草原与耕地之间的相互关系。具体实施技术路线如图 10-15 所示。

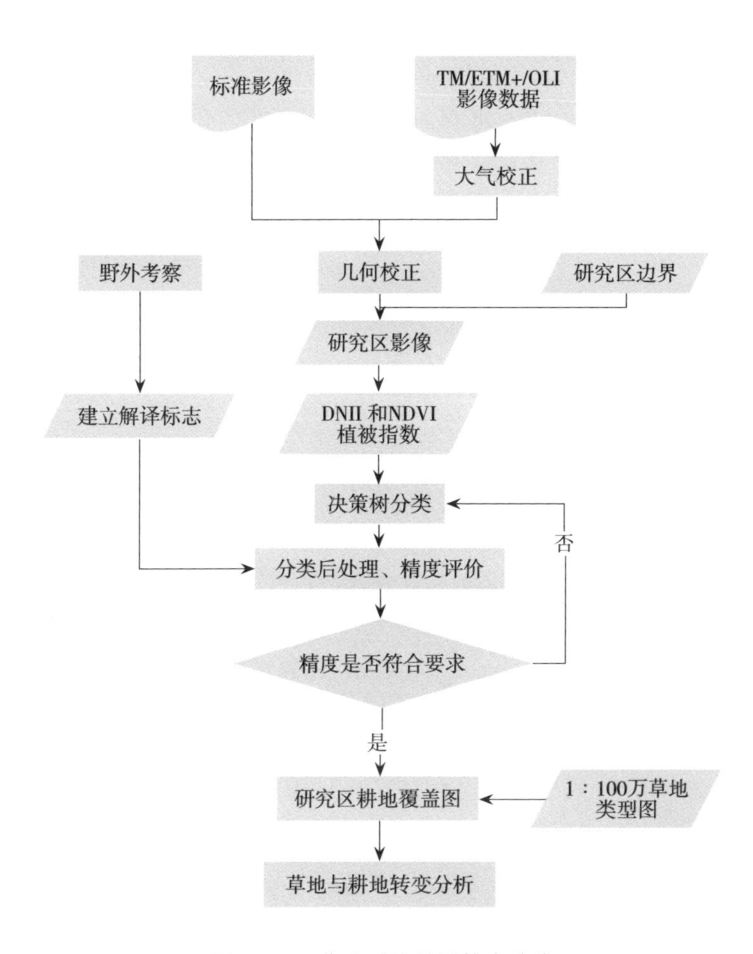

图 10-15 草地开垦监测技术路线

三、监测案例分析

科尔沁沙地草地开垦状况分析 科尔沁沙地是我国众多沙地中面积最大，水热条件较好的一块沙地，地处草原与森林的过渡地带。但随着人口的不断增加、人类活动的不断增强以及气候变化的影响，天然植被受到了极大破坏，加之风力对第四纪以来所形成的冲积湖积沙和河流冲积沙的长期作用，科尔沁沙地土地荒漠化日趋严重，荒漠化面积不断增加，生态环境急剧恶化，使科尔沁沙地逐渐成为了我国现代沙漠化最严重的地区之一。荒漠化的发展使得科尔沁沙区土壤不断粗化，肥力不断下降，大大降低了土地对物质能量的转化效率和产出能力，生态系统生产潜力迅速衰退，使得本就有限的可利用土地资源减少，土地生产能力急剧下降，作物单产能力长期处于低产状态。原有耕地产出的下降并没有让那个时期当地农牧民或政府认识到保护生态环境的重要性，随之而来的是不断地寻求新的耕地资源，大量草地被开垦，包括丘间低地。随着耕地面积的急剧增加，地下水位不断下降，植被的生长环境日趋恶劣，荒漠化不断加剧，形成了"越垦越穷，越穷越垦"的恶性循环。

（1）草地耕地面积统计特征　通过分析草地、耕地面积总量的变化可以掌握研究区草原和耕地发展的总态势。本研究采用 Landsat TM/ETM+/OLI 影像，分别对研究区 1985 年、1992 年、2001 年以及 2013 年的土地利用状况进行了监测，时间跨度近 30 年，监测范围涉及内蒙古赤峰、通辽和兴安盟的 14 个旗县市、吉林的通榆县和双辽县以及辽宁的彰武县和康平县，总计 18 个旗县市，总面积 13.81 万千米^2。

同时，为了进一步掌握时段内各类别变化的幅度、速率及类间差异，参考土地利用/土地覆盖变化研究，引入单一地类动态度指数（也称单一地类变化率指数），如下式：

$$\Delta U=\frac{U_{(b,i)}-U_{(a,i)}}{U_{(a,i)}}\times\frac{1}{T}\times 100\%$$

式中，ΔU 为研究时段内某一地类的变化率；$U_{(a,i)}$、$U_{(b,i)}$ 分别为研究时段初期 a 与末期 b 类型 i 的面积；T 为研究时段长度，若 T 为年数时，则 ΔU 为该地类的年变化率。单一地类动态度的引入意义在于直观地呈现出各类别面积变化的幅度及速度。单一地类动态度的大小只能反映出各地类变化幅度的大小。

从表 10-10、表 10-11 可以看出，研究区土地覆盖类型以草地为主，草地总面积占研究区总面积的 71.20%，耕地占 23.72%。1985—2013 年，研究区草地面积不断下降，年减少 0.75%；耕地面积大量增加，年增加 3.95%，耕地面积的变化控制着非草地类面积的变化方向。随着时间的变化，草地总面积呈现出持续下降、耕地呈现出持续增加的趋势。1985 年，草地总面积为 109 786 千米^2，占研究区土地总面积的 79.49%；耕地总面积为 20 932 千米^2，占研究区土地总面积的 15.16%。1992 年，研究区草地总面积为 99 368 千米^2，比 1985 年减少了 10 418 千米^2；耕地增加了 10 745 千米^2，年变化率为 7.33%，年变化率是 3 个时间段中最大的。2001 年，研究区草地总面积比 1992 年减少 2 031 千米^2；耕地增加 2 559 千米^2，年变化率为 0.90%，是 3 个时间段中年变化率最小的。2013 年，研究区草地总面积比 2001 年减少 10 607 千米^2；耕地增加 9 863 千米^2，年变化率为 2.40%。

表 10-10 不同时期科尔沁沙地草原、耕地面积及其所占比例

土地类型	项目	1985 年	1992 年	2001 年	2013 年	四期平均
草地	面积（千米^2）	109 786	99 368	97 337	86 730	98 305
	比例（%）	79.49	71.96	70.48	62.87	71.20
耕地	面积（千米^2）	20 932	31 677	34 236	44 098	32 736
	比例（%）	15.16	22.94	24.79	31.97	23.72

表 10-11 科尔沁沙地草地和耕地不同时段间的变化量及年变化率

土地类型	1985—1992 年		1992—2001 年		2001—2013 年		1985—2013 年	
	变化量（千米^2）	年变化率（%）	变化量（千米^2）	年变化率（%）	变化量（千米^2）	年变化率（%）	变化量（千米^2）	年变化率（%）
草地	−10 418	−1.36	−2031	−0.23	−10 607	−0.91	−23 056	−0.75
耕地	+10 745	+7.33	+2 559	+0.90	+9 863	+2.40	+23 166	+3.95

注：+表示增长；−表示减少。

（2）草地耕地空间变化特征　科尔沁沙地中，耕地多集中分布于沿河两岸或是居民地、道路附近。近年来，沙地开垦现象重现，丘间低地水分较好的地方也有小面积农田分布。利用 Arcgis 对各期间草地与非草地类型的转移情况进行了统计，如图 10-16 所示。从图中可以看出，各个时期内，草地与非草地类型的相互转换以草地与耕地的相互转换为主。耕地与草地之间的相互转换，从草地净增面积上可以看出，这种转换的总趋势是草地面积的不断减少，且在 1985—1992 年以及 2001—2013 年 2 个时段内，草地净减面积最大，说明在这两个时期，经历了大规模的草地开垦活动。另外，同时也可以发现，各时期内耕地转草地的面积也很大，耕地与草地之间这种大幅度的互转，与研究区传统落后的轮闲耕作制度密切相关。在这种耕作制度下，对草地进行大面积开垦，但是却不注重投入与维护，严重违背了生态系统投入、产出应保持适当平衡的基本原理，种植几年后便弃耕，转而开垦新的草地，造成草地资源不断遭受破坏，研究区优良草地资源不断减少，久而久之，将导致整个研究区土地质量不断下降，草原不断发生退化、沙化。

从科尔沁沙地草地耕地相互转换来看（表 10-12），30 年间，耕地转为草地的面积为 5 779 千米^2，草地转耕地的面积为 28 182 千米^2，草地净减少 22 403 千米^2。从 3 个时期来看，1985—1992 年，耕地转换为草地的面积最小，为 3 370 千米^2，而草地转换为耕地的面积为 14 168 千米^2，草地净减少 10 798 千米^2，是 3 个时间段中草地减少面积最大的时期。1992—2001 年，耕地转换为草地的面积为 5 919 千米^2，草地转换为耕地的面积为 8 599 千米^2，草地净减少 2 680 千米^2，是 3 个时间段中草地减少面积最小的时期。2001—2013 年，耕地转换为草地的面积为 6 036 千米^2，是耕地转草地面积最大的时期，草地转换为耕地的面积为 15 639 千米^2，同时也是草地转耕地面积最大的时

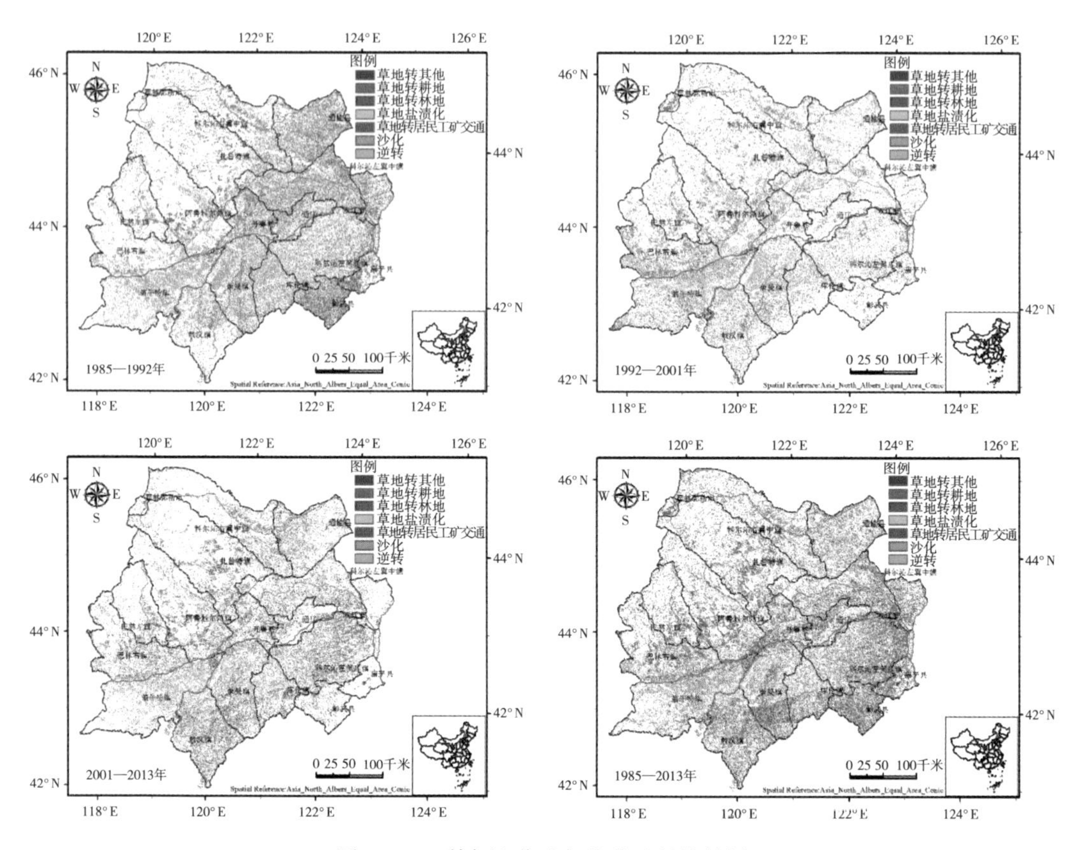

图 10-16 科尔沁草地与非草地转换统计

期，草地净减少 9 603 千米²。

表 10-12 科尔沁沙地草地耕地转换统计（千米²）

时间段	变化类型	面积	变化类型	面积	草地净增
1985—1992 年	耕地转草地	3 370	草地转耕地	14 168	−10 798
1992—2001 年	耕地转草地	5 919	草地转耕地	8 599	−2 680
2001—2013 年	耕地转草地	6 036	草地转耕地	15 639	−9 603
1985—2013 年	耕地转草地	5 779	草地转耕地	28 182	−22 403

总体上来说，近 30 年来科尔沁沙地草原面积呈现出了下降趋势，耕地面积在不断增加，说明人类活动对环境的压力日趋增大。大规模的草地开垦，破坏的不仅仅是草地植被，本就结构脆弱的土壤经翻耕后，土壤结构进一步遭到破坏，水分蒸发加强，土壤内聚力减少。科尔沁沙地春、冬两季风大水少，加之无植被覆盖，裸露的土壤很容易遭受风蚀，细小颗粒土壤和养分大量流失，土地生产力迅速下降，不久便遭弃耕。弃耕后，耕地总量的下降，粮食产量的下降又会迫使农牧民进一步开垦其他草地，从而进入恶性循环。另外，裸露的弃耕地在风蚀影响下会不断发生土壤退化，加之土壤的砂质特

征，在干旱多风季节，土壤表层不断风蚀、沙化。在经过较长时间风蚀之后，土壤颗粒开始粗化，开始形成风蚀坑等风沙活动景观，沙化由此产生。同时，经过风力搬运作用，吹走的细小土壤/沙粒又会在下风向进行积聚，沙化草地开始在面上蔓延，沙化发展由此展开。由此可见，大规模的草地开垦是导致草地沙化发生、发展的主要原因之一。

对草地的大规模开垦必然会造成研究区有限草地资源的不断减少，且遭开垦的草地多为水分条件好、土壤养分充足的地块，这些地块上草原植被往往长势较好，是传统的优良牧场。另外，由开垦所造成的草地退化也会进一步缩减可利用草场面积。大规模开垦后，可利用的、宜牧草地资源进一步萎缩，牧民的收入来源受到威胁，而牧民对待收入减少的方式却是进一步加大存栏量，尝试通过增加牲畜头数增加收入，忽略了草地的载畜能力，使草畜平衡严重失衡，每头牲畜所能占有的草场面积逐渐减少，只能通过增加草场的利用强度来缓解草畜间的这种失调的供求关系。这种高强度的利用会使草场严重超载且得不到休养生息的机会，导致地表草地植被受到严重甚至全部啃食，地表裸露面积不断扩大，为沙化的发生、发展埋下了隐患。因此，在草原退化现状的前提下，保护草原，生态优先，有必要继续加大实施草原保护政策，增加农牧民收入的来源和教育培训，切实而有效地提高农牧民的收入。

第四节　野生植物资源利用监测

野生植物是生态系统的重要组成部分，在生态系统物质循环和能量流动中发挥着极为重要的作用，维护生态系统的平衡和稳定，是人类生存和社会发展的重要物质基础。我国是世界上野生植物资源种类最为丰富的国家之一，其中冬虫夏草是一种宝贵的野生药用和保健植物资源之一。冬虫夏草与人参、鹿茸并称为中国三大名贵中药材，冬虫夏草产地自然环境严酷且数量稀少，被列入《国家重点保护野生植物名录（第一批）》。目前，冬虫夏草的研究主要集中在医学、药用功能、冬虫夏草的寄主昆虫生理学和冬虫夏草人工栽培等方面。由于冬虫夏草生长在高海拔的环境中，空气稀薄、气候条件恶劣，长期开展野外研究工作较为困难，对冬虫夏草资源的监测研究相对较少。

野生物种资源分布调查的传统方法是根据实地调查获取物种的分布范围和数量，该方法的优点是在局部区域比较准确可靠，缺点是耗费的时间、财力较大，特别是在环境险峻的地区调查，花费的时间、财力更大，甚至有些调查无法完成。为此本章结合资源调查传统方法获取的相关资料数据，分析冬虫夏草分布区域内的环境因素特征及影响冬虫夏草分布的因素，并利用 GIS 空间分析方法，分析研究冬虫夏草的适宜分布区域及产量分布状况，可以弥补传统冬虫夏草资源调查的弱点，提高冬虫夏草资源调查的速度和质量。利用 GIS 的空间分析功能，可以较客观迅速地探明冬虫夏草的空间分布状况及规律，为研究调查冬虫夏草的资源分布提供新的思路和方法，这将对促进冬虫夏草资源的可持续利用和发展，保护生物多样性，维护生态平衡具有重要意义。

一、数据来源与处理

本监测使用的数据主要有两种类型：基础地理数据和冬虫夏草资源调查数据。

1. 基础地理数据　包括气象数据（气温、降水、相对湿度和日照时数）、高程数据、土壤类型图、草地资源类型图、行政区划图等。

2. 调查数据　包括野外实测数据、调查问卷资料、座谈资料和统计数据等。野外实测数据主要是野外进行定点样地样方调查，选取冬虫夏草分布集中的地方，记录样地特征及周边环境信息，测定冬虫夏草长度、直径以及入土深度、周围伴生植物，并且在0～30厘米分层测定土壤的温度和湿度。调查问卷资料主要选择冬虫夏草的生态环境（海拔、坡度坡向、植被类型等）、历年冬虫夏草产量等信息作为研究分析的参考数据。

二、监测方法和流程

1. 野外调查法

（1）样地样方调查法　野外进行定点样地样方调查，选取冬虫夏草分布集中的地方，记录样地特征及周边环境信息，包括经纬度、海拔高度、坡度坡向、土壤质地、草地类型、主要植被、放牧以及侵蚀情况等。每个样地做1～5个样方，样方大小0.5米×0.5米，选择样方时尽量找有冬虫夏草的位置，若没有冬虫夏草，则大多是在样地范围内随机选取。记录样方内主要植物类型、优势种、植被总盖度、草群高度、冬虫夏草条数、挖掘面积及深度等。有冬虫夏草的样方则同时测定冬虫夏草长度、直径以及入土深度、周围伴生植物。在样方试验过程中拍照、录像，记录样地样方的信息。

（2）问卷调查法　利用所掌握的现有资料，结合以往野生资源调查的经验，设计科学合理的调查问卷，共设计了3种调查问卷，包括《冬虫夏草资源基本情况调查问卷》《冬虫夏草采集人员调查问卷》和《冬虫夏草市场情况调查问卷》。与地方草原管理部门合作，向西藏基层农牧业管理部门、参与冬虫夏草采挖的当地农牧民发放问卷，全面了解虫草资源及其生长环境现状。本章研究从各调查问卷中选择了冬虫夏草的生态环境（海拔、坡度坡向、植被类型等）、历年冬虫夏草产量等信息作为研究分析的数据。

2. 空间分析法　空间分析的主要特点是帮助确定地理要素之间新的空间关系，为用户提供灵活解决各类专门问题的有效工具。这些功能为整理分布资料和预测物种分布带来极大的方便。预测物种分布的基本过程是，首先确定生境的特征因子与物种分布的关系，然后在这些信息的基础上，利用物种与生境关系模型，建立物种与其特定生态环境的联系，再根据已有的生态环境类型图，产生物种分布的适宜生境图，最后得到物种的空间分布区。

对影响冬虫夏草分布的地形因素、植被类型、土壤类型等分析讨论，生成适宜冬虫夏草分布各因素图层，应用空间叠合分析中的交集操作（intersect），叠置处理得到多个图层的交集部分，并且原图层中的所有属性将同时在得到的新图层上显示出来。

道路、河流也是影响冬虫夏草分布的因素，因此对道路、河流等线状要素进行缓冲区分析，在空间叠合的图层中剔除道路、河流等缓冲区的影响部分，形成冬虫夏草的空间分布区。

3. 监测流程 首先对那曲地区冬虫夏草产区的环境因素进行分析，了解产区的气候特征及变化趋势、适宜生长的土壤环境状况；然后对冬虫夏草的分布与环境因素进行多元分析，通过因素分析法得到影响冬虫夏草分布的主要因素，再根据冬虫夏草主产区产量与主要影响因素进行相关分析和偏相关分析，间接反映冬虫夏草分布与主要影响因素的相关程度，得到影响冬虫夏草分布的关键因素；根据多元分析结果以及现有数据集，结合文献资料和野外调查，分析讨论影响冬虫夏草分布的地形、植被、土壤等因素，利用 GIS 的空间分析方法，初步分析得出冬虫夏草在那曲地区的空间分布区域，并结合野外实地调查验证分布区的可信度；最后通过各县冬虫夏草产量数据，建立估产数学模型，预测出冬虫夏草空间分布区产量状况。

三、冬虫夏草资源监测案例分析

1. 基于 GIS 的冬虫夏草空间分布研究 根据冬虫夏草分布与环境因素的关系研究，得出气温是影响冬虫夏草分布的关键因素。而地形因素又影响着气温的变化，通常情况下，每上升 100 米，气温下降 0.6℃，气温随海拔高度呈一定的变化规律。根据地形因素分析，划分出冬虫夏草空间分布等级，结合冬虫夏草分布区的植被、土壤类型，利用 GIS 空间分析功能，合理划分出冬虫夏草的空间分布区域，并对冬虫夏草分布区的产量进行估算。

根据那曲地区 DEM、植被和土壤等条件，根据冬虫夏草的主要影响因素，划分出冬虫夏草分布适宜区（图 10-17 至图 10-22）。

2. 冬虫夏草空间分布情况 根据分析讨论所得到的冬虫夏草分布的海拔高度区域、植被类型区域和土壤类型区域，形成了冬虫夏草空间分布区划指标及冬虫夏草分布情况（表 10-13）。

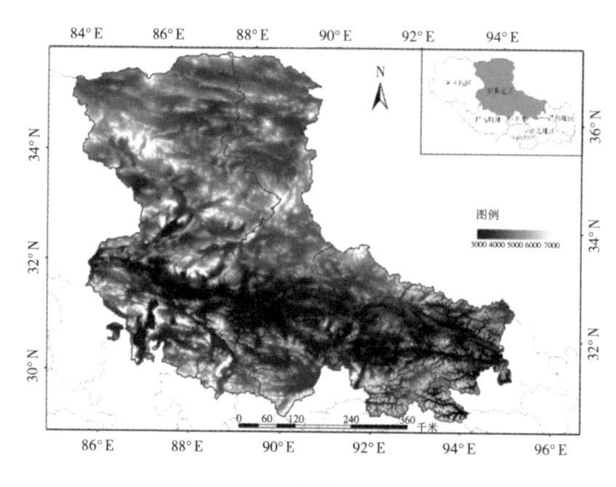

图 10-17　那曲地区 DEM

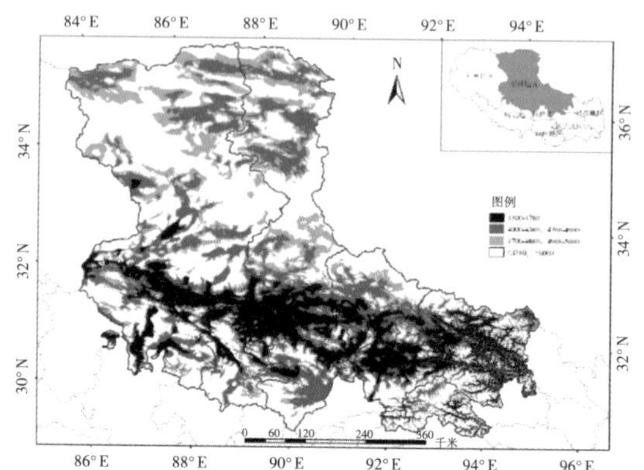

图 10-18　冬虫夏草分布海拔高度区划

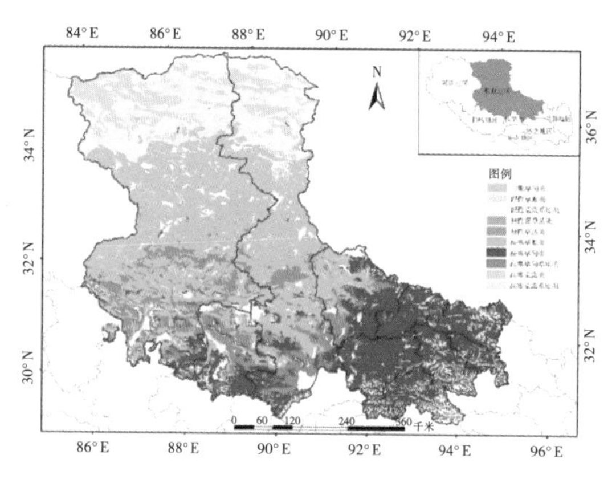

图 10-19　那曲地区植被类型

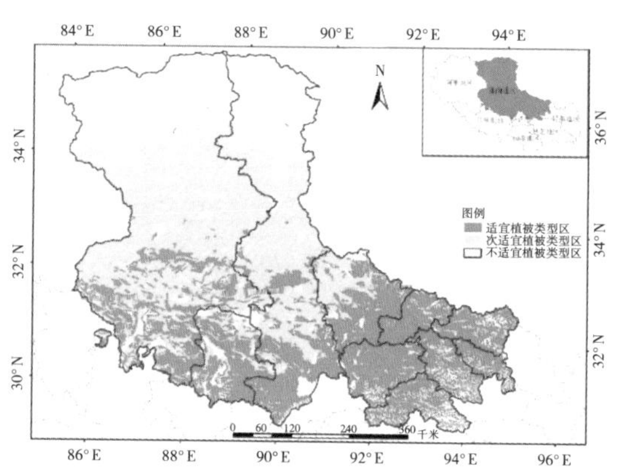

图 10-20　冬虫夏草分布的植被类型区划

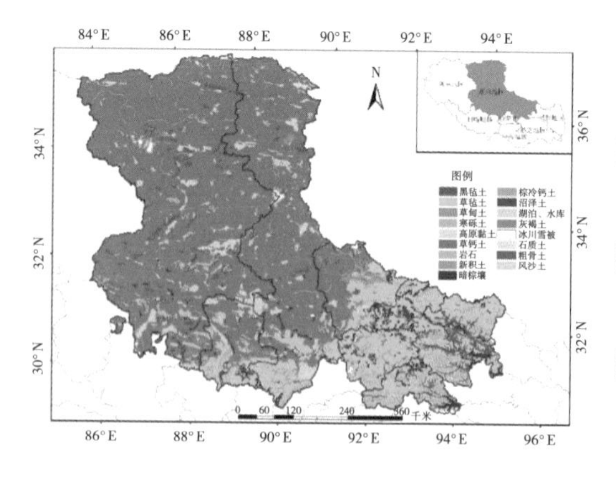

图 10-21　那曲地区土壤类型

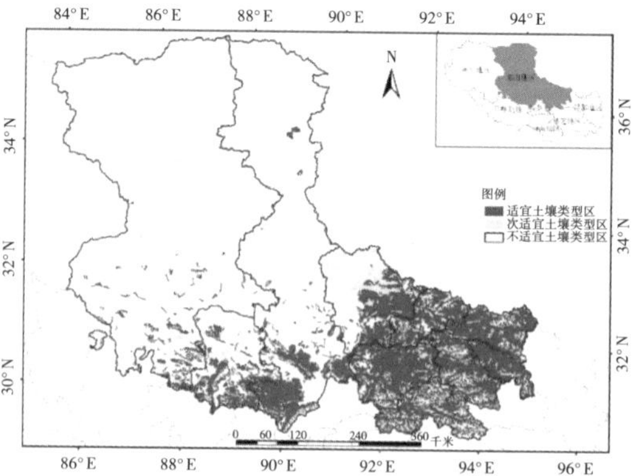

图 10-22　冬虫夏草分布的土壤类型区划

表 10-13　冬虫夏草空间分布区划指标

海拔高度（米）	植被类型	土壤类型	冬虫夏草分布情况
4 300～4 700	高山草甸、亚高山草甸、高山灌丛草甸类	草毡土、黑毡土、草甸土类	冬虫夏草适宜分布区，分布集中，是农牧民采集的主要场所
4 000～4 300 4 700～4 900	高山草甸、亚高山草甸、高山灌丛草甸	草毡土、黑毡土、草甸土	冬虫夏草分布较少，农牧民非主要采集区
3 700～4 000 4 900～5 000	高山草甸、亚高山草甸、高山灌丛草甸、高山草原类	草毡土、黑毡土、草甸土、暗棕壤、灰褐土、新积土、粗骨土类	冬虫夏草分布很少，农牧民较少采集
<3 700 >5 000	高山荒漠、温性草原、热性草丛类	寒钙土、寒冻土、岩石	基本无冬虫夏草分布，该区域很少发现冬虫夏草

在各冬虫夏草分布指标进行区划的基础上，用海拔高度、植被类型、土壤类型指标中不适宜冬虫夏草生长区域的叠合区作为最终不适宜冬虫夏草分布的区域。利用Arcgis9.2软件的空间分析功能，将各冬虫夏草分布区域图层叠加运算，最终得出冬虫夏草在那曲地区的分布区域（图 10-23）。

从图 10-23 中得出，那曲地区冬虫夏草主要分布在东部地区，包括巴青、索县、比如、嘉黎、那曲等县，分布面积约为 48 703 千米^2，占那曲地区总面积的 12.38%，等级Ⅰ的适宜分布面积约为 17 966 千米^2，占冬虫夏草分布面积的 36.89%；等级Ⅱ的适宜分布面积约为 20 558 千米^2，占冬虫夏草分布面积的 42.21%；等级Ⅲ的分布面积约为 10 179 千米^2，占冬虫夏草分布面积的 20.90%。用行政界线叠加到冬虫夏草分布区图上，进一步提取各个县冬虫夏草分布的面积及比例（表 10-14）。那曲县冬虫夏草分布面积最大，约为 9 836.17 千米^2，尼玛县和申扎县冬虫夏草分布面积最少，其余各县冬虫夏草分布面积均在 5 000 千米^2 左右。从各县冬虫夏草分布面积占所在县的总面积比例看，那曲县、巴青县、索县所占的比重超过了 50%，是冬虫夏草的主产县，比如县和聂荣县冬虫夏草面积也占到了 45%以上，班戈县、申扎县和尼玛县冬虫夏草面积所占比重很少，尤其尼玛县冬虫夏草分布面积不到该县面积的 1%。从等级Ⅰ冬虫夏草主要适宜分布区域来看，那曲县和索县冬虫夏草集中分布面积占到了该县 30%以上的面积，巴青县和比如县也占到了该县的 23%左右，

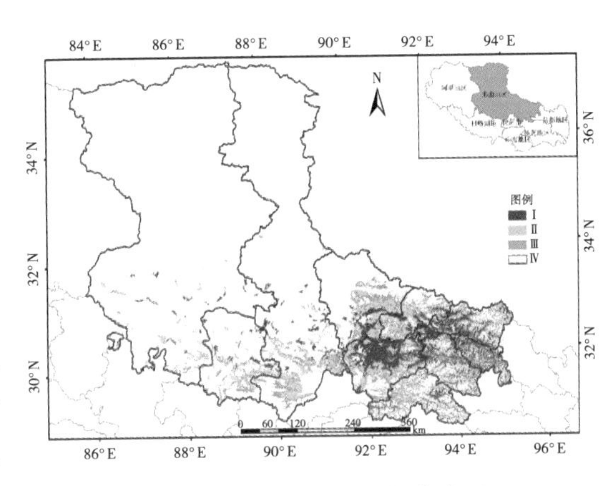

图 10-23　冬虫夏草空间分布区

初步判断这4个县是冬虫夏草分布较为集中的县域是冬虫夏草主产县。

表 10-14 各县冬虫夏草分布面积及所占县面积比重

县名	面积与比例	Ⅰ	Ⅱ	Ⅲ	Ⅳ
那曲县	面积（千米^2）	5 426.03	3 280.87	1 129.26	6 253.03
	占县面积比（%）	33.72	20.39	7.02	38.86
巴青县	面积（千米^2）	2 436.41	2 469.31	860.67	4 554.51
	占县面积比（%）	23.61	23.93	8.34	44.13
索县	面积（千米^2）	1 929.73	1 653.95	445.53	1 940.39
	占县面积比（%）	32.33	27.71	7.46	32.50
比如县	面积（千米^2）	2 677.40	2 090.77	785.07	5 873.76
	占县面积比（%）	23.43	18.30	6.87	51.40
嘉黎县	面积（千米^2）	759.97	1 564.37	1 264.72	9 664.45
	占县面积比（%）	5.73	11.80	9.54	72.92
聂荣县	面积（千米^2）	1 212.04	2 202.76	958.16	5 169.74
	占县面积比（%）	12.70	23.08	10.04	54.17
安多县	面积（千米^2）	1 637.68	2 988.05	1 609.75	19 398.62
	占县面积比（%）	6.39	11.66	6.28	75.68
班戈县	面积（千米^2）	942.59	2 803.01	1 905.16	95 302.23
	占县面积比（%）	0.93	2.78	1.89	94.40
申扎县	面积（千米^2）	526.96	857.34	946.05	21 221.65
	占县面积比（%）	2.24	3.64	4.02	90.11
尼玛县	面积（千米^2）	417.51	647.18	274.44	175 136.87
	占县面积比（%）	0.24	0.37	0.16	99.24

3. 空间分析结果验证　本次野外调查，共了采集了9个样地信息，用GPS记录了各地点的经纬度，并做了样地样方调查，调查区域海拔高度为4 300～4 800米，其植被类型以高山草甸、高山灌丛草甸为主，主要植物种包括矮蒿草、珠芽蓼、圆穗蓼等。9个样地均有冬虫夏草分布，而且是冬虫夏草分布较为集中的地区。将GPS定位点导入Arcgis 9.2中，与冬虫夏草空间分布区数据层叠合（图10-24）。各样地中，9个样地点分别位于巴青县、比如县和嘉黎县，有7个样地点在冬虫夏草分布区内，其中6个点在冬虫夏草集中分布区内，1个点在冬虫夏草分布较少区域内，在分布区的植被类型都为高寒草甸类，土壤类型有草毡土和黑毡土，属于高山草甸土和亚高山草甸土类型，与文献资料和实地调查冬虫夏草分布的生境条件一致。有2个样地点在无冬虫夏草分布区内，与实地调查结果有差别。

当地冬虫夏草产量统计资料中，在那曲地区有冬虫夏草产量记录的县为那曲、巴青、索县、嘉黎、比如、聂荣等6个县，在地理位置看都集中于那曲东部地区，这与空间分析结果（图 10-24）较为吻合。

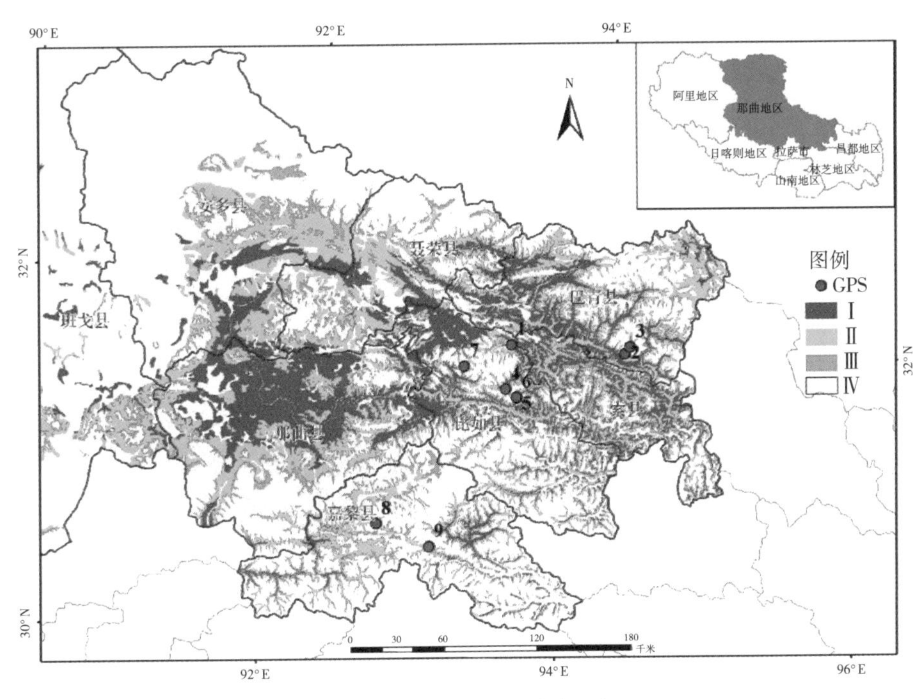

图 10-24　冬虫夏草采样地点

利用冬虫夏草单位面积产量平均值和单位面积产量较高值估算的冬虫夏草产量相对误差很大，利用冬虫夏草单位面积产量较低值估算的冬虫夏草产量除比如县的相对误差为 48.9%，其他各县的相对误差保持在 20%以内，产量估测精度约为 80%。综合以上分析，选择冬虫夏草单位面积产量较低值估算冬虫夏草产量，赋值于那曲地区冬虫夏草分布区上，形成冬虫夏草在那曲地区的产量空间分布图（图 10-25）。预测结果显示那曲地区冬虫夏草总产量大约为 26 120 千克。其中，那曲县冬虫夏草产量最高，巴青县、比如县产量次之，那曲西北部的尼玛县、申扎县、班戈县有零星少量的冬虫夏草分布。从冬虫夏草产量分布图中也能较好地反映出冬虫夏草空间分布区域信息，整体上冬虫夏草主要分布在那曲东部地区，那曲县、巴青县、比如县是冬虫夏草的主产县，嘉黎县、索县、聂荣县也有一定数量的冬虫夏草分布。

总之，草原资源是可更新的资源，只要尊重自然规律，科学合理地开发利用，就能达到不断更新，持续地保持其应有的生产力；同时，这种资源又具有低能耗、低成本的极大优势，可以为发展区域经济提供雄厚的物质保障，也为区域提供了宝贵的畜牧业生产资料、旅游资源、药材资源等，为经济可持续发展提供可靠的生态保障。国际自然和自然资源保护联盟提出“挽救植物就是挽救人类自己”。为了美丽草原的生存环境，也为了给后代子孙留下生存的物质保证，科学合理地利用草原已成为当务之急。

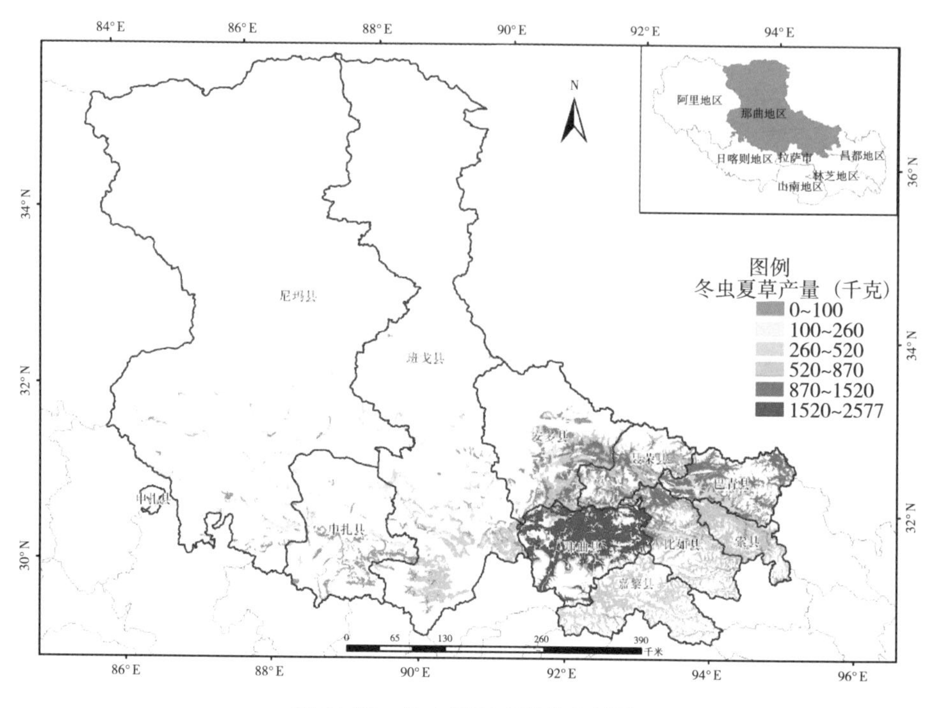

图 10-25 冬虫夏草产量分布情况

第十一章
草原工程效益监测

为掌握草原保护建设工程成效和政策效果，需要及时开展监测与评价工作，以便优化建设工程措施，完善草原保护政策。草原保护建设工程效益监测与评价在一般工程效益评价原则基础上，有其特殊性。一是以生态效益监测评价为重点。草原保护建设工程的主要目标是保护、恢复草原生态，因而监测评价首先是生态效益，其次是经济效益，之后是社会效益。二是以遥感监测手段为主。草原保护建设工程实施面积大，植被与土壤动态受气候影响多，需要实现快速、及时的大面积监测，遥感是首选的手段。三是要注重全局性。对涉及范围广、实施省区多的工程措施进行监测，避免因局部地区小气候、立地条件等因素，影响对各项工程措施效益的准确评价。

第一节　技术流程

10 多年来，中央、地方实施的草原保护建设工程中，退牧还草工程、京津风沙源治理工程和西南岩溶地区石漠化治理工程是草原工程效益监测的主要对象。

一、退牧还草工程效益监测

退牧还草工程的主要措施有围栏禁牧、围栏休牧、季节性划区轮牧、补播、棚舍建设、饲料地建设等。其中，草原围栏禁牧、围栏休牧、季节性划区轮牧措施是通过休养生息促进自然恢复，减轻草原放牧压力，保护草原；补播、棚舍建设、饲料地建设等措施是通过人工干预的方法加大饲草供应量，解决满足禁牧休牧后饲草短缺问题，促进天然草原恢复和草畜系统可持续生产。

退牧还草工程效益监测的主要任务是开展不同工程措施植被与土壤地面监测，分析工程区内外和工程实施前后植被、土壤变化情况，对比分析不同措施生态恢复效果，评估工程生态、经济和社会效益。

退牧还草工程监测的技术流程包括相关资料收集分析，地面样地监测，入户调查，不同措施工程区内外、工程实施前后的植被盖度、植被高度、地上生物量、可食牧草比例、退化指示植物、建群优良植物、土壤质量等指标提取，生物量、盖度等估算模型构建，退化等级、健康指数、增加的牧草产值等评价指标的计算，生态、经济、社会效益综合分析。具体流程见图 11-1，监测与评价指标见表 11-1。

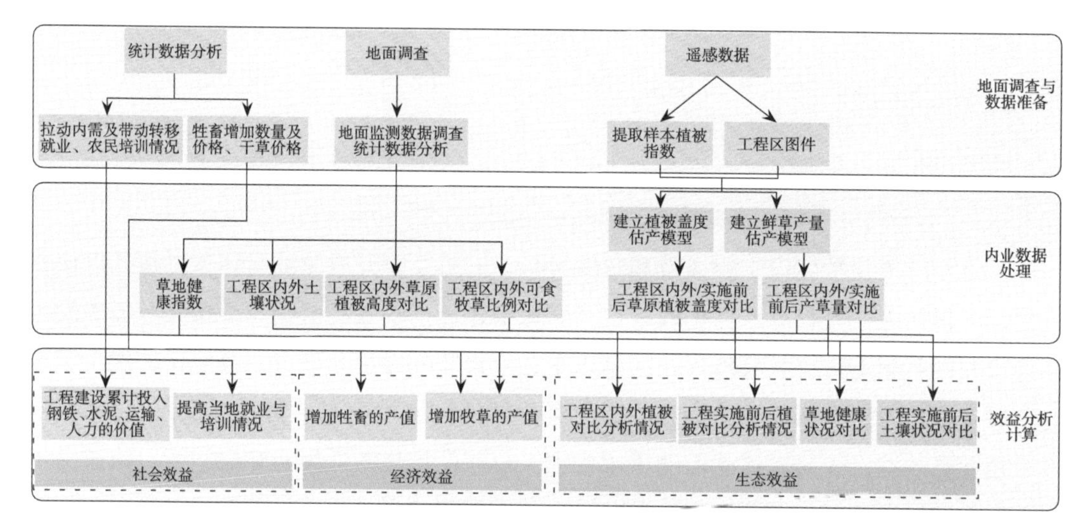

图 11-1　工程效益监测技术流程

表 11-1　退牧还草工程效益监测指标体系

效益	监测指标	评价指标
生态效益	植物盖度、高度、地上生物量、可食牧草产量、退化指示植物生物量、建群优良植物生物量	植被盖度、高度、地上生物量、可食牧草比例的变化，草地健康指数，退化程度，生物多样性指数
	土壤有机质、pH、容重及速效氮磷钾含量、全氮含量	土壤质量
经济效益	增加的牧草产量、干草价格、可食牧草比例、实施面积	增加的牧草产值
	工程实施后累计增加牲畜量、价格	增加的牲畜产值
社会效益	投入的建筑材料、运力、人力及价值	项目拉动内需情况
	本地就业人次、转移就业人次	带动劳动力就业
	科技培训人数、次数	科技培训人次

二、京津风沙源治理工程效益监测

京津风沙源治理工程草原建设项目的主要措施有围栏禁牧、草原治理、禁牧舍饲、棚圈建设、饲料机械、青贮窖建设、草料库建设等。其中，草原治理任务包括人工种草、围栏封育、基本草场建设、牧草种子基地、飞播牧草等措施。内蒙古自治区以围栏禁牧措施为主，是通过休养生息促进自然恢复，减轻草原放牧压力、保护草原目的；河北省与山西省以人工种草、围栏封育、基本草场建设、牧草种子基地、飞播牧草措施为主，通过人工干预加大饲草供给或改良草原，解决禁牧休牧后饲草缺乏问题，加快天然草原恢复，促进草畜系统可持续生产。

京津风沙源治理工程草原建设项目效益监测的主要任务是开展不同工程措施植被、沙化草地和土壤地面监测，分析工程区内外和工程实施前后植被、沙化等级、严重沙化草地面积和土壤变化情况，对比分析不同措施生态恢复效果，评估工程生态、经济和社会效益。

京津风沙源治理工程监测的技术流程包括相关资料收集分析，地面样地监测，入户调查，不同措施工程区内外、工程实施前后的植被盖度、植被高度、地上生物量、可食牧草比例、退化指示植物、建群优良植物、沙化等级、严重沙化草地面积、表土细砂比例、土壤质量等指标提取，植被生物量、盖度等估算模型构建，沙化程度、严重草地沙化面积、健康指数、增加的牧草产值等评价指标的计算，生态、经济、社会效益综合分析。具体流程见图 11-2，监测与评价指标见表 11-2。

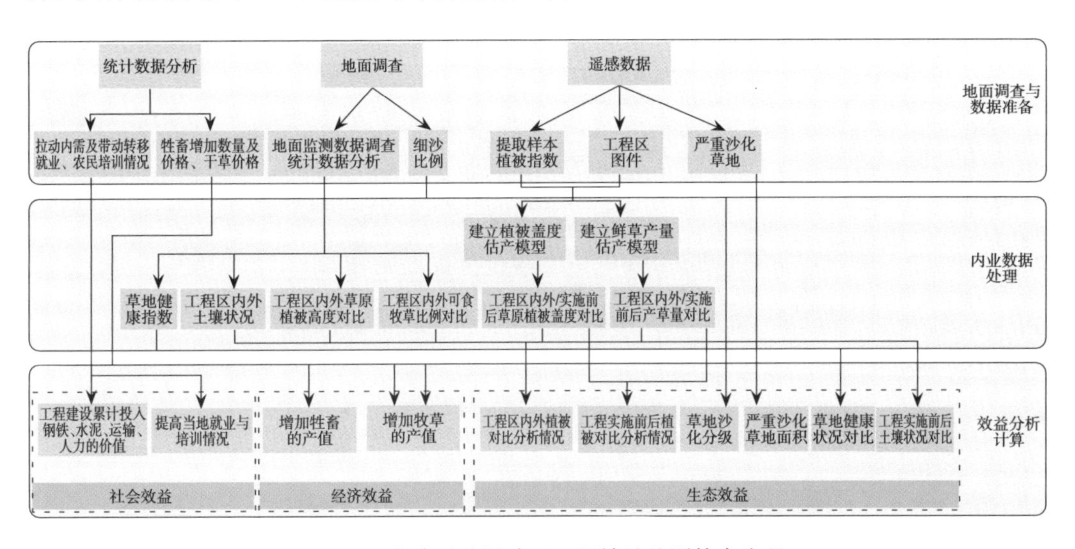

图 11-2 京津风沙源治理工程效益监测技术流程

表 11-2 京津风沙源治理工程效益监测指标体系

效益	监测指标	评价指标
生态效益	植被盖度、植被高度、地上生物量、可食牧草产量、退化指示植物生物量、建群优良植物生物量	植被盖度、高度、地上生物量的变化，草地健康指数，生物多样性指数
	<0.25 毫米表土细砂比例、植被盖度	草原沙化程度、严重沙化草地面积
	土壤有机质、pH、容重、速效氮磷钾含量、全氮含量	土壤质量

（续）

效益	监测指标	评价指标
经济效益	增加的牧草产量、干草价格、可食牧草比例、工程实施面积	增加的牧草产值
	工程实施后累计增加牲畜数量、当年价格	增加的牲畜产值
社会效益	投入的建筑材料、运力、人力及价值	项目拉动内需情况
	本地就业人次、转移就业人次	带动劳动力就业
	科技培训人数、次数	科技培训人次

三、西南岩溶地区石漠化治理工程效益监测

西南岩溶地区石漠化治理工程措施主要包括人工种草、改良草地和围栏封育和发展草食畜牧业等。

西南岩溶地区石漠化治理工程的监测任务为监测工程实施前后草地植被与土壤状况变化、石漠化等级变化，评价工程生态、经济和社会效益。具体流程见图 11-3，监测与评价指标见表 11-3。

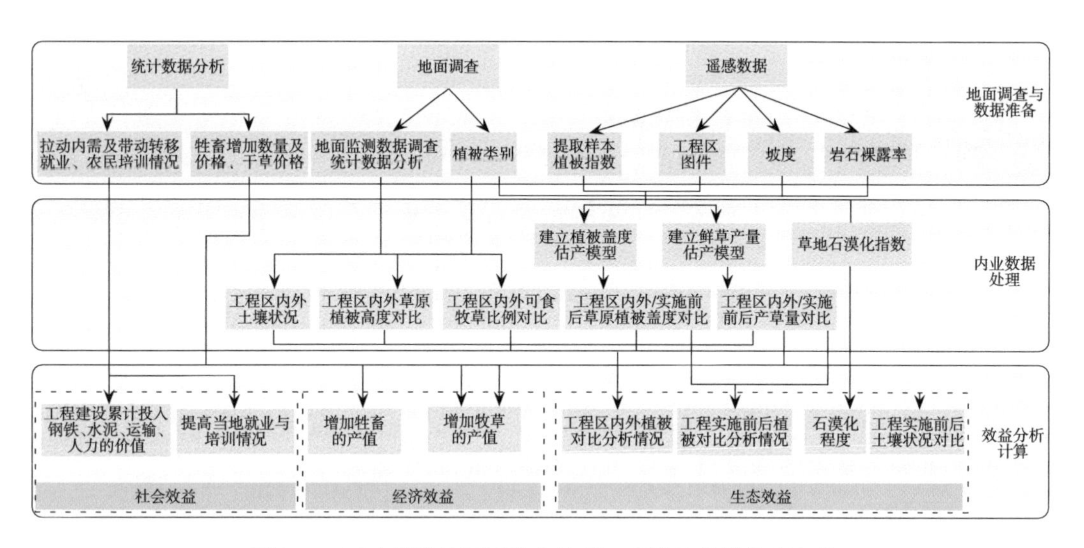

图 11-3 西南岩溶地区石漠化治理工程效益监测技术流程

表 11-3 西南岩溶地区石漠化治理工程效益监测指标体系

效益	监测指标	评价指标
生态效益	植被盖度、植被高度、产草量、可食牧草产量	植被盖度、高度、产草量的变化，生物多样性指数
	植被类别、植被盖度、植被高度、产草量、坡度和岩石裸露率	草地石漠化指数
	土壤有机质、速效氮磷钾含量、全氮含量、容重、pH、钙离子含量	土壤质量

（续）

效益	监测指标	评价指标
经济效益	增加的牧草产量、干草价格、可食牧草比例、实施面积	增加的牧草产值
	工程实施后累计增加牲畜量、价格	增加的牲畜产值
社会效益	投入的建筑材料、运力、人力及价值	项目拉动内需情况
	本地就业人次、转移就业人次	带动劳动力就业
	科技培训人数、次数	科技培训人次

第二节　几个重要指标的信息采集与处理

草原工程效益监测涉及的监测评价指标繁多，大部分指标的信息采集与处理方法在地面监测、草原生产力监测等章节已述及。本节主要介绍植被盖度、草地健康指数、草原退化（沙化）程度、草地石漠化程度等指标的信息采集与处理方法。

一、植被盖度

NDVI 与植被覆盖度有相关性，并不是简单的线性关系。当植被相当稀疏时，*NDVI* 与植被盖度相关性强；当植被非常浓密时，*NDVI* 则会出现饱和现象，与植被盖度相关性下降。计算植被盖度公式如下：

$$\text{盖度}=\frac{NDVI-NDVI_{min}}{NDVI_{max}-NDVI_{min}}\times 100\%$$

$NDVI_{min}$和 $NDVI_{max}$是无辐射异常的情况下影像 *NDVI* 的最小值和最大值。公式引自陈云浩，李晓兵，史培军《北京海淀区植被覆盖的遥感动态研究》。

盖度计算的精度很大程度上取决于 $NDVI_{min}$ 和 $NDVI_{max}$，建议用较大范围影像中水域和最高密度林地的 *NDVI* 值作为 $NDVI_{min}$ 和 $NDVI_{max}$。

二、草地健康指数

通常，可用草地的植物组成、可食牧草比例、多年生牧草长势、植被盖度、植被产量、土壤特性等指标评价草地健康状况，但因涉及因素多、实地测定指标多，尚缺乏能与 3S 技术结合应用、大面积推广应用的定量评价模型。在多年草地监测技术研究和实践的基础上，基于植被盖度和地上生物量两个主要方面的指标，我们提出草地健康指数模型，对草地健康状况进行定量分析。同时，参照现有标准，还提出了基于草地健康指数单一指标的草地退化分级模型，实现了简捷、快速地评价草地退化程度。

1. 草地健康指数测算方法　草地健康指数用以反映草地健康水平，取值在 0～100，数值越大，草地越健康。健康指数采用盖度比和组分生物量比两个指标的加权模型计算。盖度比为草地盖度与同期同类型未退化草地盖度比值的平方，反映草地相对的植被覆盖程度、长势和土壤裸露的状况。组分生物量比为草地建群植物优良牧草和退化指示植物（各省区不同草地类型主要退化指示植物见表 11-4）的地上生物量归一化比，反映草地的植物构成、产草量、长势、可食牧草状况等；退化指示植物还可间接反映土壤的质量（贫瘠、紧实的土壤，退化指示植物的相对比例高）。采用加权模型是为了反映不同水热条件的草原，退化后盖度和植被构成两方面变化的显著性不同。

草地健康指数计算模型如下式。

$$H=W_c\times\left(\frac{C}{C_{max}}\right)^2+W_y\times\frac{Y_p}{Y_p+Y_b}$$

式中，H 为健康指数；W_c 为盖度比的权重；W_y 为组分生物量比的权重；C 为草地植被盖度；C_{max} 为同期同类型未退化草地植被盖度；Y_p 为建群植物优良牧草地上生物量；Y_b 为退化指示植物地上生物量。（当 C/C_{max} 大于 1 时，取值 1）。

不同草原类两指标的权重系数见表 11-4。

表 11-4　不同草地类型主要退化指示植物

草原类	主要退化指示植物
温性草原类	委陵菜、旋花、葱、碱韭、鸢尾、牛心朴子、阿尔泰狗娃花、茵陈蒿、麻花头、狼毒、漠蒿、棘豆、骆驼蓬
温性草甸草原类	旋花、委陵菜、唐松草、鸢尾、狼毒、牛心朴子、阿尔泰狗娃花、醉马草、扁蓄、黄金蒿
温性荒漠草原类	碱韭、旋花、骆驼蓬、角果藜、刺蓬、虫实、牛心朴子、棘豆、兔唇花
温性草原化荒漠类	角果藜、刺旋花、盐生草、无叶假木贼、兔唇花、骆驼蓬
温性荒漠	角果藜、一年生猪毛菜、西伯利亚滨藜、盐生草、骆驼蹄瓣、无叶假木贼
高寒草甸类	唐松草、香青、火绒草、毛茛、橐吾、乌头、香薷、筋骨草、微孔草、草玉梅、狼毒、蓟、大戟、棘豆、臭蒿、牛蒡
高寒草原类	紫花冷蒿、垫状点地梅等
低地草甸类	大蓟、问荆、白屈菜、碱蓬、酸模、车前
山地草甸类	荨麻、乌头、狼毒、橐吾、鸢尾、千里光、翠雀花、马先蒿、问荆、大蓟
暖性草丛类、暖性灌草丛类	火绒草、委陵菜、紫茎泽兰、车桑
高寒草甸草原类	遏蓝菜、蛇莓、微孔草、臭蒿、牛蒡

2. 不同草地类型权重系数　根据草地植被盖度和产量这两个主导因子在不同草地类型健康评价中的重要程度差异，来确定不同草地类型的权重系数（表 11-5）。

表 11-5 不同类型草地健康指数模型各指标权重系数

草地类型	盖度比权重系数（W_c）	组分生物量比权重系数（W_y）
温性荒漠类、高寒荒漠类	80	20
温性草原化荒漠类	70	30
温性荒漠草原类	60	40
温性草原类、高寒草原类	50	50
温性草甸草原类、高寒草甸草原类	40	60
暖性草丛类、暖性灌草丛类、低地草甸类、高寒草甸类、山地草甸类、沼泽类	30	70
热性草丛类、热性灌草丛类、干热稀树灌草丛类	20	80

3. 基于草地健康指数的退化分级　草地健康指数可直接用于退化分级，分级标准如表 11-6。

表 11-6 基于草地健康指数的退化分级

草地健康指数	≥90	70（含）～90（不含）	40（含）～70（不含）	<40
退化分级	未退化	轻度退化	中度退化	重度退化

三、草原退化（沙化）程度

1. 草原退化（沙化）指示植物　草原退化（沙化）指示植物是指随着草原退化（沙化）加重，数量增加或大量出现的植物。如温性草原达到中度退化后，阿氏旋花、委陵菜、牛心朴子、狼毒等退化指示植物大量出现；达到重度退化，则骆驼蓬、篦齿蒿、阿氏旋花、狼毒、牛心朴子、一年生杂类草等退化指示植物在草群中占据优势。

2. 草原退化分级　通过地面测定和遥感解译结合的方法可测定草原退化程度的分级。退化分级可基于草地健康指数进行，也可参照《天然草地退化、沙化、盐渍化的分级指标》GB 19377—2003。

3. 草原沙化分级　通过地面测定和遥感解译的方法可监测草原沙化状况，实现沙化程度分级。其中，地面测定方法依据《天然草地退化、沙化、盐渍化的分级指标》（GB 19377—2003），遥感测定方法依据《风沙源区草原沙化遥感监测技术导则》（GB/T 29419—2012）。

因为 MODIS 遥感影像空间分辨率较低，无法实现沙化草原的定量细致分析，所以宜选择 TM 影像进行严重沙化草地的变化分析。可采用监督和非监督分类方法，结合地面样本进行草原沙化分级。重点分析对比重度沙化草地的分布和面积。草原沙化分级见表 11-7。

表 11-7　草原沙化分级

地类	地类的主要特征	草原沙化分级
流动沙地	植被盖度<10%的	重度沙化
半固定沙地	植被盖度在 10%～30%	中度沙化
固定沙地	植被盖度在 30%～60%	轻度沙化
	植被盖度≥60%	未沙化

注：引自国家标准《风沙源区草原沙化遥感监测技术导则》GB/T 29419—2012。

表土细砂比例是反应草地风沙活动量、侧面反映沙化程度的简便测定指标，可在草原沙化分级中参考使用。一般来说，细砂比例减少，表明风蚀活动增加；细砂比例增加，则表明植被阻风效应高，积沙或成土效果好。

四、草地石漠化程度

1. 草地石漠化指数　采用草地石漠化指数进行评价。石漠化指数（Rock Desertification Index）是反映石漠化严重程度的定量评价指标，取值为 0～1。

利用监测点或监测区的坡度、岩石裸露率、植被盖度、植被类别、秋季当年地上生物量等数据，综合加权计算石漠化指数。地面监测点的坡度数据可用 GPS 接收机、罗盘、坡度计等直接测定。监测区域所有坡度数据可通过数字高程数据计算，结果为栅格数据，栅格大小应≤30 米。岩石裸露率可通过建立地面样本与遥感影像间的数学模型来估算。应采用陆地卫星 TM 影像或更高分辨率的数据，TM 影像 5 波段对岩石的响应较为敏感，可结合对植被敏感的 4 波段及其他波段建立估算模型；如使用其他卫星数据，可选择与 TM5 波段接近的短红外波段使用。

草地石漠化指数各指标权重及评分标准见下表 11-8 至表 11-13。

表 11-8　草地石漠化评价指标权重表

指标	坡度	岩石裸露率	植被盖度	植被类别	秋季当年地上生物量
指标权重	0.19	0.27	0.25	0.16	0.13

表 11-9　不同坡度草地石漠化指数评分标准

取值范围（%）	≤10	>10～20	>20～30	>30～45	>45
评分	0～20	21～40	41～60	61～80	81～100

表 11-10　不同岩石裸露率草地石漠化指数评分标准

取值范围（%）	≤15	>16～30	>30～45	>45～60	>60
评分	0～20	21～40	41～60	61～80	81～100

表 11-11　不同植被盖度草地石漠化指数评分标准

取值范围（%）	>75	>60～75	>45～60	>30～45	≤30
评分	0～20	21～40	41～60	61～80	81～100

表 11-12　不同秋季当年地上生物量草地石漠化指数评分标准

取值范围（千克/公顷²）	>5000	>3000～5000	>2000～3000	>1000～2000	≤1000
评分	0～20	21～40	41～60	61～80	81～100

表 11-13　不同植被类别草地石漠化指数评分标准

植被类别	天然灌草丛	天然草丛	含豆科多年生人工植被	其他多年生人工植被	草田轮作（含冬闲田种草）	一年生植被（农作物）	无植被
评分	0	10	20	40	60	80	100

草地石漠化指数计算公式如下：

$$RDI = \sum_{i=1}^{5} W_i F_i / 100$$

式中，RDI 为石漠化指数；W_i 为第 i 个评定指标的权重；F_i 为第 i 个指标评分值。

2. 石漠化程度评价标准　石漠化程度按如下标准划分：

（1）无石漠化（Ⅰ）：石漠化指数 $RDI \leqslant 0.2$。

（2）潜在石漠化（Ⅱ）：石漠化指数 $0.2 < RDI \leqslant 0.4$。

（3）轻度石漠化（Ⅲ）：石漠化指数 $0.4 < RDI \leqslant 0.6$。

（4）中度石漠化（Ⅳ）：石漠化指数 $0.6 < RDI \leqslant 0.8$。

（5）重度石漠化（Ⅴ）：石漠化指数 $0.8 < RDI \leqslant 1.0$。

第三节　工程效益评价

对工程生态、经济和社会效益的评价需要结合多项指标综合评价。一些重要的指标如健康指数、退化程度、新增经济产值，能够明显地反映效益情况，也可单独用于某项效益的评价。而植被盖度、高度、产量、牲畜出栏率变化等指标，不能单独反映工程效益情况，应在效益评价中结合其他指标使用。

一、生态效益

对比工程区内外、工程实施前后工程区及监测县（旗）全境植被盖度、产量、高度、可食牧草比例、草地健康指数和退化（沙化、石漠化）等级等指标的变化情况，综合分析工程生态效益。设置固定监测点的县（旗），还应对土壤质量情况对比分析。此外，还可参考水、土、气候等生态因素的变化和自然灾害的消长评价生态效益。

1. 退牧还草工程生态效益评价指标 草地健康指数、退化等级是评价退牧还草工程生态效益直接关键的指标。工程区内外植被盖度、高度、鲜草产量、可食牧草比例变化，工程实施前后植被盖度、鲜草产量变化，也是评价工程生态效益的重要指标。设置固定监测点的，还可用生物多样性、工程区内外和工程实施前后土壤质量变化等指标来评价。

2. 京津风沙源治理工程评价指标 沙化等级、严重沙化草地面积、草地健康指数、退化等级是评价京津风沙源治理工程生态效益直接关键的指标，工程区内外植被盖度、高度、鲜草产量、可食牧草比例变化，工程实施前后植被盖度、鲜草产量变化，也是评价工程生态效益的重要指标。设置固定监测点的，还可用表土细砂比例、生物多样性、工程区内外和工程实施前后土壤质量变化等指标来评价。

3. 西南岩溶地区石漠化治理工程效益评价 草地石漠化指数和石漠化等级是石漠化治理工程生态效益评价直接关键的指标，工程区植被的盖度、高度、产量变化，工程实施前后全境植被盖度、产量变化也是重要的评价指标。设置固定监测点的，还可用工程实施前后土壤质量、生物多样性变化等指标来评价。

二、经济效益评价

主要评价增加的牧草和牲畜产值。利用产草量、牧草价格等监测数据，计算工程实施期内，各种工程措施累计增加的牧草产值。使用入户调查或统计的牲畜数量、出栏率、胴体重等信息及其年际变化情况，计算工程实施期比实施前累计增加的牲畜产值。

三、社会效益评价

主要用工程促进转移就业、开展科技培训和拉动内需等情况进行评价。就业培训情况包括工程实施期内带动劳动力本地就业人次、转移就业人次、科技培训人次、累计培训日数等。项目拉动内需情况包括工程实施期内累计投入的建筑材料、运力、人力及价值，如工程实施投入的钢材、水泥、运输车次、雇佣人力的数量及各项投入的价值等。

第四节　草原工程效益监测案例

2014 年，全国畜牧总站组织有关专家和工作人员，在内蒙古草原勘察规划院和陈巴尔虎旗农牧业局的积极配合下，以 3S（GIS、RS、GPS）技术为主要手段，辅以地面线路调查，对陈巴尔虎旗 2008 年度退牧还草工程建设效果进行了监测。

一、基本情况

陈巴尔虎旗位于呼伦贝尔市西北部，地处呼伦贝尔草原腹地，介于东经 118°22′至 120°10′、北纬 48°43′至 50°10′之间，土地总面积 21 192 千米^2，地貌概况见图 11-4。

图 11-4　陈巴尔虎旗地貌概况

二、监测结果

1. 工程实施情况　陈巴尔虎旗 2008 年度退牧还草工程按投影面积计算，实际完成围栏禁牧休牧面积 6.67 万公顷，完成了计划的 100%。其中，围栏禁牧面积 1.33 万公顷，完成了计划的 100%；围栏季节性休牧面积 5.33 万公顷，完成了计划的 100%。工程区具体分布见图 11-5。

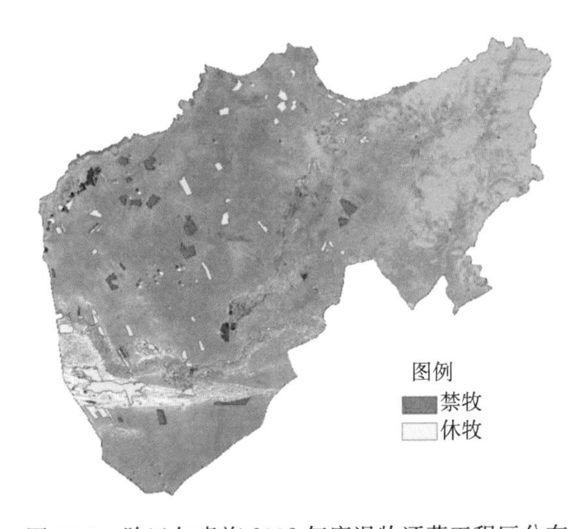

图 11-5　陈巴尔虎旗 2008 年度退牧还草工程区分布

2. 工程实施前后植被状况变化 2014年，工程区草原植被平均盖度和鲜草产量分别为67%、2 476.9千克/公顷，与2008年工程实施前相比，分别增加了8个百分点和19.8%。其中，禁牧区2008年平均盖度和鲜草产量分别为49%、1 671.2千克/公顷，2014年分别为59%、1 994.8千克/公顷，2014年比2008年分别提高了10个百分点和19.4%；休牧区2008年平均盖度和鲜草产量分别为60%、2 062.7千克/公顷，2014年分别为69%、2 505.9千克/公顷，2014年比2008年分别提高了9个百分点和21.5%；两期草原植被盖度和鲜草产量空间分布见图11-6和图11-7。

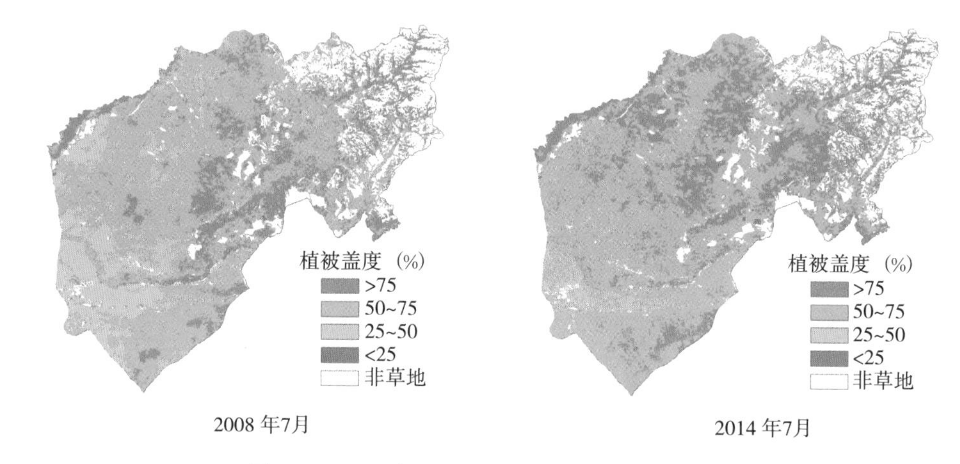

图11-6 工程实施前后陈巴尔虎旗草原植被盖度

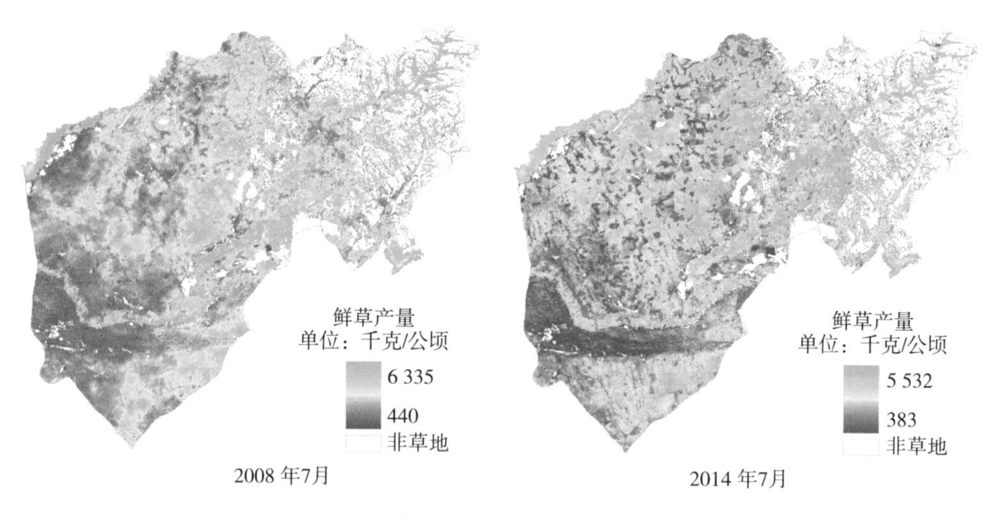

图11-7 工程实施前后陈巴尔虎旗草原鲜草产量

3. 工程区内外植被对比

（1）植被盖度变化 禁牧区草原植被平均盖度59%，休牧区69%，分别比工程区外高3个百分点和8个百分点。

（2）植被高度变化 禁牧区草原植被平均高22.9厘米，休牧区25.3厘米，分别比工程区外高 0.9%和 11.5%。

（3）植被鲜草产量变化　禁牧区草原植被平均鲜草产量 1 994.8 千克/公顷，休牧区 2 050.9 千克/公顷，分别比工程区外高 4.9%和 12.0%。

（4）牧草可食比例变化　禁牧区、休牧区平均可食比例均为 99%，比工程区外提高 2 个百分点。

4. 工程实施前后草原健康状况变化　本次监测对陈巴尔虎旗 2008 年工程区草原健康状况进行了监测评价。抽样调查分析显示，2014 年，工程区内草地健康指数为 81，2008 年，工程实施前草地健康指数为 76。结果表明，草甸草原类草地在实施京津风沙源治理工程 5 年后，工程区草原虽然仍处于轻度退化状态，但草原健康状况有所好转。

三、工程效果评价

1. 经济效益

（1）增加的牧草产值　对陈巴尔虎旗 2008 年退牧还草工程实施后的连续监测显示，工程实施天然草地改良面积 100 万亩，2010—2014 年 5 年工程期可食鲜草比实施前共增产约 9.6 万吨，以 2014 年鲜草价格 0.2 元/千克计算，共增加产值约 1 917.2 万元，平均每亩每年增加产值 3.83 元。

（2）牲畜出栏率　2013 年，牲畜出栏率为 42%，比 2008 年提高了 6.8 个百分点。

（3）牲畜胴体重　2013 年，大牲畜胴体重为 149 千克，小牲畜胴体重为 25 千克，分别比 2008 年提高了 11.8%和 8.3%。

此外，陈巴尔虎旗 2013 年人均牧业收入为 13 248 元，人均牧业收入占人均收入的 57.6%，比 2008 年提高 10.3 个百分点；2013 年，畜牧业产值 7.8 亿元，占农业总产值的 62.6%，比 2008 年提高了 2.9 个百分点。

2. 社会效益

（1）就业与培训　2008 年度退牧还草工程共带动劳动力本地就业 450 人次，转移就业 230 人次，科技培训 300 人次，累计培训 50 天。

（2）拉动内需　2008 年度退牧还草工程建设累计投入 1 742.5 万元，分别为：钢筋 1 500 吨，价值 750 万元；水泥 2 万吨，价值 720 万元；运输车次 150 次，价值 10.5 万元；雇佣人力 17 000 人・天，价值 262 万元。

3. 生态效益　监测结果显示，2008 年度退牧还草工程实施后，工程区内的草原植被盖度、高度和鲜草产量明显提高，牧草可食比例增加，工程区内草原植被得到了休养生息，减轻了草原放牧压力，健康状况有所好转，生态效益明显。

第十二章 草原沙化遥感监测

草原沙化是最重要的环境问题之一，是草原退化的一种严重形式，一直受到政府官员和公众的关注。关于草原沙化的研究很多，主要集中在草原沙化定义、判断标准、地面监测、遥感监测、沙化治理等方面。草原沙化的名称和定义比较多，草原沙化还称草原沙质荒漠化，草原荒漠化，草原严重退化等，人们从不同的角度对草原沙化进行研究和定义，各种定义均有其合理性和局限性。一般认为草原沙化（Grassland Desertification）是指天然草原在自然和人为因素的综合影响下，致使原非沙漠地区的草原，出现了以风沙活动为主要特征的类似沙漠景观的草原退化过程，或已经沙化的草原，风沙活动进一步加剧的草原退化过程。草原沙化的主要自然因素有干旱化、降水减少、气温升高、地下水位下降、鼠虫害等。草原沙化的主要人为因素有超载过牧、草原过度垦殖、过度樵采、滥挖药材等。

草原沙化在适当的时间尺度的某段时期内是一个动态变化过程，可以从某种状态变化到另一种状态，可以是沙化草原和非沙化草原之间的转变，也可以是草原沙化程度的转变。在某一相对短的时间内草原沙化是处在一个相对静止的状态（年内的某月），草原的季相变化和草原的波动从状态看发生了变化，但从草原沙化的角度看，则草原沙化还是处在一个相对静止的状态。

1990 年，联合国环境署在内罗毕组织了一次专家咨询会，将荒漠化定义为："荒漠化，是人为活动引起的干旱、半干旱或干燥的亚湿润地区的土地退化"（UNEP 1991）。在 1992 年联合国环境与发展大会上通过的 21 世纪议程中，荒漠化被定义为："包括气候变异和人为活动在内的各种因素造成的干旱、半干旱或干旱亚湿润地区的土地退化"。该定义被 1994 年通过的《联合国防治荒漠化公约》采用（UNCCD，1994），概念中明确了荒漠化的成因：气候变异和人为活动；明确了荒漠化的发生范围：主要发生在干旱、半干旱或干旱亚湿润地区（董玉祥，2000）。土地沙漠化是当今世界重要的环境和社会经济问题。中国是世界上受沙漠化危害和影响最严重的国家之一，中国的沙漠化重要发生在草原上，对牧区造成很大的影响和危害，沙漠化发展迅速和对社会经济、环境的影响大而引起世人关注（Nicholas，1997），沙漠化通常与贫困密切相连，常引起各级政府的关注。

草原沙化监测（Grassland Desertification Monitoring），是采用某种技术或方法来反映草原沙化状态和动态变化的工作过程。分为草原沙化遥感监测和草原沙化地面监测等。草原沙化遥感监测是通过遥感信息和其他信息监测草原沙化类型、程度、变化速度、空间分布及草原沙化防治工程的效果等。草原沙化遥感监测的早期是利用航空照片或卫星影像图，通过人工判读和解译、标注、勾画等过程，制成草原沙化分类图，经过统计分析获取草原沙化的信息。现在由于遥感技术的发展，对草原沙化遥感监测的科研和技术取得了长足的进展。草原沙化地面监测主要通过野外调查、测量等方法获取草原沙化的信息，由于工作的范围小，对大范围的调查工作量大，速度慢。遥感监测与野外实际考察相结合，是提高遥感监测精度的重要保障，草原沙化遥感监测必须有地面调查的配合，才能使遥感监测的精度得到保障，技术方法更加完善。用遥感技术监测沙漠化的首要问题是如何从遥感影像中准确提取沙漠化信息，特别是如何提取沙漠化的类型、面积、不同沙漠化程度的判别等。沙漠化遥感监测大致可以分为以下方法：目视解译法、传统的监督和非监督分类法、用单一植被指标以及多项指标综合评定沙漠化的方法等。

第一节　草原沙化遥感监测方法

草原沙化遥感监测是通过遥感信息和其他信息相结合来监测草原沙化类型、程度、变化速度、空间分布等的过程，一般分为数据、资料和信息的准备和预处理、草原沙化分类系统的制定、野外考察和遥感解译标志的建立、室内解译和结果分析以及精度检验等过程。

一、数据准备及预处理

现在的遥感数据种类繁多，分辨率越来越多，根据需要选择的数据较多，通常采用多源数据进行草原沙化遥感监测等工作，不同数据相互弥补自身的不足。由于沙化监测是一个过程监测，选择的数据时间延续时间需要较长，常用的数据以 LandsatTM/ETM+居多，Landsat 数据的主要特点是数据时间长，分辨率 30 米，基本可以满足草原沙化遥感监测的要求。SPOT 数据也较为常用，SPOT 的分辨率略高，但数据价钱远高于 Landsat 数据。现在国产高分辨率数据也已经稳定的进行观测，在未来的草原沙化遥感监测中将会起到重要的作用。对中国境内草原沙化遥感监测如果选用 Landsat TM/ETM+等数据，可以选择 20 世纪 80 年代中期到现在不同时期的数据，时间段以 10 年左右为好，可通过免费下载或购买获得。对准备使用的数据，要经过辐射定标、几何精校正（误差小于 0.5 个像元）、大气校正、图像增强、镶嵌、裁剪、色彩拉伸等处理。

二、沙化土地分类系统及草原沙化分级指标

草地沙化监测遥感监测土地分类系统，一般要参照土地部门的分类系统，对草原沙化情况进行下一级分类，一般要结合研究区土地覆盖的实际状况，在充分收集和分析前人工作成果的基础上，从科学性、可操作性和遥感图像的可解译性等原则出发，确定研究区草地沙化土地分类系统，表 12-1 为草地沙化土地分类系统的一个案例。

表 12-1 草地沙化土地分类系统

一级类（6 类）	二级类（12 类）	三级类（15 类）	四级类（17 类）
01 耕地	/	/	/
02 林地	/	/	/
03 草地	031 天然牧草地	0311 风蚀沙化草地	03111 轻度沙化草地
			03112 中度沙化草地
			03113 重度沙化草地
		0312 水蚀牧草地	/
		0313 盐渍化草地	/
		0314 未沙化草地	/
	032 人工牧草地	/	/
	033 其他草地	/	/
04 居民、工矿、交通用地	/	/	/
05 水域及水利设施用地	051 河流水面	/	/
	052 湖泊水面	/	/
	053 冰川和永久积雪	/	/
	054 其他水域	/	/
06 其他	061 裸地	/	/
	062 其他土地	/	/

草地沙化土地分类系统一级类和二级类参考 2007 年 8 月出版的 GB/T 21010—2007《土地利用现状分类》中的名称和含义。为了突出草原沙化这个重点，草地沙化土地分类系统中一级类，将《土地利用现状分类》的 05 商服用地、06 工矿仓储用地、07 住宅用地、08 公共管理与公共服务用地、09 特殊用地和 10 交通运输用地合并成一类，即为

04 居民、工矿、交通用地。

对草原沙化程度的分级指标，为了遥感监测的方便，主要考虑草地总覆盖度，裸沙面积百分比和地形地貌特征，各级的分类参考 GB 19377—2003《天然草地退化、沙化、盐渍化的分级指标》国家标准。需要注意的是，这个标准是可以根据草地类型和当地的气候环境进行调整，总的原则是：分级指标中轻度、中度和重度沙化草地的植被覆盖度的值从水分条件好的草甸草原到水分条件差的荒漠草原可以逐渐下调；相反，裸沙面积百分比可以适当上调（表 12-2）。

表 12-2　草地沙化程度分级指标

分级	植物群落特征		裸沙面积占草地地表面积的百分比（%）	地形特征
	植被组成	草地总覆盖度（%）		
03111 轻度沙化草地	沙生植物成为主要伴生种	45～60	15～30	较平缓的沙地，固定沙丘
03112 中度沙化草地	沙生植物成为优势种	25～45	30～50	平缓沙地、小型风蚀坑、或半固定沙丘
03113 重度沙化草地	植被很稀疏，仅存少量沙生植物	<25	>50	中、大型沙丘、大型风蚀坑，半流动沙丘或流动沙丘

三、野外考察建立解译标志

为了保障草原沙化遥感监测中遥感数据解译的准确性和可靠性，需要在野外考察和调查中设立解译标志，解译标志要有代表性和合理性，一般在考察前，先对遥感影像进行解译，初步掌握研究区草原沙化特点，选定考察典型样区及难以判定的地物类型，并制订野外考察方案及考察路线。从解译的图上和收集的资料上确定建立解译标志的初步位置，对解译图上的疑难点进行现场考察，在典型区设立检验样地，在野外进行系统的调查工作，填各种遥感解译卡片及样方信息采集表，记录经纬度，海拔高度等信息，拍照景观、俯视等照片。当天获取的数据信息，及时整理，通过对 Landsat TM/ETM+影像进行反复判读，建立草原沙化遥感解译标志，存在疑问的地方，及时进行野外考察给予解决。

野外进行定点样地样方调查，选取各种草地沙化类型典型区，记录样地特征及周边环境信息，包括经纬度、海拔高度、地貌、土壤质地、草地类型、主要植被、放牧以及侵蚀、沙化程度情况等。

研究区内每种草地沙化类型选择 1～2 个样地，每个样地面积应不小于 9 公顷。样方设置在样地内，样方之间的间隔应不少于 100 米。若样地内只有草本、半灌木及矮小灌木植物，布设样方的面积一般为 1 米^2，若样地植被分布呈斑块状或者较为稀疏，应将样方扩大到2～4米²。若样地内具有灌木及高大草本植物，且数量较多或分布较为均匀，布设样方的面积为100米²。如果灌木或高大草本在视野范围内呈零星或者稀疏分布，不能构成灌木或高大草本层时，可忽略不计，只调查草本、半灌木及矮小灌木。根据草地沙化类型特征，记录样方内植物种类、优势种、植被盖度、草群高度、草原沙化的指示植物，测定产草量（齐地面剪割草本植物及木本植物当年嫩枝叶的产量）。

研究区内每个县每种草地沙化类型中选择一个典型样方，采用红外测温仪和TPR土壤水分仪测定0～50厘米深度内的土壤温度和土壤湿度。测定0～10厘米、10～20厘米、20～30厘米、30～40厘米、40～50厘米共计5个深度的土壤湿度和0厘米、10厘米、20厘米、30厘米、40厘米、50厘米的土壤温度。每层测3～5次数据，取其平均值代表该层的温度或湿度。

由于使用的TM/ETM+影像并非全部同一时相，因而在建立解译标志时，根据影像获取的时相不同，分别建立各景影像的解译标志（同一年份同一时相的解译标志相同，不同年份或不同时相的影像解译标志可能不完全相同）。

建立的部分野外实际地物与遥感影像对应的解译标志如图12-1所示，图中右侧的遥感影像合成图像，采用接近于自然彩色的方法进行合成。左侧的照片是在图上位置对应的野外拍照的照片。

左侧：野外实地照片　右侧：对应的图上解译标志

图 12-1　研究区遥感影像解译标志

四、遥感影像室内解译

数据源主要为 Landsat，一般选择植被状况较好的夏秋时节，最好为 7～8 月的遥感数据，对经过预处理以后的影像做穗帽变换（Tasseled Cap）得出亮度、绿度和土壤湿度等指数图。对其他的地物类型解译后进行掩膜处理，集中的草原沙化进行分析处理，使用线性光谱混合模型（Line Spectral Mixture Model，LSMM）提取该区草原沙化信息，本方法经过多次试验与应用，精度和可操作性可以得到保障。线性光谱混合模型原理：像元在某一光谱波段的反射率（亮度值）是由构成像元的基本组分(Endmember）的反射率（光谱亮度值）以其所占像元面积比例为权重系数的线性组合。公式如下：

$$\rho(\lambda_i)=\sum_{j=1}^{m}F_j\rho_j(\lambda_i)+\varepsilon(\lambda_i)\ ;\ RMS=\left[\sum_{i=1}^{n}\varepsilon^2(\lambda_i)\right]/n\ ;\ \sum_{j=1}^{m}F_j=1$$

式中，$j=1,\ 2,\ \cdots,\ m$ 为像元组分；$i=1,\ 2,\ \cdots,\ n$ 为光谱通道；$\rho(\lambda_i)$ 为像元在 i 波段的灰度值；$\rho_j(\lambda_i)$ 为 j 地类在 i 波段的光谱反射值；F_j 为各像元组分在像元中所占的面积比，为待估参数；$\varepsilon(\lambda_i)$ 为第 i 个光谱通道的误差项；RMS 表示求解过程中的均方根误差，RMS 越小表示总体误差越小。

五、分类精度验证及分析

分类的结果如何，在正式应用前，先要经过精度检验。精度检验一般利用在野外布设的观测样地的草原沙化信息结果与系统空间的解译结果进行比较，判断解译的结果是否正确，每种类型，最少检验样地根据面积大小等确定。检验精度一般大于 80%～85%，说明遥感解译的精度基本可以接受，结果可以分析应用。另外，也可以将 SPOT、国产高分等较高分辨率的卫星影像数据解译，并对两种解译结果进行比较，进行精度验证。

通过精度验证后的解译结果认为可用，对数据进行分析，揭示草原沙化时间和空间变化的特点。

第二节　草原沙化遥感监测的应用

2009—2013 年在农业部草原监理中心组织下，中国农业科学院农业资源与农业区划研究所的科研人员，对内蒙古锡林郭勒盟、西藏、新疆、宁夏和科尔沁沙地的草原沙漠化进行了遥感监测，监测采用 20 世纪 80 年代、90 年代，2000 年左右和 2010 年左右等时期的遥感影像数据，采用室内遥感解译和野外调查相结合的方法，在野外调查中得到上述有关省区草原主管部门的大力支持，草原沙化遥感监测的工作基本搞清了我国草原沙化变化的趋势，时空变化的特点，以及工程措施对我国沙化草原治理的效果。下面以宁夏进行的草原沙化遥感监测为例，对监测的结果进行概述。

一、宁夏草原沙化遥感监测方法等的概述

2012 年，选择宁夏具有代表性、草地沙化类型齐全并且草原分布比较集中的陶乐县、灵武市、盐池县、同心县、中宁县和中卫市为草原沙化监测区，这 6 个地县的草原类型较好地代表了宁夏的主要草原类型。将 6 个地县相临近的区域也有选择地纳入监测范围。

本监测基于 Landsat TM/ETM+遥感影像，结合 SPOT 更高分辨率遥感数据，在进行野外考察与调研的基础上，构建草地沙化分类体系，建立不同草地沙化等级类型的遥感解译标志，通过解译获取 1993 年、2000 年、2006 年和 2011 年共 4 期草地沙化等级的动态变化情况。首先对 Landsat TM/ETM+影像进行辐射定标、大气校正、图像增强、几何精校正（误差小于 0.5 个像元）、镶嵌、裁剪、色彩拉伸等处理。

参考 GB 19377—2003《天然草地退化、沙化、盐渍化的分级指标》国家标准的基础上，从遥感影像的可解译性及研究区具体状况出发，进一步建立了宁夏北部地区草地沙化程度分级的指标（表 12-3）。

表 12-3　宁夏北部地区草地沙化程度分级指标

分级	植物群落特征		裸沙面积占草地地表面积的百分比（%）	地形特征
	植被组成	草地总覆盖度（%）		
03111 轻度沙化草地	沙生植物成为主要伴生种	45～65	30～45	较平缓的沙地，固定沙丘
03112 中度沙化草地	沙生植物成为优势种	25～45	45～70	平缓沙地、小型风蚀坑或半固定沙丘
03113 重度沙化草地	植被很稀疏，仅存少量沙生植物	<25	>70	中、大型沙丘、大型风蚀坑，半流动沙丘或流动沙丘

为了保证草原沙化遥感解译标志的正确性及可靠性，通过野外考察和调查建立了解译标志，调查了大量的样地和土壤情况，采用线性光谱混合模型法，提取沙化的指标。利用野外考察验证点及 SPOT 影像分别对分类结果精度进行评价。野外考察点一共有 44 个，15 个点用于建立解译标志，另外 29 个点用于精度验证，分类精度为：82.8%。利用 SPOT 影像进行精度验证，首先随机在图上布置 50 个点，然后对这个 50 个点在 SPOT 影像上的类别进行目视解译，其中 46 个正确，精度为 92%。

二、宁夏北部草原沙化解译结果分析

1. 宁夏研究区草原沙化总体状况分析　通过野外考察、室内解译得到研究区 1993—2011 年 4 个时期的草原沙化分布图，结合研究区的实际情况，选择耕地、未沙化草地、轻度沙化草地、中度沙化草地、重度沙化草地、居民工矿交通用地、水域等 7 种土地覆盖类型。对解译结果进行统计，结果见表 12-4。

表 12-4　宁夏北部研究区 1993—2011 年草原沙化状况

土地类型	1993 年		2000 年		2006 年		2011 年	
	面积（千米^2）	比例（%）	面积（千米^2）	比例（%）	面积（千米^2）	比例（%）	面积（千米^2）	比例（%）
耕地	5 755.77	16.47	5 734.20	16.41	6 015.78	17.21	6 247.55	17.88
未沙化	20 433.60	58.46	20 247.88	57.93	19 904.57	56.95	19 325.96	55.30
轻度沙化	293.78	0.84	633.99	1.81	878.42	2.51	649.61	1.86
中度沙化	4 092.72	11.71	3 576.80	10.23	4 850.21	13.88	5 504.91	15.75
重度沙化	3 804.36	10.88	3 974.14	11.37	2 391.19	6.84	1 957.06	5.60
水域	233.68	0.67	264.77	0.76	284.24	0.81	313.90	0.90
居民工矿用地	337.34	0.97	519.07	1.49	626.43	1.79	951.57	2.72
各类草地小计	28 624.46	81.90	28 432.81	81.35	28 024.39	80.18	27 437.54	78.50
沙化草地小计	8 190.86	23.44	8 184.93	23.42	8 119.82	23.23	8 111.58	23.21
非草地类小计	6 326.79	18.10	6 518.04	18.65	6 926.45	19.82	7 513.02	21.50

1993 年，各类草地总面积为 28 624.46 千米²。其中，未沙化草地 20 433.60 千米²，占研究区土地总面积的 58.46%；轻度沙化草地面积为 293.78 千米²，占研究区土地总面积的 0.84%；中度沙化草地面积为 4 092.72 千米²，占研究区土地总面积的 11.71%；重度沙化草地面积为 3 804.36 千米²，占研究区土地总面积的 10.88%；其他土地覆盖类型综合 6 326.79 千米²，占研究区土地总面积的 18.10%。

2000 年，研究区草地总面积比 1993 年减少了 191.65 千米²，主要转为居民工矿交通建设用地（181.73 千米²），各类型草地：未沙化草地减少 185.72 千米²，轻度沙化草地增加 340.21 千米²，中度沙化草地减少 515.92 千米²，重度沙化草地增加 168.78 千米²，沙化草地总面积减少 5.93 千米²，其他土地覆盖类型共增加 191.25 千米²。

2006 年，研究区草地总面积比 2000 年减少 408.42 千米²。其中，未沙化草地减少 343.31 千米²，轻度沙化草地增加 244.43 千米²，中度沙化草地增加 1 273.41 千米²，重度沙化草地减少 1 582.95 千米²，三级沙化草地总面积减少 65.11 千米²，其他土地覆盖类型共增加 408.41 千米²，主要表现为耕地（281.58 千米²）和居民工矿交通用地（107.36 千米²）的增加。

2011 年，研究区草地总面积比 2006 年减少 586.85 千米²。其中，未沙化草地减少 578.61 千米²，轻度沙化草地减少 228.81 千米²，中度沙化草地增加 654.70 千米²，重度沙化草地减少 434.13 千米²，三级沙化草地总面积减少 8.24 千米²，其他土地覆盖类型共增加 586.57 千米²，主要表现为耕地（31.77 千米²）和居民工矿交通用地（325.14 千米²）的增加。

2. 草原沙化时间变化分析　为了更加深入地把握各个时期间草地的变化状况，对研究区 4 个时期的分类结果进行变化分析（表 12-5）。

表 12-5　1993—2000 年比例转移矩阵（比例：%）

2000 年	1993 年						
	耕地	未沙化草地	轻度沙化草地	中度沙化草地	重度沙化草地	水域	居民工矿用地
耕地	76.96	5.4	4.83	1.47	1.63	22.52	3.47
未沙化	16.64	93.7	6.11	0.72	0.34	34.96	0.76
轻度沙化	0.69	0.12	28.24	8.69	3.38	1.02	0.08
中度沙化	1.67	0.05	47.7	55.63	27.67	0.11	0.07
重度沙化	0.63	0.01	12.77	33.14	66.8	0.01	0.01
水域	1.11	0.47	0.04	0.01	0	40.74	2.42
居民工矿	2.3	0.24	0.3	0.33	0.18	0.64	93.18

从表 12-5 可知，1993—2000 年，1993 年，轻度沙化草地有 28.24%保持不变，有 47.7%的面积退化为中度沙化草地，12.77%的面积严重退化为重度沙化草地，另有

6.11%的面积逆转为未沙化草地；中度沙化草地有55.63%保持不变，有8.69%的面积逆转为轻度沙化草地，有33.14%的面积发展为重度沙化草地，仅有0.72%的面积明显逆转为未沙化草地；重度沙化草地有66.8%保持不变，有27.67%逆转为中度沙化草地，3.83%明显逆转为轻度沙化草地；未沙化草地有93.7%保持不变，1993—2000年间基本未发生变化。

综上，1993—2000年间草原沙化程度以减少为主；对于重度沙化，转为未沙化以及轻、中度沙化的面积比后三者转为重度沙化的面积小，说明1993—2000年间草原沙化程度以加重为主。所以，从面积统计数据看，1993—2000年，研究区整体上草原沙化程度呈发展态势，但不明显。

表12-6　2000—2006年比例转移矩阵（比例:%）

2006年	2000年						
	耕地	未沙化草地	轻度沙化草地	中度沙化草地	重度沙化草地	水域	居民工矿用地
耕地	86.35	4.4	5.21	0.89	0.61	14.05	9.15
未沙化	11.05	94.24	6.39	1.08	0.38	35.59	0.4
轻度沙化	0.42	0.16	30.58	13.71	3.44	0.35	0.01
中度沙化	0.93	0.1	52.44	69.86	48.94	0.01	0.1
重度沙化	0.15	0.01	4.55	14.21	46.38	0	0.03
水域	0.4	0.64	0.54	0.04	0.02	45.47	1.03
居民工矿	0.71	0.45	0.29	0.22	0.22	4.53	89.27

同样，对其他时期的各类土地和沙化草原的变动进行概括论述，由表12-6可知，在2000—2006年间，2000年度轻度沙化草地有30.58%保持不变，52.44%的面积发展为中度沙化草地，4.55%的面积发展为重度沙化草地；中度沙化草地有69.86%的面积保持不变，13.71%的面积逆转为轻度沙化草地，14.21%的面积发展为重度沙化草地；重度沙化草地有46.38%保持不变，分别有3.44%和48.94%的面积明显逆转或逆转为轻度沙化草地和中度沙化草地；未沙化草地有94.24%保持不变，有0.16%发展为轻度沙化草地，0.1%发展为中度沙化草地。

综上，2000—2006年间沙化程度以减轻为主；对于重度沙化，转为未沙化以及轻、中度沙化草地的面积要远大于由后三者转为重度沙化的面积，所以由重度沙化角度看，2000—2006年间，沙化程度以减轻为主；对于未沙化草地，转为三类沙化草地的面积要比三类沙化草地转为未沙化草地的面积略小，所以由未沙化草地角度看，2000—2006年，草原沙化程度基本呈逆转态势。从面积统计数据看，2000—2006年，研究区整体上草原沙化程度呈逆转趋势。

表 12-7 2006—2011 年比例转移矩阵（比例:%）

2011 年	2006 年						
	耕地	未沙化草地	轻度沙化草地	中度沙化草地	重度沙化草地	水域	居民工矿用地
耕地	84.15	4.7	4.51	0.47	0.33	22.21	18.57
未沙化	11.81	93.14	1.67	0.23	0.13	16.12	0.36
轻度沙化	0.64	0.24	33.82	5.15	0.67	0.29	0
中度沙化	0.97	0.19	56.07	80.26	42.78	0.13	0
重度沙化	0.06	0.02	2.58	12.7	54.84	0.02	0
水域	0.95	0.38	0.28	0.06	0.09	59.83	0.66
居民工矿	1.42	1.34	1.08	1.13	1.17	1.38	80.41

由表 12-7 可知，在 2006—2011 年，2006 年度，轻度沙化草地有 33.82%的面积保持不变，56.07%的面积发展为中度沙化草地，1.67%的面积逆转为未沙化草地；中度沙化草地有 80.26%的面积保持不变，12.7%的面积发展为重度沙化草地，分别有 5.15%的面积逆转为轻度沙化草地，0.23%的面积明显逆转为未沙化草地；重度沙化草地有 54.84%的面积保持不变，有 42.78%的面积逆转为中度沙化草地；未沙化草地有 93.14%的面积保持不变，分别有 4.7%与 1.34%转变为耕地与居民工矿交通建设用地。

由转移矩阵的分析可以得出，2006—2011 年：非草地与草地之间的变化集中在耕地和未沙化草地间的转变；沙化程度较轻的草地转为沙化程度较重的草地面积，大都比后者转为前者的面积小，说明研究区草原沙化在此时段内呈逆转趋势。

表 12-8 1993—2011 年比例转移矩阵（比例:%）

2011 年	1993 年						
	耕地	未沙化草地	轻度沙化草地	中度沙化草地	重度沙化草地	水域	居民工矿用地
耕地	80.17	6.46	5.84	1.28	1.88	44.98	19.68
未沙化	10.81	91.21	1.56	0.33	0.42	13.31	0.27
轻度沙化	0.37	0.15	22.61	7.53	5.86	0.29	0.11
中度沙化	2.28	0.09	64.04	74.85	55.28	0.14	0.07
重度沙化	0.42	0.02	4.52	14.43	34.84	0.02	0
水域	1.74	0.54	0.37	0.08	0.06	39.61	1.46
居民工矿	4.21	1.53	1.06	1.51	1.66	1.63	78.4

由表 12-8 可知，1993—2011 年，1993 年，轻度沙化草地有 22.61%的面积保持不变，64.04%的面积发展为中度沙化草地；中度沙化草地有 74.85%的面积保持不变，14.43%的面积发展为重度沙化草地；重度沙化草地有 34.84%的面积保持不变，有 55.28%的面积逆转为中度沙化草地。

由转移矩阵的分析可以得出，1993—2011 年：非草地与草地之间的变化集中在耕地和未沙化草地间的转变，且以未沙化草地转为耕地为主；沙化程度较轻的草地转为沙化程度较重的草地面积，大都比后者转为前者的面积小，说明研究区草原沙化在此时段内呈逆转趋势。

3. 草原沙化空间变化　为更加直观地反映研究区 3 个时间段草原沙化程度的变化状况及空间格局，将研究区两期间的草原沙化解译结果通过 ArcGIS 进行栅格运算，得到 1993—2000 年、2000—2006 年、2006—2011 年以及 1993—2011 年的草原沙化空间动态变化图。

前后两期均为非草地类型的作为“非草地”；前期为非草地，后期为草地的，作“非草地转为草地”；前期为草地，后期为非草地的，作为“草地转为非草地”；沙化程度增加为“发展”（如未沙化变轻度沙化、中度沙化草地变重度沙化草地等），沙化程度跨级增加为“严重发展”（如未沙化变中度或重度，轻度变重度等）；反之，沙化程度降低为“逆转”，跨级降低为“明显逆转”，草地沙化程度前后两期保持不变为“稳定”，非草地类包括耕地、水域以及居民工矿交通建设用地，草地包括：未沙化草地以及轻、中、重三级沙化草地。对运算得到的沙化空间变化图进行省略处理，仅保留简表和文字部分。

表 12-9　1993—2011 年研究区草地沙化程度发展趋势统计（面积：千米^2）

变化类型	1993—2000 年	2000—2006 年	2006—2011 年	1993—2011 年
明显逆转	171.17	190.47	30.26	252.29
逆转	1 426.71	2 475.88	1 287.85	2 416.36
稳定	24 046.8	23 616.29	24 038.12	23 091.71
发展	1 520.78	873.04	1 155.92	808.62
严重发展	50.47	51.4	65.15	36.55
非草地	5 109.52	5 700.72	6 065.91	5 494.11
草地转为非草地	1 408.51	1 225.73	1 447.11	2 018.91
非草地转为草地	1 217.26	817.32	860.54	832.68

由表 12-9 可知，1993—2000 年，沙化程度“明显逆转”的草原主要分布在盐池县东北部以及灵武县中东部；沙化程度“逆转”的草原主要散布在盐池县；沙化程度“发展”及“严重发展”的草原主要分布在盐池县西南部及灵武县东南部；同心县有大量草地转为非草地。

2000—2006 年，沙化程度发生“明显逆转”的草原主要分布在盐池县以及陶乐县县城附近地区以及灵武县中东部；沙化程度发生“逆转”的草地主要分布在盐池县中部；沙化程度“发展”的草地主要分布在盐池县北部。

2006—2011年，沙化程度发生“明显逆转”的草地主要分布在盐池县东北部；沙化程度发生“逆转”的草地主要分布在盐池县西南部以及灵武县南部；“发展”及“严重发展”的草地主要分布在盐池县西部及灵武县东部；“草地转为非草地”主要分布在灵武县北部，转移的草地多为工矿用地。

1993—2011年，沙化程度发生“明显逆转”的草地主要分布在盐池县东北部以及灵武县中部；沙化程度发生“逆转”的草地主要分布在盐池县东部以及灵武县中部；“发展”及“严重发展”的草地主要分布在盐池县西部及灵武县东部；“草地转为非草地”主要分布在灵武县北部、同心县东南部，转移的草地多为工矿用地和耕地。

第十三章
草原鼠虫害监测

草原有害生物本身是生态系统的组分，但它们大规模、高密度聚集时，会形成生物灾害，直接影响草原生态系统的第一性植物生产，极端情况下，可破坏全部植物地上部分，进而影响生态系统的第二性生产。目前，应用遥感等快速、准实时手段的监测实践中，较为成熟的是草原鼠虫害监测。我国草原上造成严重危害的鼠类主要有高原鼠兔、布氏田鼠、大沙鼠、达乌尔黄鼠、黄兔尾鼠、草原鼢鼠、高原鼢鼠、长爪沙鼠、子午沙鼠、草原兔尾鼠、达乌尔鼠兔等，造成严重危害的害虫有草原蝗虫（含亚洲小车蝗、意大利蝗、西伯利亚蝗、宽须蚁蝗、白边痂蝗、鼓翅皱膝蝗、毛足棒角蝗、宽翅曲背蝗、狭翅雏蝗、大垫尖翅蝗、红胫戟纹蝗等）、飞蝗（西藏飞蝗、亚洲飞蝗等）、草原毛虫、草地螟、白茨夜蛾和白茨叶甲等。

第一节　草原鼠虫害监测方法

一、技术路线

草原鼠虫灾害涉及的面积超过草原总面积的 1/4，空间上分布广阔，鼠害、虫害发生面积常年在 6 亿亩和 2 亿亩上下波动；有时在半个月至 1 个月内就可能爆发 1 次鼠虫害，因而需要利用遥感等时效性强、覆盖面广的手段在较短的时间内进行监测。鼠虫灾害多发地区处于过度利用、剧烈变化的草地生态系统，地形、土壤、植被、气候等自然因素和人为因素互相影响，关系复杂，需要标准化、系统论的指标与方法体系，保证监测工作的科学性、可靠性。

利用生态幅、生态位和种群消长等理论和模型，在收集历年鼠虫害发生数量和分布、区域气象、草原类型、土壤、地形等资料的基础上，通过不同时期的地面调查，监测鼠虫害典型区域不同时期的分布和发生情况；同时，结合遥感手段，监测地上生物量、地温、地表湿度等因子；进而评估鼠虫害区域分布状况，预测鼠虫病害的发展趋势、扩展区域或迁飞方向，通过经济与生态阈值模型分析预警可能的危害区域和程度，并对防治措施进行决策。

鼠虫害监测的对象是重要时间、地点（空间范围）的草原害虫害鼠的种类、种群结构、数量（密度）。为了掌握不同区域这些信息的空间分布情况，需要监测气象、地形、土壤、植被、其他动物（天敌等）等生态因子的空间分布状况，用生态幅原理间接估算鼠虫的分布。

二、技术流程

草原鼠虫害监测的一般流程见图 13-1。

具体来说，通过地面定位观测可以获取准确的鼠虫种群结构、密度和发育进度，可用于分析鼠虫发生发展规律及鼠虫发生与生态因子之间的关系。通过大范围的路线抽样调查，保证监测数据时效性的同时，及时掌握发育进度，获得 3S 技术监测预警所需的地面样本，并可粗略得到发生面积信息。利用遥感手段客观、全覆盖、及时、快速、可比性强等特点，以图像方式获取部分生态因子的空间分布状况，建立多元模型可估算出不同时期的地上生物量、土壤温度、土壤湿度，以图的方式描述这些因子的空间分布；并利用这些因子与鼠虫发生发展的相关特性，可估测、监测任意空间位置的鼠虫发生密度及可能性。利用地理信息系统描述鼠虫发生点或小片发生区（面）的种类、密度与生态因子的定性、定量特征，实现鼠虫空间分布描述的实体化、对象化；点、面结合，准确计算发生面积、密度；采用空间实体关系分析方法探究鼠虫的区域发生、发展规律。

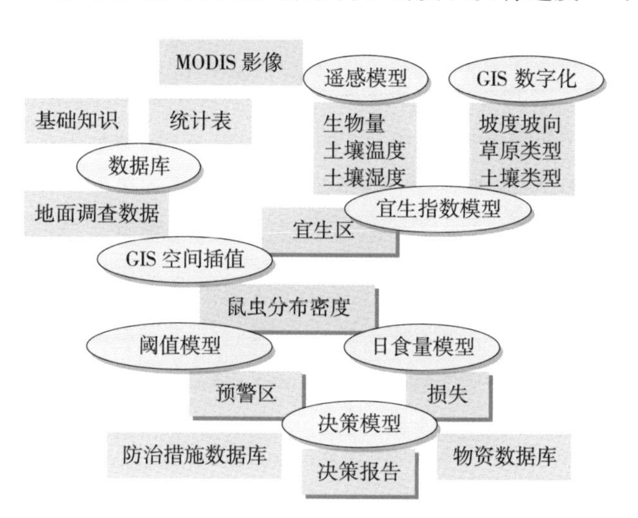

图 13-1 草原鼠虫害监测技术流程

三、采集处理的信息

1. 害虫害鼠基本知识　包括鼠虫病害的种类、科、属、拉丁名、形态特征、生态分布、地理分布、天敌、发育进度和不同生育期以及为害表现的照片等，既是鼠虫特征数据的资料库，也为地面调查提供测定、鉴别知识，可通过地面调查等手段动态更新、完善。

2. 地面调查和统计数据 包括野外定位观测和路线调查获得的鼠虫种类、面积、密度等样点信息，统计监测机构采集的鼠虫危害情况、防治情况及经费使用等统计数据。

3. 专题图件 包括草原类型、土壤类型、海拔高度、坡向、坡度、地上生物量、气温、积温、降水量、土壤温度、土壤湿度等数字图件。

四、划分害虫害鼠宜生区

宜生指数是某个或几个生态因子对某种（类）草原鼠虫生长发育和种群发展的影响程度的量化值，应用生态幅和生态位原理量化分析害虫害鼠的时空分布。对于草原害虫害鼠，具有相同或相似的生态环境，适于其生长发育并形成一定种群数量，可能形成为害的区域称为宜生区，通过建立宜生指数模型划分宜生区可以确定草原鼠虫常发和潜在发生的范围，可参考《草原蝗虫宜生区划分与监测技术导则》（GB/T 25875—2010）。

具体来说，根据草原鼠虫种群数量和为害次数对草原鼠虫发生程度进行量化（表13-1），量化范围为0～5，数值越大表示草原鼠虫发生程度越严重。同时，依据不同生态因子对草原鼠虫发生的影响程度，对各项生态因子地面抽样数据进行量化，定性数据分属性量化，定量数据分区间量化，并按照量化方法生成各生态因子的量化栅格图。利用地面抽样数据，使用多元回归等方法，建立生态因子和草原鼠虫发生程度量化数据间的宜生指数模型，应用宜生指数模型进行栅格图空间运算，生成宜生指数图。之后，将不同宜生指数区间划分为不同等级的宜生区，分级标准见表13-2。监测实践中，首先需要划定主要害虫害鼠的常年宜生区。

表 13-1 草原鼠虫害发生程度量化值

草原鼠虫发生情况	发生程度量化值
未见	0
有分布，从未形成为害	1
近20年中有1个年份形成为害	2
近10年中有1～2个年份形成为害	3
近10年中有3～4个年份形成为害	4
近10年中有5个年份（含）以上形成为害	5

表 13-2 草原鼠虫宜生区分级

宜生区名称	宜生区分级标准 宜生指数 IH	草原鼠虫宜生区特征说明
一级宜生区	IH<2	很少有鼠虫分布，不会形成为害
二级宜生区	2≤IH<3	具备鼠虫生长发育的主要条件，是鼠虫潜在为害的区域
三级宜生区	3≤IH<4	适合鼠虫生长发育，是时有鼠虫为害的区域
四级宜生区	IH≥4	非常适合鼠虫生长发育，是鼠虫经常为害的区域

五、监测预警

草原鼠虫害监测的重要目标是在灾害发生之前，采用模型方法模拟的灾害可能发生区域，即预警区。根据灾害可能危害程度分为四级：Ⅰ级预警（红色）区为即将暴发特别严重危害、先期处置未能有效控制事态、需要国家动员社会力量应急响应的区域；Ⅱ级预警（橙色）区为当年宜生指数 IH≥4、越冬基数高、非常适合该种害鼠害虫生长发育、极有可能形成严重危害、需要重点监测并做好防治准备的区域；Ⅲ级预警（黄色）区为当年宜生指数 3≤IH<4、越冬基数较高、适合该种害鼠害虫生长发育、可能形成危害、需要重点监测的区域；Ⅳ级预警（蓝色）区为当年宜生指数 2≤IH<3、有害鼠害虫越冬、具备害鼠害虫生长发育的主要条件、存在潜在危害、需要村级草原植保员定期调查的区域。

综合野外调查样本数据、统计资料、主要害虫害鼠常年宜生区，应用生态学种群消长的原理和模型，进行草原鼠虫害监测预警，过程见图 13-2。第 1 步，以害虫害鼠常年宜生区、历史发生分布图和当年样点调查数据为基础，结合气候条件和其他生态因子，评估草原鼠虫病害的发生面积、发生密度，形成区域分布现状图（当年宜生指数图）；第 2 步，预测未来一段时间内鼠虫病害的发育进度和扩展方向，形成区域分布预测图；第 3 步，对鼠虫病害发生密度进行分级，根据经济阈值模型和生态阈值模型，预警危害的范围和面积，形成鼠虫病害危害预测图；第 4 步，根据鼠虫病害发生种类、发生规律资料决策防治方法，提出使用何种防治方法（生物防治、化学防治、生态治理等），决定使用何种药剂、设备及数量，生物防治、生态治理的基本方案等。涉及的主要专家模型包括：

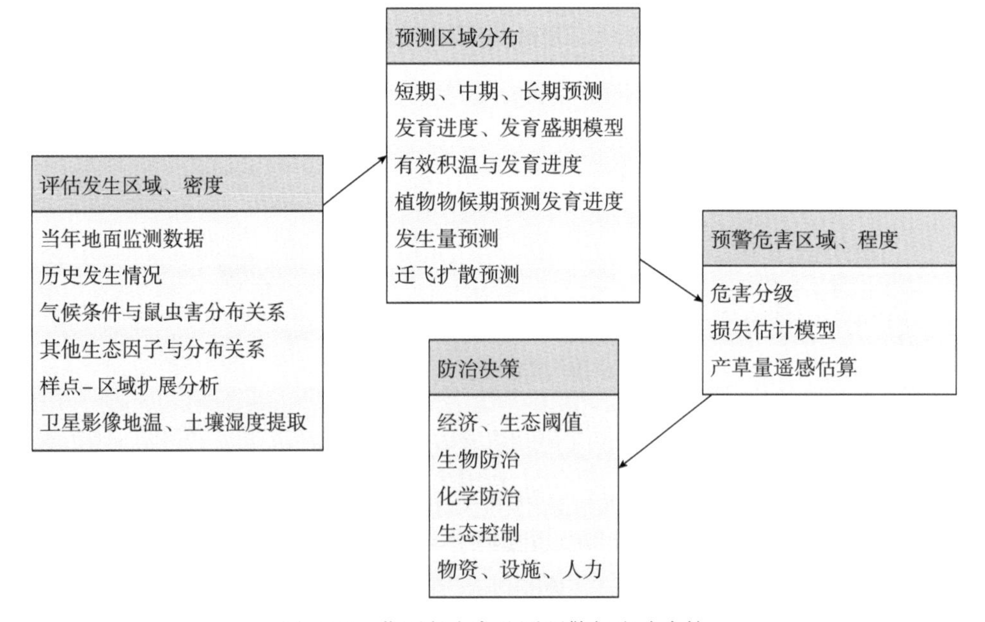

图 13-2　草原鼠虫害监测预警与防治决策

1. 评估发生区域、密度 包括鼠虫病害历史发生加权汇总模型，鼠虫病害分布与气候条件关系模型，鼠虫病害分布与其他生态因子关系模型，样点-区域扩展分析模型，卫星影像地温、土壤湿度模型。

2. 预测区域鼠虫病害分布 预测时期分为短期预测（不超过 20 天）、中期预测（20 天至 3 个月）、长期预测（3 个月以上）。包括发育进度模型，发育盛期预测模型，有效积温发育进度模型，植物物候期预测模型，发生量预测模型，迁飞扩散预测模型。

3. 预警危害区域、程度 包括鼠虫病害危害分级模型，损失估计模型，卫星影像草原生产力模型。

4. 防治决策 包括经济阈值模型，生态阈值模型，不同种类、密度的防治措施决策，物资调配模型，设备、药剂数量模型等。

第二节　草原鼠虫害监测案例

为科学、准确预测 2015 年草原鼠虫害发生动态，由农业部畜牧业司负责，全国畜牧总站具体组织实施了草原鼠虫害监测预警工作。河北、山西、内蒙古、辽宁、吉林、黑龙江、贵州、广西、重庆、四川、云南、西藏、陕西、甘肃、青海、宁夏、新疆等省（自治区、直辖市）和新疆生产建设兵团草原技术推广机构参加数据采集调查等工作。2014 年 8 月以来，全国畜牧总站组织各级草原技术推广机构，开展了草原鼠害、病虫害和毒害草危害现状、越冬情况调查，取得了 9 478 个样点数据。在此基础上，按照主要生物灾害发生发展规律，预测了 2015 年不同种（类）草原生物灾害危害面积，并利用 3S 技术和模型方法，预测了 2015 年主要草原害鼠、害虫危害的重点区域及程度。

一、草原鼠害

1. 主要草原害鼠宜生区 通过分析草原害鼠生长发育、种群发展与草原类型、土壤类型、地上生物量、海拔高度、坡度、坡向、年平均气温、年平均降水量等生态因子间的关系，建立了高原鼠兔、高原鼢鼠、草原鼢鼠、布氏田鼠、大沙鼠、黄兔尾鼠、达乌尔黄鼠等 7 种（类）主要草原害鼠宜生指数模型，经过空间运算划分出宜生区约 9 600万公顷（图 13-3）。

2. 近 10 年草原鼠害发生与防治情况 2005—2014 年，草原鼠害年均危害面积 3 780万公顷（图 13-4）。2014 年，危害面积 3 480 万公顷，防治 707 万公顷，其中持续巩固 331 万公顷、当年应急防控 374 万公顷，防治面积比例为 20.3%。从整体上看防治面积比例低，害鼠种群数量依然较大，鼠害大范围、高密度发生的条件仍在。

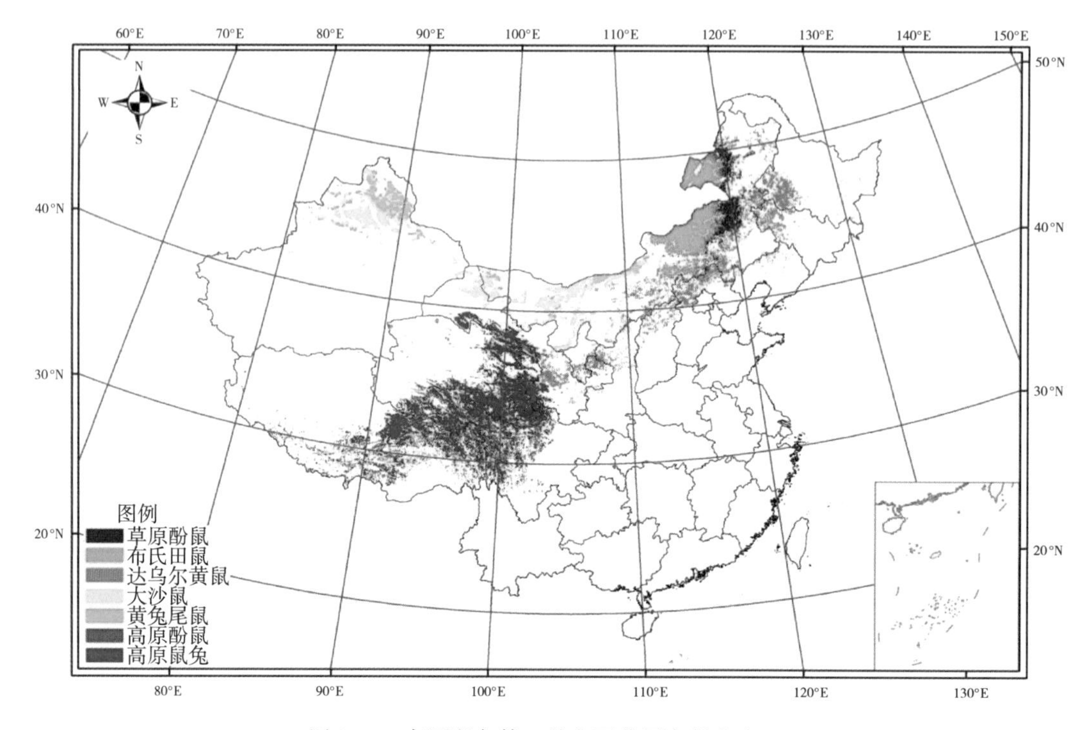

图 13-3 高原鼠兔等 7 种主要草原害鼠宜生区

3. 2015 年草原鼠害预测危害面积 结合上年防治情况，综合分析 3 411 个样点数据、生态因子和气象条件，预计 2015 年草原鼠害危害面积 3 287 万公顷，占宜生区面积的 34.2%，较上年减少 5.6%。其中，高原鼠兔预计危害面积 1 447 万公顷，较上年减少 3.1%；高原鼢鼠预计危害面积 316 万公顷，较上年减少 7.8%；大沙鼠预计危害面积 324 万公顷，与上年持平；草原鼢鼠、黄兔尾鼠、黄鼠类、布氏田鼠等 4 种（类）主要害鼠预计危害面积为 489 万公顷，较上年增加 21.1%；其他害鼠预计危害面积约 667 万公顷，较上年减少 27.4%。

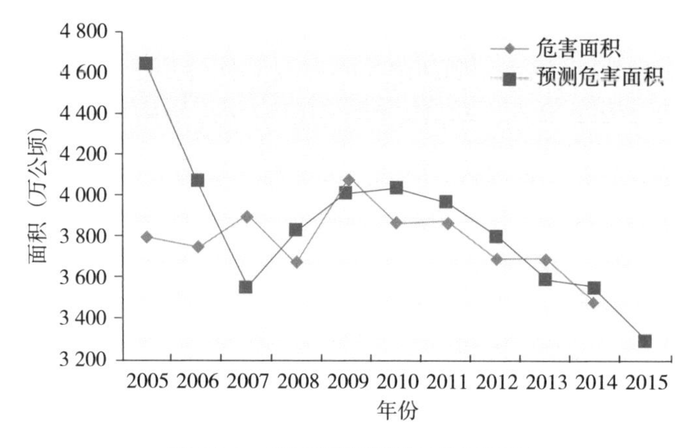

图 13-4 草原鼠害预测与危害面积

4. 2015 年主要草原害鼠预警区 综合 2014 年草原地上生物量、鼠害发生情况和冬季气象条件，在高原鼠兔、高原鼢鼠、布氏田鼠、大沙鼠、黄兔尾鼠、黄鼠类、草原鼢鼠等 7 种（类）草原害鼠宜生区基础上，划分出 2015 年主要草原害鼠预警区（图 13-5）。其中，Ⅱ级预警区 1 107 万公顷、Ⅲ级预警区 1 520 万公顷、Ⅳ级预警区 1 773 万公顷。

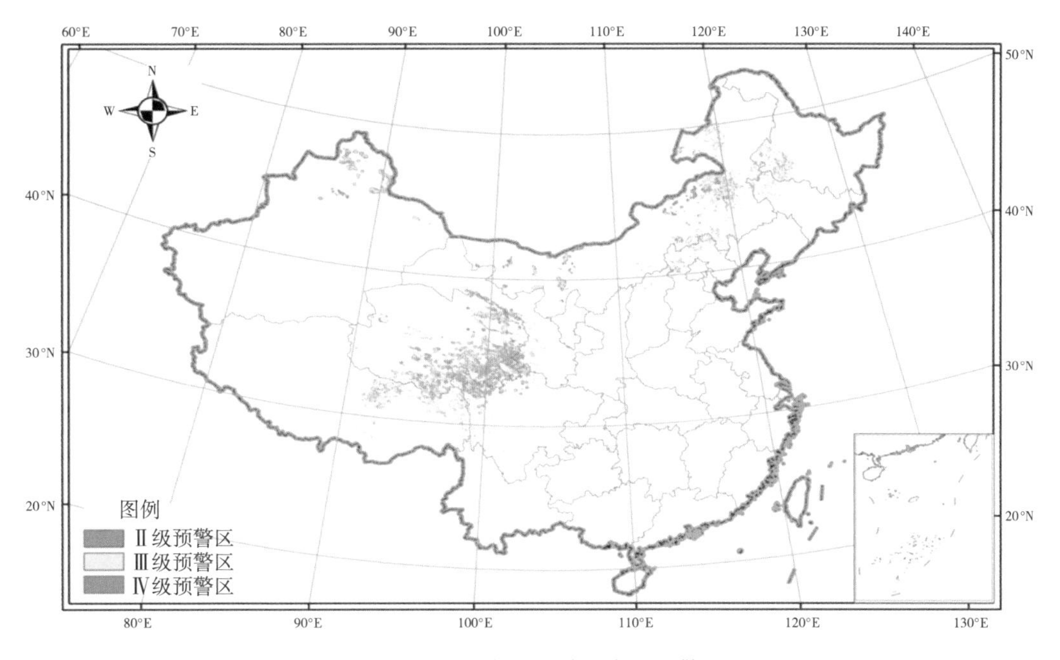

图 13-5　2015 年主要草原害鼠预警区

（1）高原鼠兔　草原害鼠中，高原鼠兔危害最为严重，造成大量鼠荒地（也称黑土滩，图 13-6）。预计 2015 年高原鼠兔Ⅱ级预警区 611 万公顷、Ⅲ级预警区 873 万公顷、Ⅳ级预警区 601 万公顷（图 13-7）。Ⅱ级预警区集中在青海玉树藏族自治州东部、海西蒙古族藏族自治州东部、果洛藏族自治州（以下简称果洛州）东南部、海南藏族自治州（以下简称海南州）大部、海北藏族自治州（以下简称海北州）中部和西北部，四川甘孜藏族自治州（以下简称甘孜州）西北部、阿坝藏族羌族自治州（以下简称阿坝州）北部，西藏阿里地区东南部，那曲地区中部、日喀则地区西部及甘肃甘南藏族自治州（以下简称甘南州）西部、张掖市南部。

图 13-6　鼠荒地

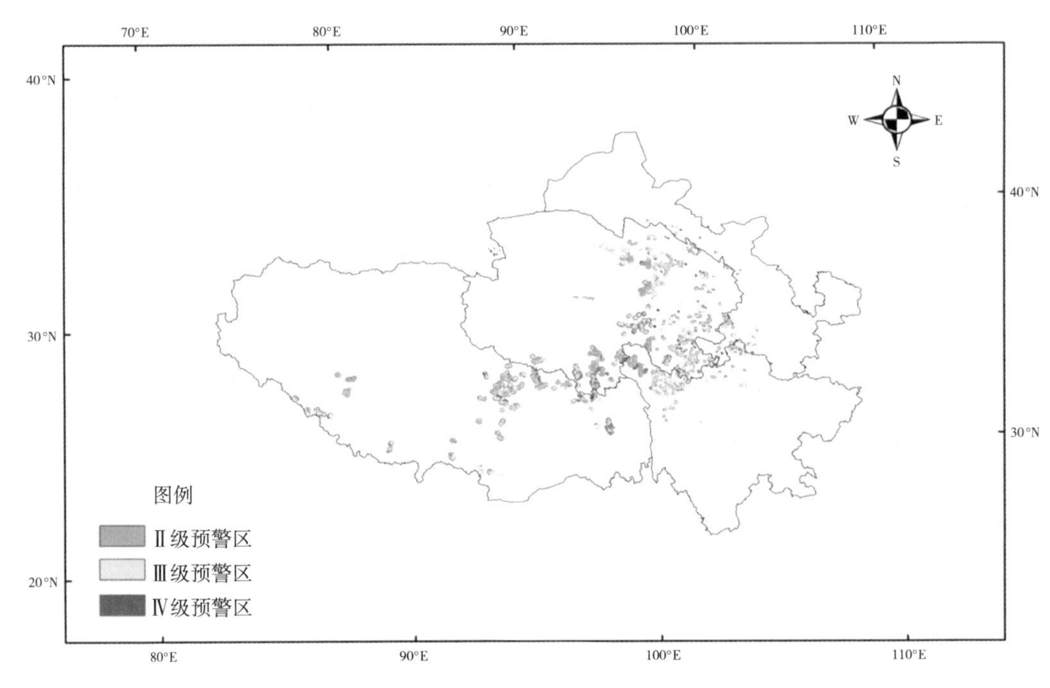

图 13-7　2015 年高原鼠兔预警区

（2）高原鼢鼠　预计 2015 年高原鼢鼠Ⅱ级预警区 126 万公顷、Ⅲ级预警区 201 万公顷、Ⅳ级预警区 381 万公顷（图 13-8）。Ⅱ级预警区集中在青海海东地区西北部和东

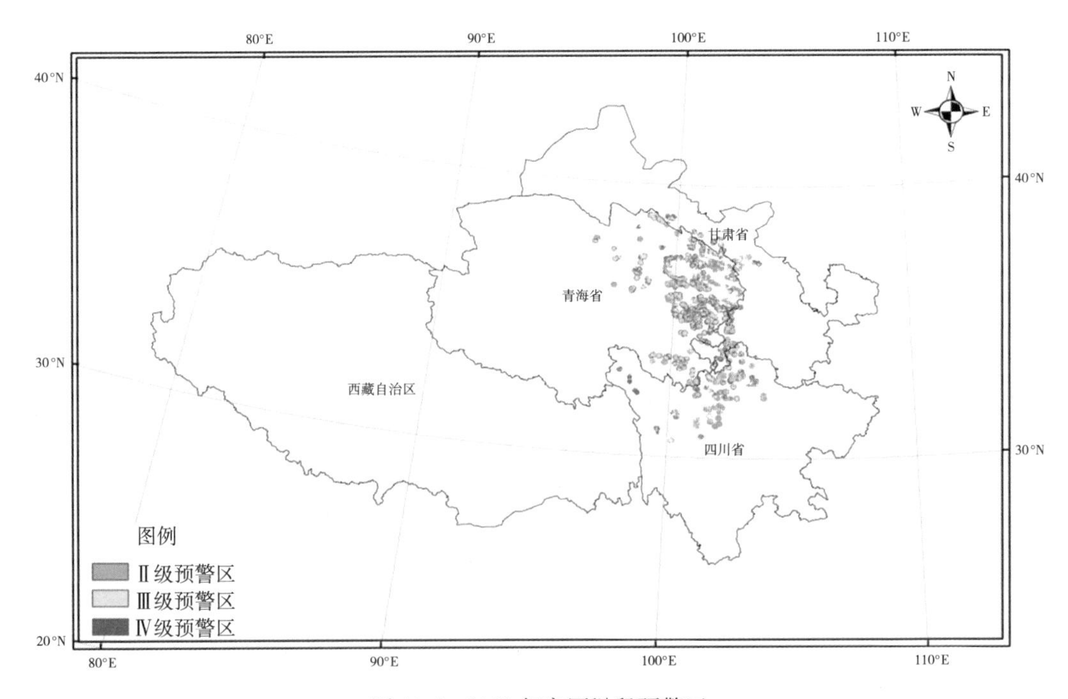

图 13-8　2015 年高原鼢鼠预警区

部，海南州西北部、果洛州中部、海北州中部，四川阿坝州北部、甘孜州中北部，甘肃甘南州西部、张掖市和武威市南部。

（3）大沙鼠　预计2015年大沙鼠Ⅱ级预警区139万公顷、Ⅲ级预警区192万公顷、Ⅳ级预警区278万公顷（图13-9）。Ⅱ级预警区集中在新疆昌吉回族自治州西北部和阿勒泰地区南部，内蒙古阿拉善盟北部和西部，甘肃酒泉市东北部。

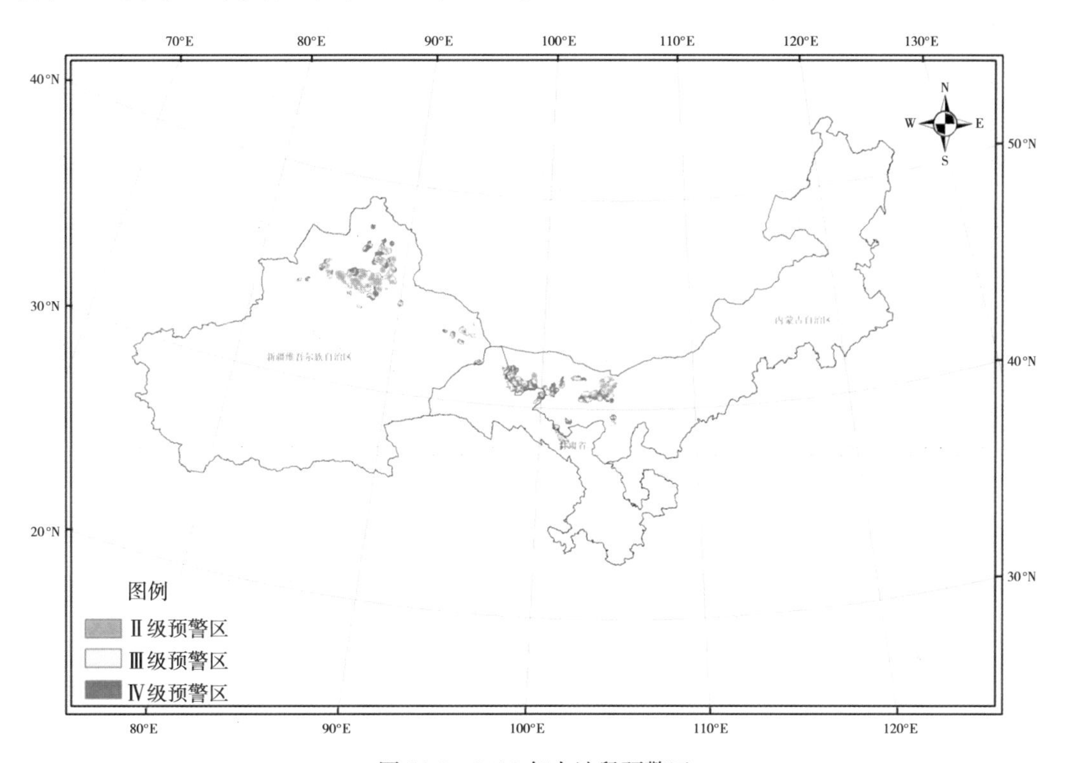

图13-9　2015年大沙鼠预警区

（4）其他主要草原害鼠　预计2015年黄鼠类、草原鼢鼠、黄兔尾鼠、布氏田鼠4种（类）主要草原害鼠Ⅱ级预警区228万公顷、Ⅲ级预警区251万公顷、Ⅳ级预警区515万公顷（图13-10）。Ⅱ级预警区主要集中在新疆阿勒泰地区，内蒙古呼伦贝尔市西部、锡林郭勒盟中部和南部、乌兰察布市南部、通辽市东南部，河北、陕西、山西北部，黑龙江、吉林西部，辽宁西南部。

二、草原虫害

1. 主要草原害虫宜生区　通过分析草原害虫生长发育、种群发展与草原类型、土壤类型、地上生物量、海拔高度、坡度、坡向、年平均气温、年平均降水量、≥10℃有效积温等因子间的关系，建立了亚洲小车蝗、蚁蝗和痂蝗、意大利蝗、西伯利亚蝗、大垫尖翅蝗、草原毛虫、西藏飞蝗7种（类）草原害虫宜生指数模型，经过空间运算划分出宜生区约6 800万公顷（图13-11）。

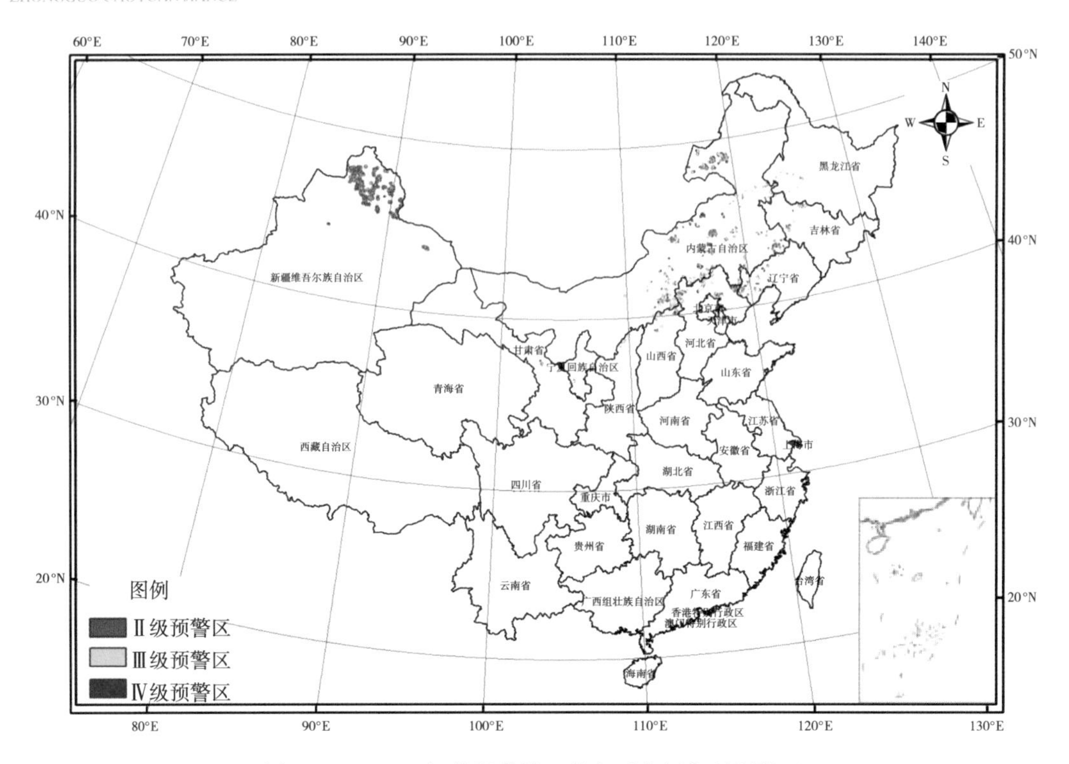

图 13-10 2015 年黄鼠类等 4 种主要草原害鼠预警区

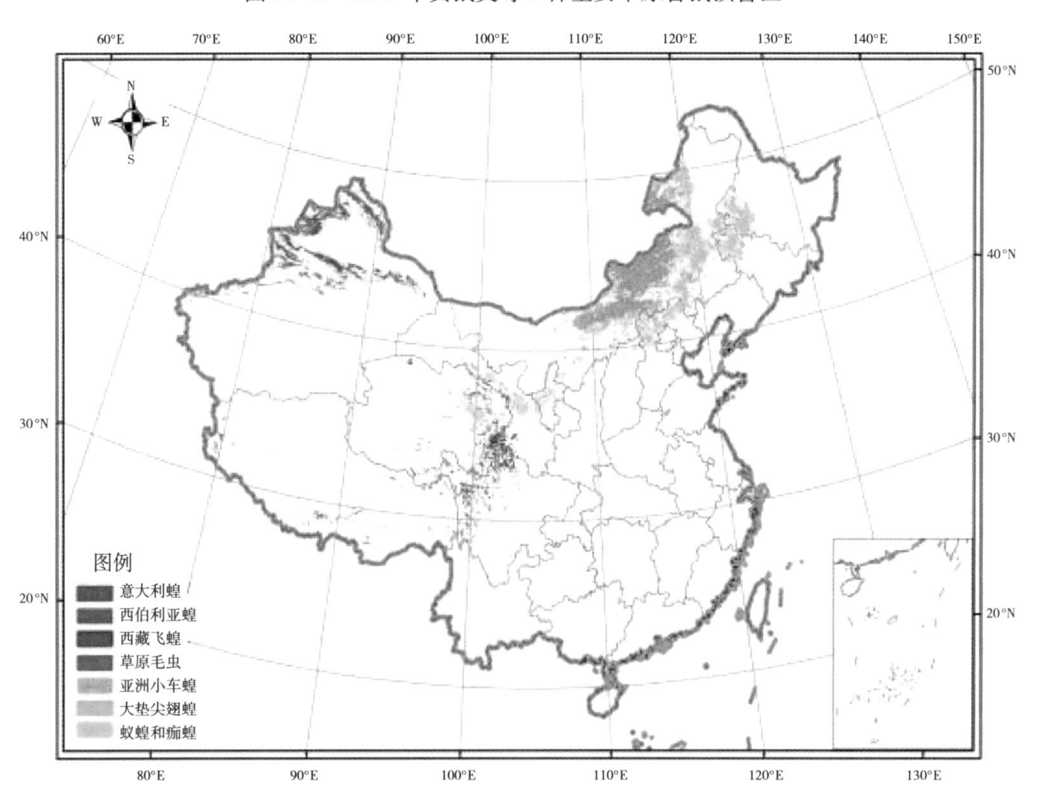

图 13-11 亚洲小车蝗等 7 种（类）主要草原害虫宜生区

2. 近 10 年草原虫害发生与防治情况 2005—2014 年，草原虫害年均危害面积 1 833万公顷。2014 年，危害面积 1 387 万公顷。其中，草原蝗虫危害面积 953 万公顷，草原毛虫危害面积 124 万公顷（图 13-12）。全年防治草原虫害 486 万公顷，防治面积比例 35.0%，防治比例偏低，草原虫害基数仍处于较高水平。

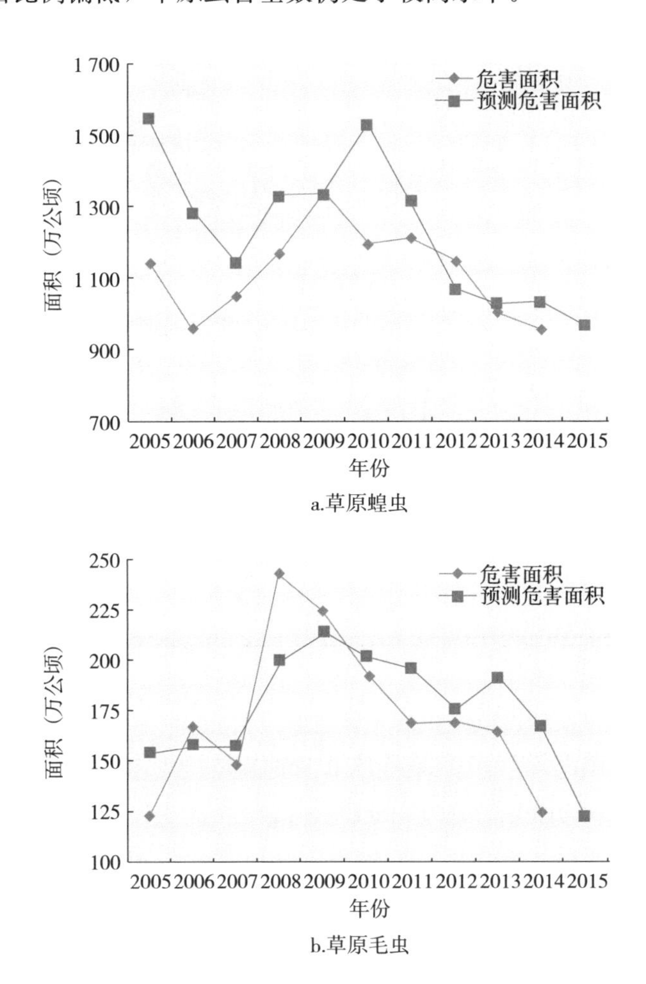

图 13-12 2005—2015 年草原蝗虫和草原毛虫危害与预测面积

3. 2015 年草原虫害预测危害面积 结合上年防治情况，综合分析 4 172 个样点数据、生态因子和气象条件，预计 2015 年草原虫害危害面积 1 420 万公顷，占宜生区面积的 20.9%，较上年增加 2.5%。其中，草原蝗虫预计危害面积 967 万公顷，较上年增加 0.9%；草原毛虫预计危害面积 122 万公顷，较上年减少 1.6%；西藏飞蝗预计危害面积 8 万公顷，与上年持平，但局部存在高密度发生的可能；其他害虫预计危害面积 337 万公顷，较上年增加 9.2%。

4. 2015 年草原害虫预警区 综合 2014 年草原地上生物量、虫害发生情况和冬季气象条件，在 7 种（类）主要草原害虫宜生区的基础上，划分出 2015 年草原蝗虫、草原毛虫和西藏飞蝗预警区域（图 13-13）。其中，Ⅱ级预警区 531 万公顷、Ⅲ级预警区 584 万公顷、Ⅳ级预警区 960 万公顷。

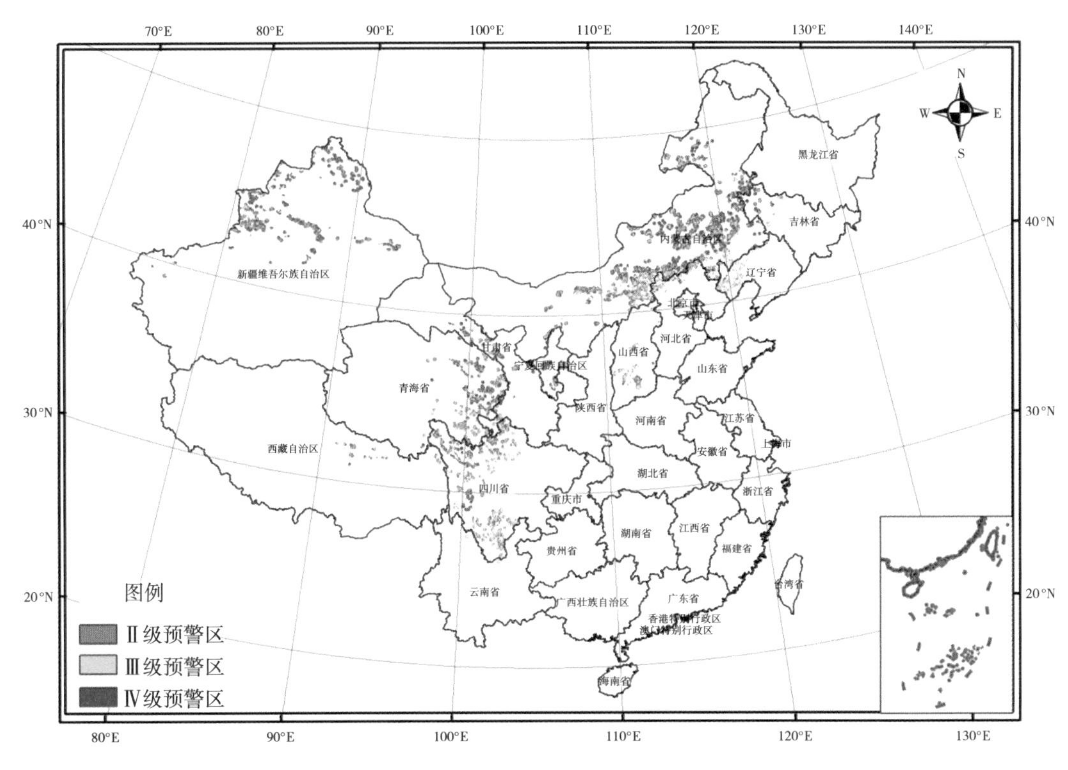

图 13-13　2015 年主要草原害虫预警区

（1）草原蝗虫　预计 2015 年草原蝗虫Ⅱ级预警区 462 万公顷、Ⅲ级预警区 504 万公顷、Ⅳ级预警区 820 万公顷（图 13-14）。Ⅱ级预警区主要分布在内蒙古的锡林郭勒盟、兴安盟、通辽市、乌兰察布市、赤峰市、呼伦贝尔市和包头市，新疆的阿勒泰地区、塔城地区、伊犁哈萨克自治州和博尔塔拉蒙古自治州（以下简称博尔塔拉州），甘肃的武威市和张掖市，青海的海南州和海北州，四川的阿坝州和甘孜州，宁夏的吴忠市和中卫市以及河北北部，山西中部，黑龙江、辽宁和吉林西部地区。

（2）草原毛虫　预计 2015 年草原毛虫Ⅱ级预警区 65 万公顷、Ⅲ级预警区 67 万公顷、Ⅳ级预警区 116 万公顷（图 13-15）。Ⅱ级预警区主要集中在青海果洛州东部、黄南藏族自治州南部、海北州南部，四川阿坝州北部和西部、甘孜州北部，甘肃甘南州西部、张掖市南部，西藏那曲地区东部等。

（3）西藏飞蝗　预计 2015 年西藏飞蝗Ⅱ级预警区 4 万公顷、Ⅲ级预警区 13 万公顷、Ⅳ级预警区 25 万公顷（图 13-16）。Ⅱ级预警区主要集中在四川甘孜州境内的雅砻江流域和金沙江流域。另外根据气象部门预报，2015 年西藏地区气温较往年偏高，有利于西藏飞蝗的发生，应加强宜生区的虫情监测。

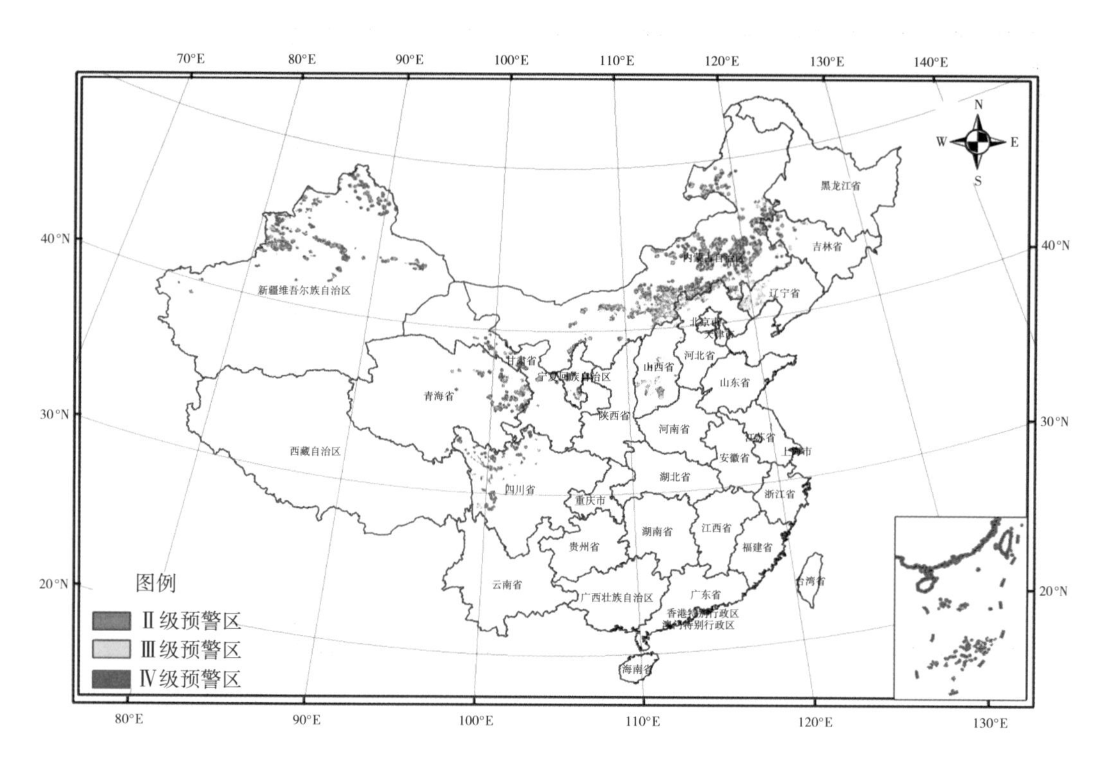

图 13-14　2015 年草原蝗虫预警区

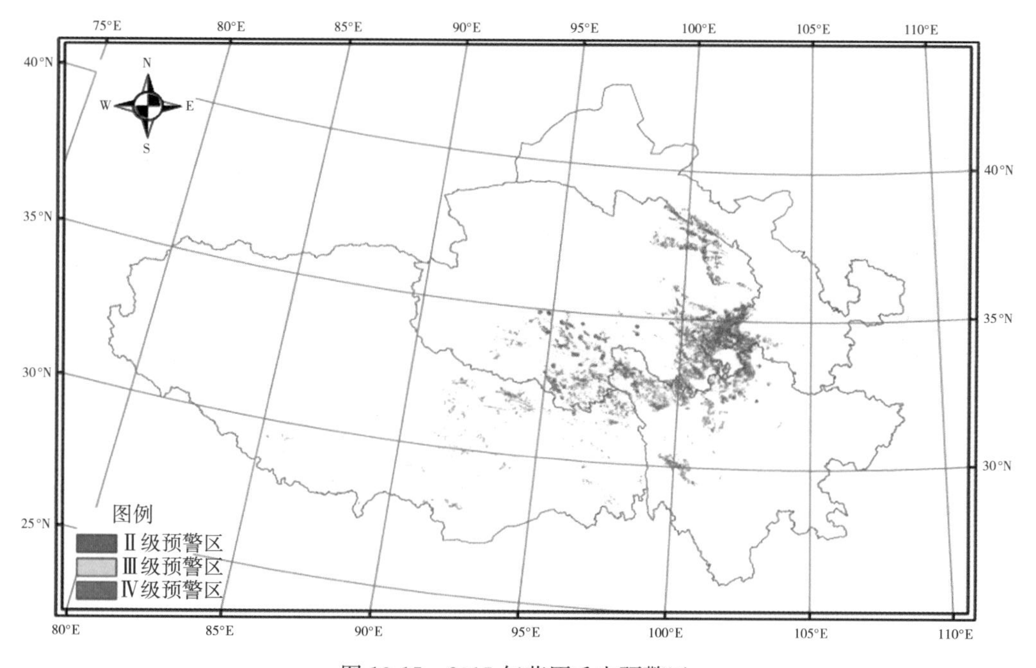

图 13-15　2015 年草原毛虫预警区

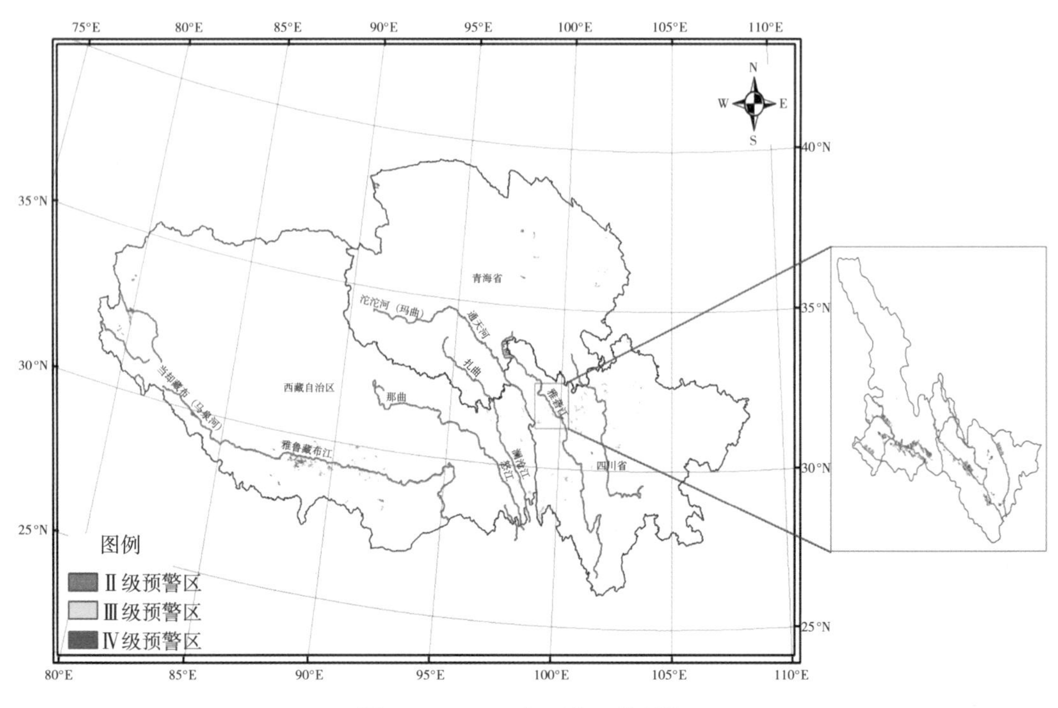

图 13-16　2015 年西藏飞蝗预警区

（4）亚洲飞蝗　亚洲飞蝗滋生地主要集中在哈萨克斯坦的斋桑湖、阿拉湖和巴尔喀什湖 3 个湖区（图 13-17）。巴尔喀什湖地区是哈萨克斯坦最大的亚洲飞蝗滋生地，距我国新疆博尔塔拉州最近点 210 千米；阿拉湖距新疆塔城地区不足 20 千米；斋桑湖距离我国边境线约 70 千米。亚洲飞蝗曾多次从上述 3 个滋生地迁入我国新疆阿勒泰、塔城、博尔塔拉等地为害。

图 13-17　境外亚洲飞蝗滋生地 Landsat TM 遥感影像

遥感监测结果显示，2014 年斋桑湖、阿拉湖、巴尔喀什湖水面面积较 2013 年分别增加 1.9%、0.2%和 0.3%，较近年平均水面面积有所增加，亚洲飞蝗的滋生地滩涂面积减少，使亚洲飞蝗适宜产卵地减少，在一定程度上降低了亚洲飞蝗成灾可能性、迁入为害的可能性。但是，7月中旬前后，新疆阿勒泰、塔城地区和博尔塔拉州仍须密切注视境外飞蝗动态。

(5) 其他害虫　预计2015年叶甲类、草地螟等其他草原害虫危害面积337万公顷。其中，叶甲类危害面积211万公顷，较上年增加10%，内蒙古中东部、新疆北疆沿天山一带较严重；草地螟危害面积39万公顷，有较大不确定性，华北东北农牧交错带应密切关注。

三、防控对策建议

1. 加强监测预警　要密切监测草原害虫、害鼠动态，特别是加强对Ⅲ级以上预警区的常年观测和对Ⅱ级预警区的重点监测。重点关注4～6月的气象状况、牧草返青情况、害虫害鼠自然死亡率等，如第一代害鼠繁殖后牧草充足且无鼠间疫病传播，4～5月草原蝗虫Ⅱ级预警区有适量降雨，应缩短调查时间间隔，扩大调查范围，及时发现灾情并组织防控。7月要密切注意境外亚洲飞蝗迁入情况，防止“入境蝗虫二次迁飞”。

2. 做好物资准备　各地要建立健全指挥机构，落实属地管理责任，完善应急响应机制，提前制订防治方案，细化实化防治措施。防治季节前完成物资储备、组织动员、机械维修、飞机调度、技术培训等工作，确保防治工作适时开展。特别是Ⅱ级预警区域，要根据灾害发生特点，细化防治方案，优化技术措施、做好技术服务与督导检查，扎实推进防治工作。

3. 加大防治投入　2015年，主要草原鼠、虫害Ⅱ级预警区分别为1 107万公顷和531万公顷，按照每亩因灾损失鲜草30千克、每千克0.3元计算，因灾损失折合约22.1亿元。如对Ⅱ级预警区进行全面防治，按照当前鼠虫害防治成本每亩次5元计算，共需资金12.3亿元，投入产出比约为1∶1.8。目前，中央财政草原鼠害、虫害防治补助经费分别为3 000万元和1亿元，经费缺口明显，鼠害经费尤其严重不足。建议中央财政提高补助额度和标准，加大防治比例；同时尽快启动草原毒害草和牧草病害防治补助专项，全面推进草原生物灾害防控工作。

4. 加强生物防治　大力推广应用生物制剂和植物源农药，减少化学农药使用量。保护鸟类、狐狸等天敌，提高生态系统自我修复能力。努力扩大牧鸡牧鸭治蝗规模，进一步推动牧区减灾增收。积极开展鼠虫害防治新生物农药筛选和新技术试验，做好技术储备。总结推广创建生物防治示范县的经验，强化示范作用。

5. 强化科技支撑　建议围绕重点草原生物灾害种类的种群变动、灾变规律、药剂筛选和防治新技术等方面开展研究，强化科技支撑能力，推进关键技术突破与成果转化。建议将基层防治人员技术培训纳入“阳光工程”，开展多形式、多渠道、多层次的技术培训，提高防治技术普及率，提升科学防治水平。

6. 启动基本建设项目 建议按照《国务院关于促进牧区又好又快发展的若干意见》（国发〔2011〕17 号）的要求，尽快启动《草原防灾减灾工程建设规划（2014—2020 年）》，强化草原生物灾害防治基础设施建设，完善测报网络体系，建立应急物资储备机制，推进专业化统防统治，全面提升监测预警、综合治理与应急防控的能力，提高防治效率、效果和效益。

第十四章 草原火情监测

草原火灾是指在失控条件下发生发展，并给草地资源、畜牧业生产及其生态环境等带来不可预料损失的草地可燃物（牧草枯落物、牲畜粪便等）的燃烧行为。草原火情监测可为掌握和扑灭草原火灾提供重要依据。草原火情监测方法可分为两种，一种是地面人工观测的常规手段；另一种是利用卫星遥感技术监测草原火情。由于大部分草原地广人稀，在偏远地区发生的草原火很难被人及时发现。同时，草原地势宽广坦平，火灾发生后往往迅速扩大成片，发展成数十甚至上百千米长的火线，用常规手段无法观测掌握大范围草原火场全貌。另外，我国北方有上万千米的边境线两侧均为草原，境外地区靠近我国边境处经常发生草原火，对我国草原防火工作产生很大影响，而常规地面观测技术无法对境外火进行有效监测。

卫星遥感具有视野宽广，观测频次较密，对地面高温热源敏感的特点，可以用于监测全国范围的草原火情，在草原火灾监测中发挥重要作用。20 世纪 80 年代后期以来，中国气象局国家卫星气象中心一直利用气象卫星为农业部提供卫星遥感全国草场火情监测业务服务，每天监测全国范围的草场火情，将火情信息及时传送至草原防火指挥部，对近些年的历次草场大火均进行了有效的监测。

第一节 技术流程与方法

一、卫星监测火灾原理

卫星遥感草原火情的原理主要基于气象卫星等遥感卫星的中红外通道对草原火等高温目标的异常敏感特性。根据维恩位移定律：黑体温度 T 和辐射峰值波长 λmax 成反比，即温度越高，辐射峰值波长越小，常温（约 300 开）地表辐射峰值波长在气象卫星远红外通道波长范围（10.3～12.5 微米），林火燃烧温度一般在 550 开以上，其热辐射峰值波长靠近气象卫星中红外通道波长范围（3.5～4.5 微米）。

当观测像元覆盖范围内出现火点时，由于火点处辐射率急剧增高（草原火的燃点均在 500 开以上，燃烧温度可达 800 开以上），即便火点面积远远小于像元分辨率，仍将引起含有火点的中红外通道像元亮温增量迅速增高，并明显高于周边背景像元，而远红外通道火点像元亮温也有所增高，但远低于中红外波段，因而远红外通道火点像元亮温与背景像元亮温差异一般远没有中红外波段通道明显。从这一差异可以分析提取草原火等火点信息。太阳辐射在云区的反射有时也会引起中红外通道的辐亮度异常增大，通过可见光、远红外通道信息可以有效地识别云区，排除云区的干扰。太阳耀斑（主要在水体）将引起中红外通道的辐亮度异常增大，从而干扰对火点的判识，通过参考太阳耀斑角信息，可以有效排除太阳耀斑的干扰。

中红外通道可以探测到远小于其像元分辨率的火点（可仅占其像元覆盖面积的万分之几）。而在日常火情监测中，有可能监测到数个或数十个含有火点的像元。如果以像元分辨率表示明火区面积，则明显夸大了明火的实际面积。利用火场在中红外通道和远红外通道中不同点热辐射增量幅度，可以估算亚像元火点面积和温度，提供反映草原火点强度的有关信息。

草原火灾发生后，将直接破坏草场的覆盖状况，引起过火区在可见光、近红外波段的光谱特征发生明显变化。利用火灾发生前后的卫星遥感植被指数信息变化可估算过火区的范围和面积，归一化差植被指数 NDVI 对植被变化有明显反映，可用于判断过火区像元。

二、监测技术流程

卫星遥感草原火情监测主要包括卫星遥感数据接收和预处理、草原火点监测、过火区监测、火情监测产品制作、火情监测信息传送等技术环节（图 14-1）。

三、技术方法

1. 卫星数据源 我国卫星遥感草原火情监测主要使用具有中红外、远红外、近红外、可见光等波段的卫星数据，包括我国风云极轨气象卫星（包括风云一号 C/D 星，风云三号 A/B/C/D 星）、美国 NOAA 极轨气象卫星、美国 EOS/MODIS（地球观测系统中分辨率成像光谱仪）、NPP（美国国家极轨运行环境卫星系统预备计划卫星）等极轨卫星。另外，我国风云静止气象卫星（包括风云二号 C/D/E/F/G、风云四号卫星）、日本 MTSAT 静止气象卫星等也可监测较大草原火情。对明火区的监测主要使用中红外以及远红外通道数据，对过火区的监测主要使用近红外和可见光通道数据。

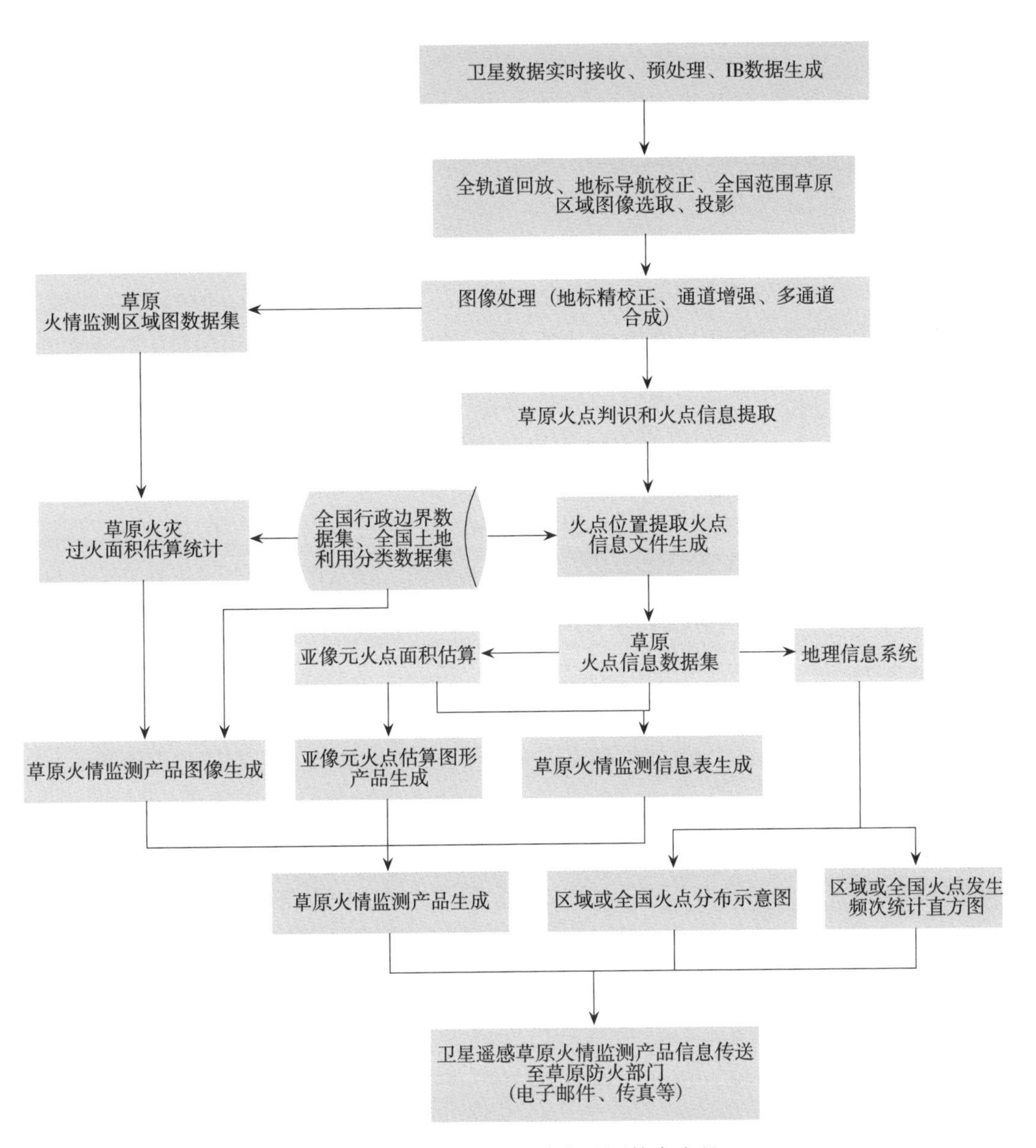

图 14-1　卫星遥感草原火灾监测技术流程

2. 遥感数据预处理　卫星实时数据接收后，对原始资料进行预处理，包括定标（建立卫星数据的物理量）、定位（建立卫星观测各像元的地理位置）、质量检查等。之后，对整幅卫星轨道数据进行地标导航修正。对经过预处理的整条轨道数据进行局域投影处理，生成草原地区的火情监测区域图像，区域范围为 5°×5°。

3. 草原火点监测　草原火点监测分为人机交互判识和计算机自动判识两种方式。人机交互方式可以分析较多的草原火灾信息，如明火区、过火区、未过火区、烟雾、云区、水体等，计算机自动判识主要用于获得草原火灾的定量信息，如火场影响面积等。

另外，对于空间分辨率较低的气象卫星，通过亚像元火点估算方法可获取火点像元的强度信息。

（1）人机交互火点判识方法　由于火点将引起中红外通道计数值出现急剧变化，造成与周围像元的明显反差，因此使用人机交互方式可以较容易地识别中红外通道图像中的高温点（火点）。另外，可利用可见光、近红外通道对云、水体、植被等敏感特性，生成由中红外、近红外、可见光通道组成的多光谱彩色合成图，如鲜红色表示正在燃烧的明火区，暗红色表示过火区，绿色表示植被（未燃烧区、如林区、草原等），深蓝色为水体，灰色为烟雾或云。这种合成方式可以有效地排除太阳辐射反射对中红外通道资料的干扰。在夜间图像，分别赋予中红外通道红色、远红外通道绿色和蓝色，因而图像中的鲜红色仍为明火点，灰色为云。利用以上方法处理生成的多光谱彩色合成图像，可以较容易地用人工方式判识图像中的火点信息。

（2）计算机火点自动判识方法　根据火点在中红外波段引起辐射率和亮温急剧增大这一特点，可将中红外亮温与周围背景像元亮温差异，以及中红外与远红外亮温增量差异作为计算机火点自动判识的主要参数。同时，由于中红外波段太阳辐射反射与地面常温放射辐射较为接近，在计算机自动判识时需考虑消除太阳辐射反射在植被较少地带和云表面的干扰。根据日常火情监测经验和人工火场星地同步试验结果，当中红外通道大于背景亮温 8 开且中红外与远红外亮温差异大于背景的中红外和远红外亮温差异 8 开以上时，一般为由明火引起的异常高温点。在广西武鸣的人工火场星地同步观测试验结果表明，面积大于 100 米^2 的明火区即可引起中红外通道约 9 开的增温，达到日常火情监测的判识阈值。因此，判识火点条件主要根据中红外通道的亮温增量，以及中红外通道与远红外通道（CH4）亮温差异的增量。

背景温度计算对判识精度有直接影响。对于下垫面单一的植被覆盖稠密区，由邻近像元取平均对被判识像元有较好的代表性。而在植被与荒漠交错地带，由于各像元的植被覆盖度可能有较大差异，由此计算的邻近像元平均亮温有可能与被判识像元有较大差异，因而判识阈值需要随之调整。

（3）亚像元火点面积和火点强度估算方法　由于气象卫星对地面高温热源十分敏感（相对其分辨率而言），可识别的高温热源点的辐射率可相差数十倍，由此对应的火点面积也可相差数十甚至上百倍。同时，影响草原火点温度的因素也很多，不同覆盖度草场的燃烧温度可能有较大差异，风力的影响也非常大。因此，不同火区的温差可能很大。

根据高温热源在不同波段红外通道的辐射增量有明显差异这一特点，建立合适的算法，可以利用不同红外通道的辐射值估算亚像元火点面积（即明火点的实际面积）及温度。

根据亚像元火点面积大小可以制订火点强度等级（表 14-1）。

表 14-1 火点强度分级表

火点强度等级	亚像元火点面积（米^2）	火点强度等级	亚像元火点面积（米^2）
1	<300	6	8 000～13 000
2	300～1 000	7	13 000～20 000
3	1 000～2 500	8	20 000～40 000
4	2 500～5 000	9	40 000～70 000
5	5 000～8 000	10	>70 000

利用火点强度等级生成的火点强度图像可以直观地反映出火区的态势和发展情况，如在大范围火区内哪些像元的火势较强。

4. 过火区监测 草原火灾发生后，将引起过火区在近红外、可见光波段的反射率急剧下降。同时，过火区温度也较过火前偏高。在利用气象卫星可见光、近红外通道制作的植被指数图上，过火区的植被指数将明显较周边未过火区偏低，而红外通道的温度值较周边偏高。根据这一特点，可判识草原火灾过火区，估算过火区面积。

5. 应用 GIS 技术判断火点性质和行政区划 气象卫星对高温热源十分敏感，但由于分辨率较低，一般仅能探测到像元内是否有火点，而火点是否为草原火、林区火或其他农田用火等，单用气象卫星数据是难以确定的。而利用 GIS 技术可以有效地解决这一问题。方法如下。

（1）土地利用矢量数据转换，生成与气象卫星图像兼容的图像格式 含有草原、林区、农田等土地利用类型的数据可以作为判断火点性质的依据，即判断火点是否位于林区、草原或农田等。利用 1∶100 万土地利用数据，根据气象卫星图像栅格数据的特点，进行土地利用数据矢量至栅格的格式转换，生成与气象卫星图像格式兼容的土地利用栅格图像数据，可以为动态检索火点性质提供重要依据。

（2）进行行政边界矢量数据的转换，生成与气象卫星图像兼容的图形格式 为迅速判断气象卫星监测火点的具体行政区域，可利用全国行政边界矢量数据，对全国行政边界矢量数据进行矢量到栅格的转换，生成与气象卫星图像格式兼容的全国行政边界栅格图像，可为动态和自动检索火点所在行政区域，估算各行政区域内的过火面积提供重要依据。

（3）利用 GIS 技术分析火情分布，建立火情信息数据库 为进一步发挥气象卫星草原火情监测的作用，还可建立火情信息专用数据库，将日常监测的火情信息录入数据库中，可进行各类统计、检索。可将气象卫星火情信息数据库中的火点信息在地图（行政边界或土地利用图）中显示，并进行统计，为分析气象卫星火情监测提供有力的工具和手段。

6. 草原火情监测产品制作

（1）卫星遥感草原火情监测内容　卫星遥感火情监测信息内容主要包括火点位置（经纬度、省、地县名），火点大小（火点影响范围和明火点及明火面积估算），火点性质（是否为林区、草场或其他地区火点），烟雾、火区范围（大范围火场四周的位置），过火区面积估算等，并可根据多个时次的火情监测信息分析重要火区的动态变化情况。

（2）火情日常监测产品

①火情监测信息列表：该表为日常火情监测业务的基本产品，所有监测到的火点信息均应生成，其内容包括：卫星观测时间，火点经纬度位置，省地县名，火区影响范围大小（以像元数计），亚像元火点估算面积和温度，有无烟雾，是否为林区、草原或农田等（参考土地利用数据）。

②火情监测卫星图像：气象卫星火情监测图像产品包括多通道数据彩色合成图、火点监测专题图等。图像上需叠加注释信息，包括资料接收时间，卫星标记，经纬度网格，省界，地区及县界。对重要火区标注所在县名。对重要火点（如靠近边境的境外火点）用箭头指出，并标注经纬度。

③过火面积估算：估算草原火灾引起的过火面积，估算结果附加在图像的过火区。

④火情监测分析报告：对于重要火情将制作火情监测分析报告，内容包括文字分析和监测图像。

通过处理分析，可从卫星遥感数据中提取多项反映草原火灾的信息，包括卫星观测草原火时间、草原火灾区域位置（火区中心点经纬度，以及所在的省、地、县名）、明火区影响范围、明火区实际面积、过火区面积、草原火灾影响范围内草场实际面积等。另外，通过人机交互分析，可获得境外草原火距我国边境线距离，草原火灾火线长度、火场蔓延速度等空间信息，利用社会经济数据，可评估草原火灾的影响损失，如受草原火灾影响的牧草损失、牲畜数目、人口以及经济损失等。

7. 草原火情监测产品传送

（1）服务对象及方式　国家卫星气象中心为农业部草原防火指挥部提供气象卫星草原火情监测服务已形成业务化运行多年，以下是有关气象卫星草原火情监测业务情况：

①日常卫星遥感草原火情监测业务实施时间为每天监测 2 次，上下午各 1 次。日常气象卫星火情监测信息，方式主要分为电子邮件、传真两种。②监测范围为全国范围草场及邻近我国边境的境外地区。③如有火灾发生或重大火情，对相关区域监测加密监测，接收并处理所有经过火区的资料，监测频次可达 6～8 次。④其他时间，根据需要随时响应。

（2）时效要求　在日常火情监测业务运行中，卫星过境并获得预处理卫星轨道数据后，正常情况下，第一幅火情监测信息的处理、分析、火情监测信息列表产品生成，并开始传真传送，在30分钟内完成。第一幅火情监测图像的制作完成并开始电子邮件传送，在1小时内完成。

第二节　草原火灾监测实例

以2012年春季内蒙古草原火灾监测为例，分析与说明草原火情监测的方法和全过程。

一、卫星资料实时接收和预处理

由气象卫星地面接收站实时接收当日过境的气象卫星轨道数据，此次接收的是NOAA极轨气象卫星AVHRR仪器2012年4月7日14时12分过境的观测数据，该条轨道覆盖我国东北、内蒙古、华北、江南等地。

卫星资料实时接收完成后，预处理程序将对原始数据进行预处理，内容包括：定标、定位、质量检查等。定标处理建立卫星原始数据DN值与物理量的关系，对于可见光、近红外波段，建立DN值与反射率的关系，对于红外波段，建立DN值与辐亮度的关系。定位处理建立每个像元点与经纬度关系。质量检查将检查数据中是否有噪声、丢线等质量问题。预处理完成后，生成AVHRRL1B格式数据。

二、图像前期处理

1. 局域图投影生成　利用经预处理后的NOAA-18 AVHRR L1B格式数据，对监测区域进行局域图投影，生成局域图像。局域图像分辨率为0.01度，图像大小为500行×500列，经纬度范围为5°×5°，此次处理的局域图经纬度范围为东经115°～120°，北纬45°～50°。投影通道选择为通道1～5通道。图像文件格式为LDF，其中各通道数据为物理量，即可见光、近红外通道为反射率，红外通道为亮度温度。

2. 图像增强及通道合成　在对卫星资料进行火点判识前，需要生成由中红外、近红外、可见光通道组成的多通道火情监测合成图。由于原始图像灰度较暗，难以识别火点，从图14-2（前幅图分别为AVHRR通道3，2，1原始图像，后为原始图像的多通道合成图）看出，图中火点信息很微弱，因而需要对原始图像进行增强。

首先从局域图中读取AVHRR通道3，2，1图像资料，对各通道图像分别作增强处理。对通道1，2图像用线性曲线增强，突出地表特征细节。对通道3图像作指数曲线增强，突出高辐射值区域。通道3图像灰度与辐射值对应关系为正比，即图像上灰度值越高，表示辐射值和亮温值越高。此时，从图14-3可看到通道1，通道2图像上地表细节较为清楚，通道 3 图像上大部分为黑色，另有一些白色亮斑，为高温区，增强后的 AVHRR 通道 3，2，1 合成图，图中的红色明火区十分清晰。

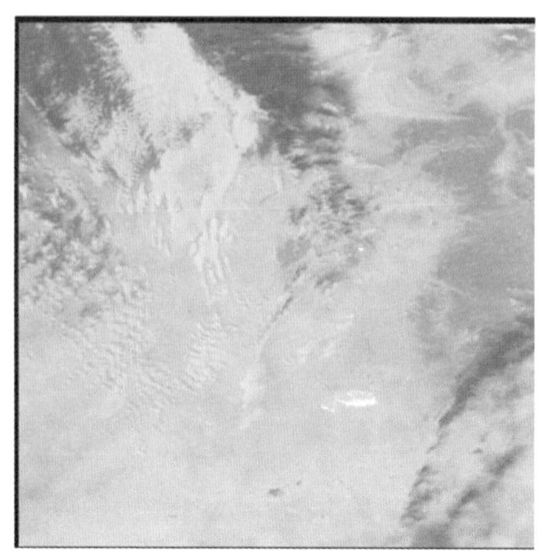

通道 3　原始图像

通道 2　原始图像

通道 1　原始图像

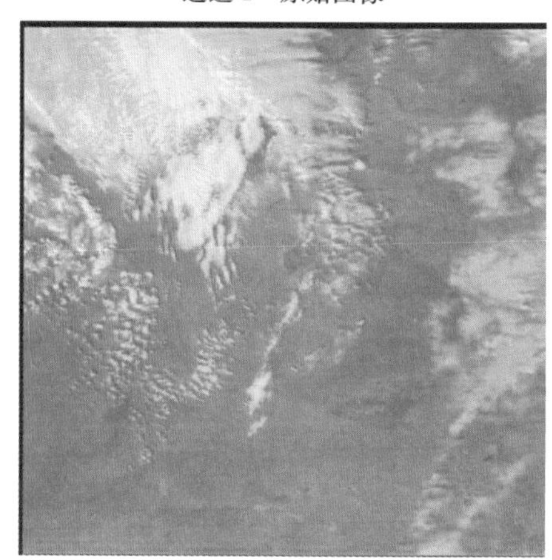

通道 3，2，1　原始图像合成

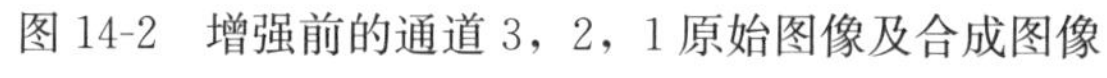

图 14-2　增强前的通道 3，2，1 原始图像及合成图像

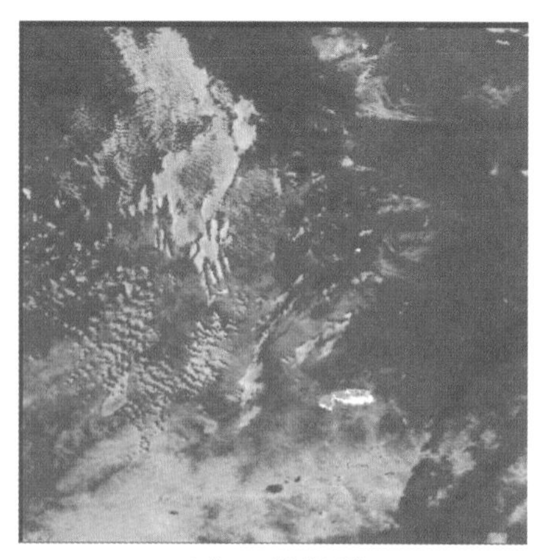

通道 3　增强图像

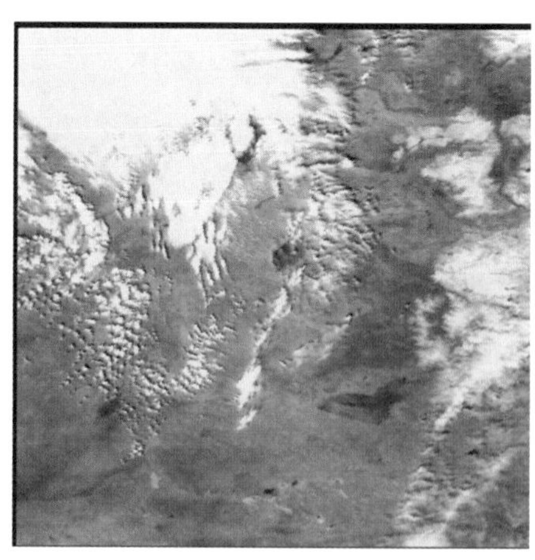

通道 2　增强图像

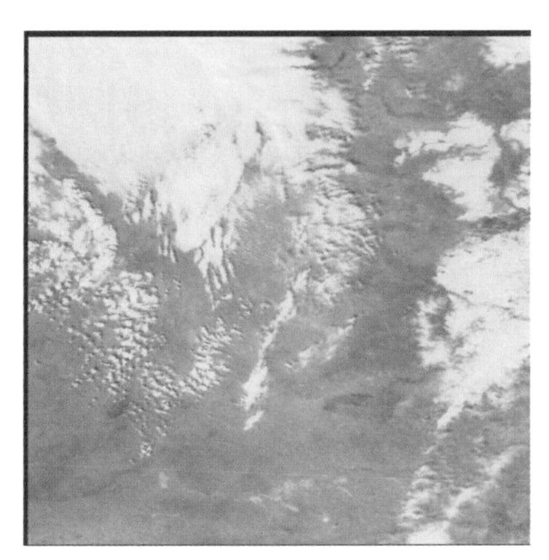

通道 3，2，1　增强图像合成

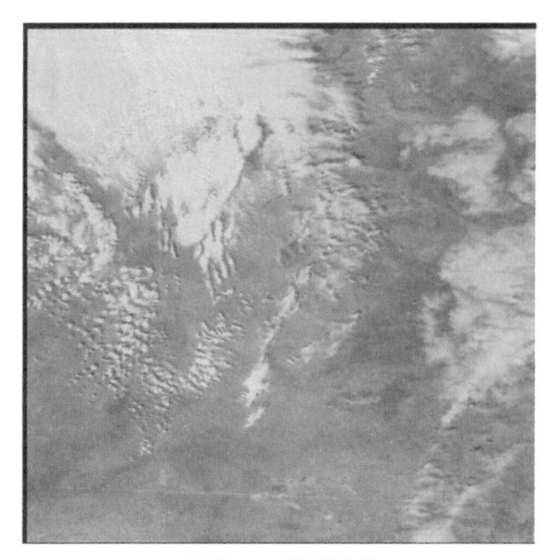

通道 1　增强图像

图 14-3　增强后的通道 3，2，1 图像及合成图像

3. 定位校正　在图像上叠加地理信息江河湖泊数据，检查卫星数据的定位是否准确（图 14-4）。前图为定位校正前的图像，图中可见，图像中的江河信息和地理信息江河标记有一定偏差。利用人机交互地标修正方法，可以对图像定位进行校正。后图为经过定位校正后的图像，图中可见，经定位校正后，图像的江河信息与地理信息江河标记十分吻合。

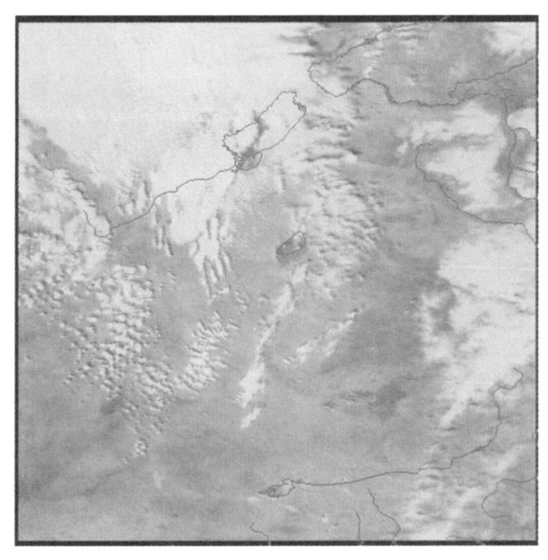

定位校正前图像

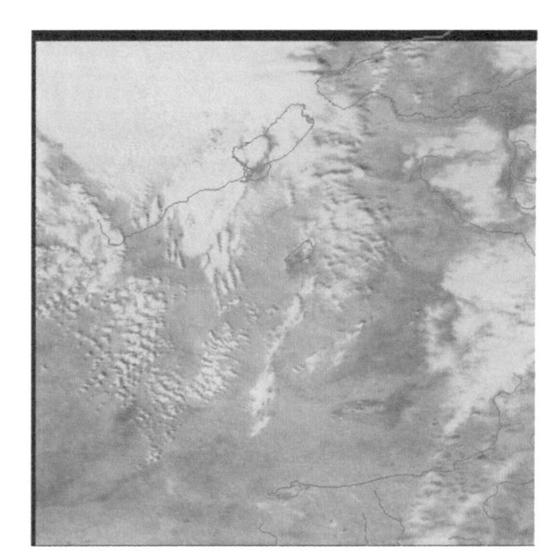

定位校正后图像

图 14-4　图像定位校正图

三、草原火灾明火监测

1. 人机交互火情监测　在经过增强后的多通道彩色合成图上，鲜红色表示正在燃烧的明火区，暗红色表示过火区，绿色表示植被（未燃烧区，如林区、草原等），深蓝色为水体，灰色为烟雾或云。这种合成方式可以有效地排除太阳辐射反射对通道 3 资料

的干扰。因为当通道3图像由于太阳辐射干扰造成的云区高辐射值，在彩色合成图上由于通道1、通道2在云区的高反射率使最终的合成色为白色，与非云区的高温热源点很容易区分开。此时，可以从多通道合成图中识别出草原火灾的明火区。

2. 计算机火点自动判识 为获取草原火灾明火区的范围、强度和面积，需要使用计算机火点自动判识方法提取图像中的明火区像元，并进行进一步的处理。

根据火点在中红外波段引起辐射率和亮温急剧增大这一特点，可将中红外亮温与周围背景像元亮温差异，以及中红外与远红外亮温增量差异作为计算机火点自动判识的主要参数。同时，由于中红外波段太阳辐射反射与地面常温放射辐射较为接近，在计算机自动判识时需考虑消除太阳辐射反射在植被较少地带和云表面的干扰。

由高温热源在中红外通道混合像元引起亮温急剧升高的特点可知，判断火点的主要条件不是中红外通道亮温值本身，而是其与周围背景像元的亮温差异。如在荒漠地区亮温高达330开的区域不可能是火点，而东北地区秋末或初春的火点像元亮温可能小于273开（摄氏零度）。

根据日常火情监测经验和人工火场星地同步试验结果，当中红外通道大于背景亮温8开，且中红外与远红外亮温差异大于背景的中红外和远红外亮温差异8开以上时，一般为由明火引起的异常高温点。因此，判识火点条件主要根据中红外通道的亮温增量，以及中红外通道与远红外通道（CH4）亮温差异的增量：

$$T_3 - T_{3bg} > T_{3TH} \text{且} T_{34} - T_{34bg} > T_{34TH}$$

式中，T_3、T_{3bg}、T_{3TH}分别为被判识像元中红外通道亮温，中红外通道背景亮温，中红外通道火点判识阈值。T_{34}、T_{34bg}、T_{34TH}分别为被判识像元中红外与远红外亮温差异，中红外与远红外差异与背景亮温差异，中红外与远红外亮温差异火点判识阈值。

背景温度计算对判识精度有直接影响。对于下垫面单一的植被覆盖稠密区，由邻近像元取平均对被判识像元有较好的代表性。而在植被与荒漠交错地带，由于各像元的植被覆盖度可能有较大差异，由此计算的邻近像元平均亮温有可能与被判识像元有较大差异，因而判识阈值需要随之调整。火点判识条件为：

$$T_3 > T_{3bg} + 4\delta T_{3bg} \text{且} \Delta T_{34} > \Delta T_{34bg} + 4\delta T_{34bg}$$

式中，T_3为被判识像元中红外通道亮温，ΔT_{34}为被判识像元中红外与远红外通道亮温差异。T_{3bg}为背景中红外通道亮温，ΔT_{34bg}为背景像元中红外与远红外通道亮温差异，均取自周边7＊7像元平均值。δT_{3bg}为背景像元中红外通道亮温标准差，δT_{34bg}背景像元中红外与远红外通道亮温差异的标准差，即：

$$\delta T_{3bg} = \sqrt{\left[\sum_{i=1}^{n}(T_{3i} - T_{3bg})^2\right]/n}$$

$$\delta T_{34bg}=\sqrt{(\sum_{i=1}^{n}(T_{3i}-T_{4i}-T_{34bg})^{2})/n}$$

式中，T_{3i}和T_{4i}分别为用于计算背景温度的周边第i个像元中红外通道和远红外通道亮温。当δT_{3bg}或δT_{34bg}小于2开时，将其置为2开。

背景亮温计算时还需要去除云区、水体、疑似火点像元的影响，即在计算平均温度前，将邻域中的云区、水体及疑似火点像元排除，仅用晴空条件下的像元计算。

疑似火点像元判断条件为：

$$T_{3}>T_{3av}+8K \text{ 且 } T_{34}>T_{34av}+8K$$

此处：T_{3av}为邻域内排除云区、水体像元后，亮温小于315开的通道3平均值；T_{34av}为邻域内排除云区、水体像元后，通道3亮温小于315开的通道3与通道4亮温差异的平均值；当去除云区、水体、高温像元后，如果剩余的像元过少（如少于4个像元），可扩大邻域窗口的大小，如从9×9，11×11等。

图14-5为赋以火点判识标记的图像，图中黄色区域为符合火点判识阈值条件的像元，即含有火点的像元区域。

图14-5 火点判识标记

3. 火点强度信息估算 由于气象卫星对地面高温热源十分敏感（相对其分辨率而言），可识别的高温热源点的辐射率可相差数十倍，由此对应的火点面积也可相差几十倍。同时，影响森林、草原火点温度的因素也很多，风力的影响也非常大。因此，不同火区的温差可能很大，需要估算火点像元中的实际明火区面积（即亚像元火点面积）。

根据AVHRR红外通道特性（亮温动态范围和空间分辨率），高温热源在不同波段红外通道的辐射增量有明显差异，根据这一特点，可以利用不同红外通道的辐射值估算明火点的实际面积及温度。

亚像元火点面积估算分为两步，首先计算亚像元火点面积占像元面积百分比，然后估算火点面积。

建立一组CH3，CH4混合像元表达式：

$$\begin{cases}N_{3mix}=P\times N_{3hi}+(1-P)\times N_{3bg}\\N_{4mix}=P\times N_{4hi}+(1-P)\times N_{ibg}\end{cases}$$

式中，N_{3mix}，N_{4mix}，N_{3hi}，N_{4hi}，N_{3bg}，N_{4bg}中分别为中红外通道和远红外通道

混合像元、火区、背景的辐亮度，P 为亚像元火点面积占像元面积百分比。这是一个二元非线性方程组，可用牛顿迭代法求解这一方程组中亚像元火点面积比例 P 和火点温度 T_{hi}。

由于使用中红外和远红外通道混合像元估算亚像元火点面积有时遇到通道 3 饱和或方程组迭代不收敛的问题，此时可以使用以下公式估算亚像元火点面积。

$$P=[N_i(T_{imix})-N_i(T_{bg})]/[N_i(T_{hi})-N_i(T_{bg})]$$

式中：N_i（T_{imix}），N_i（T_{hi}），N_i（T_{bg}）分别为通道 i（$i=3$，4）的混合像元，明火区和背景的辐亮度，T_{imix}，N_{4bg} 分别为通道 i（$i=3$，4）混合像元亮温，明火区温度和背景温度。式中的未知数为火点温度 T_{hi}，根据试验统计，火区温度设为 750 开。

如果通道 3 饱和或不收敛，可利用通道 4 资料计算亚像元火点面积比例 P。

求得亚像元火点面积比例后，即可根据像元面积计算亚像元火点面积。

根据亚像元火点面积大小可以制订火点强度等级（表 14-2）：

表 14-2　火点强度分级表

火点强度等级	亚像元火点面积（米^2）	火点强度等级	亚像元火点面积（米^2）
1	<300	6	8 000～13 000
2	300～1 000	7	13 000～20 000
3	1 000～2 500	8	20 000～40 000
4	2 500～5 000	9	40 000～70 000
5	5 000～8 000	10	>70 000

利用火点强度等级生成的火点强度图像可以直观地反映出火区的态势和发展情况，如在大范围火区内哪些像元的火势较强。

4. 火情监测信息列表生成　火点判识和火点强度处理完成后，将参考地理信息数据及行政边界数据，生成火点信息列表和火情监测信息列表。

火点信息列表内容包括每一个含有火点像元的经纬度、省地县名、像元覆盖面积、亚像元火点面积、火点温度、像元所在位置的土地利用类型（草地、林地、农田等）等。

火情监测信息列表内容包括：每个火区中心位置经纬度、火区中心所在省地县名、火区像元数量、火区影响面积（火区所有像元覆盖面积之和）、明火区面积（火区中各火点像元的亚像元火点面积之和）、火区范围内土地利用类型比例（草地、林地、农田及其他类型的百分比）等。

四、草原火灾过火区监测

1. 过火区判识　草原火灾发生后，将直接破坏草场地表的覆盖状况，引起图像中可见光、近红外以及红外波段的光谱特征发生明显变化，如可见光和近红外通道的反射率将降低，红外通道的温度将升高。使用通道 4（远红外）、通道 2（近红外）、通道 1（可见光）波段图像制作的多通道合成图，可以明显反映过火区范围。

在制作过火区监测多通道合成图前，需要对各通道进行增强，未做增强前的合成图，过火区信息十分微弱（图 14-6 左图），经对各通道增强后生成的多通道合成图，可清晰的反映出过火区（图 14-6 右图右下部分的暗色斑块）。

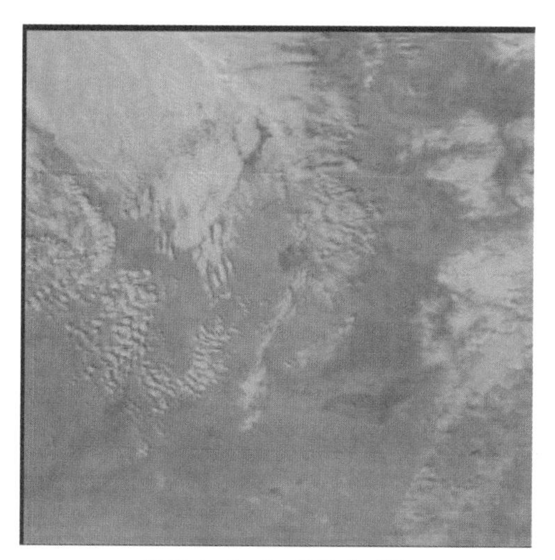
通道 4，2，1　原始合成图

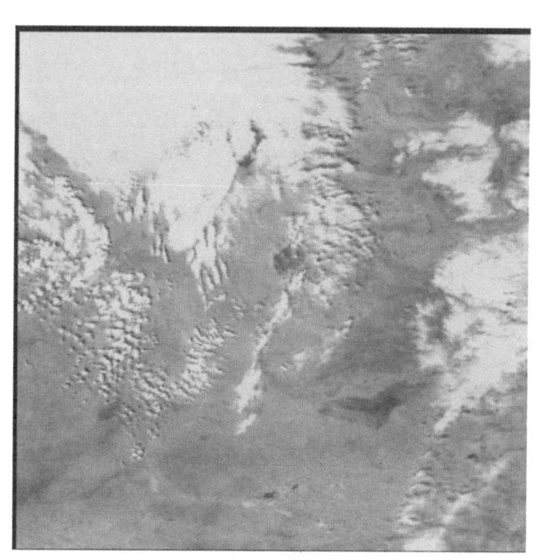
通道 4，2，1　增强合成图

图 14-6　增强前后的通道 4，2，1 合成图

另外，归一化差植被指数 NDVI 对植被变化有明显反映，草原火灾发生后，植被指数下降，可用于判断过火区像元。根据可见光、近红外、远红外通道以及 NDVI 在过火前后的差异，确定过火区像元的判识条件为：

Rvis<Rvisth，且 Rnir<Rnirth>Tfar>Tfarth，且 NDVIb－NDVIa>NDVIfr

此处，Rvis，Rvisth，Rnir，Rnirth，Tfar，Tfarth，NDVIb，NDVIa 分别为火灾发生后的可见光反射率、近红外反射率、远红外温度、植被指数 NDVI 以及相应的过火区判识阈值。

由于整幅图像中光谱差异较大，因此在对过火区进行自动判识前，需要勾画出过火区的处理范围（见图 14-7 前图右下部分暗色斑块周边的红色线条），之后，根据设立的判识阈值，进行过火区像元判识，被判识为过火区的像元，将被赋予黄色，以便识别（见图 14-7 后图中的黄色斑块）。

对于较大范围的过火区，由于不同区域的判识阈值有所不同，需要进行人工调整判识阈值，修正过火区判识结果。图 14-8 为过火区判识阈值选取和过火区面积计算界面，界面右侧为过火区判识阈值，可以通过人工调整阈值，获得最佳的过火区判识效果。

2. 过火区面积估算　过火区面积 S 为所有满足过火区条件像元 $S\lambda$，ϕ 的面积之和，这里 λ、ϕ 分别为位于经度 λ、纬度 ϕ 的像元。

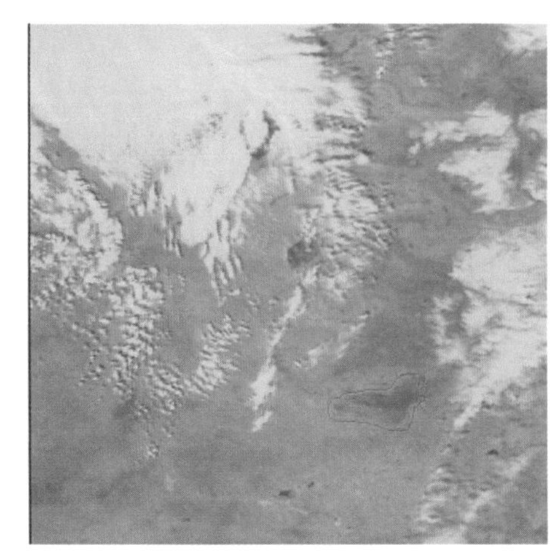

过火区判识标记　　　　勾画感兴趣区

图 14-7　勾画过火区感兴趣区和赋予过火区判识标记

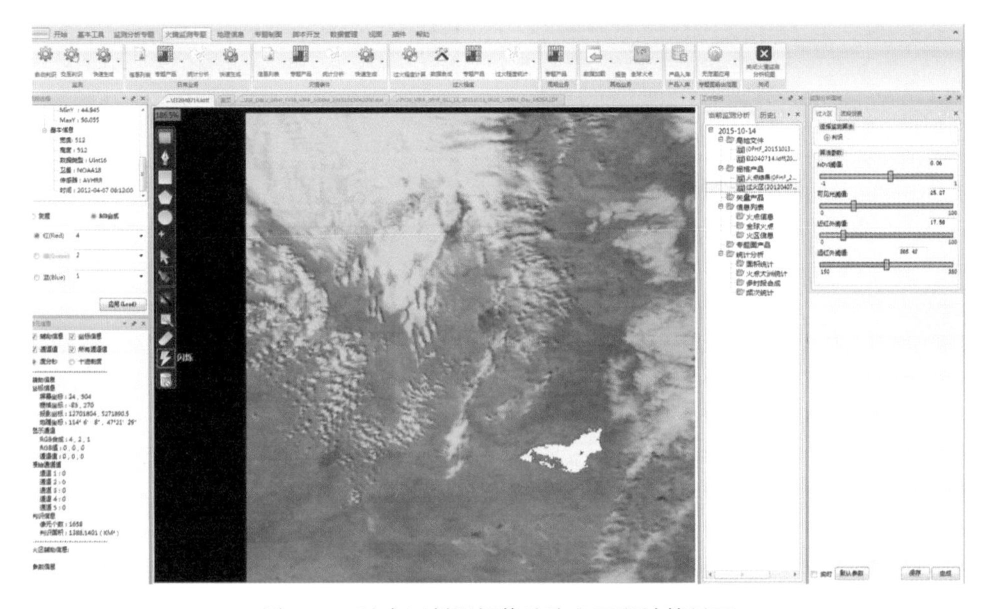

图 14-8　过火区判识阈值选取和面积计算界面

Sλ，ϕ 面积计算方法如下：

设像元分辨率为 Res（单位为度），如当像元分辨率为 0.01 度时，Res=0.01，像元分辨率为 0.002 5 度时，Res=0.002 5……

$$Long = \mathrm{Res} \times 2\pi ac\sqrt{\frac{1}{c^2 + a^2 \cdot tg^2\phi}} \Big/ 360$$

$$Lat = \mathrm{Res} \times 111.13 \text{ 千米}$$

式中，a 为 6 378.2 千米（地球半径长轴）；c 为 6 256.8 千米（地球半径短轴）；Res 为 0.01；ϕ 为纬度。

像元面积为：Sλ，ϕ $= Long \times Lat$

五、草原火情监测产品制作

卫星遥感草原火情监测产品主要包括草原火情监测图像产品、草原火情监测列表产品、草原火情监测报告。

1. 草原火情监测图像产品制作 草原火情监测处理完成后，将生成多种卫星遥感草原火情监测图像产品，包括卫星遥感草原火情监测多通道合成图、火情监测专题图、火点强度专题图、过火区监测专题图等（图 14-9）。

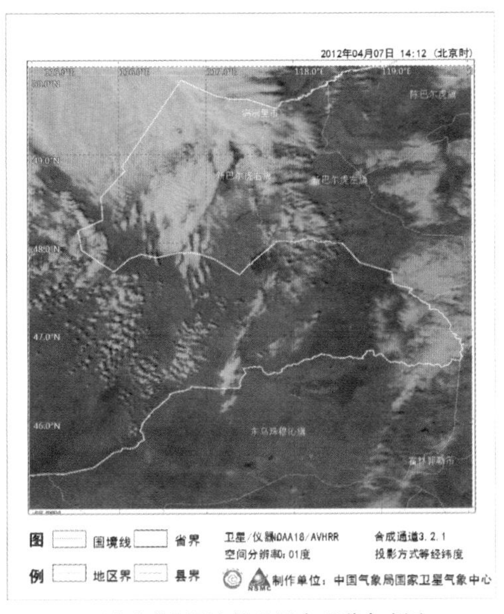

卫星遥感草原火情监测多通道合成图

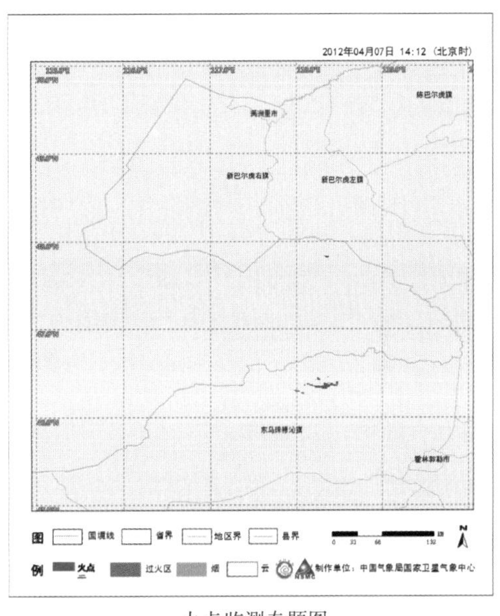

火点监测专题图

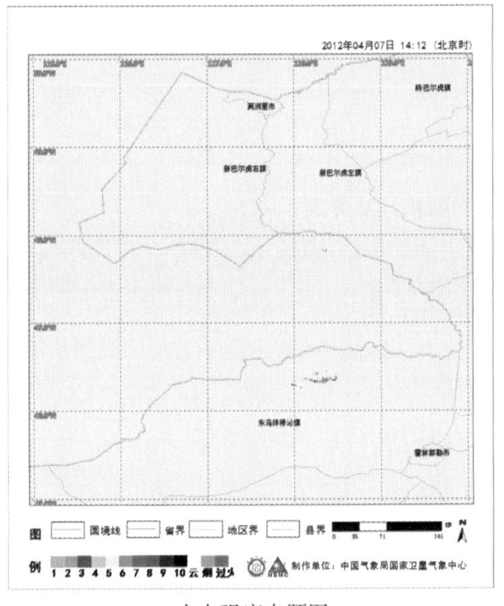

火点强度专题图

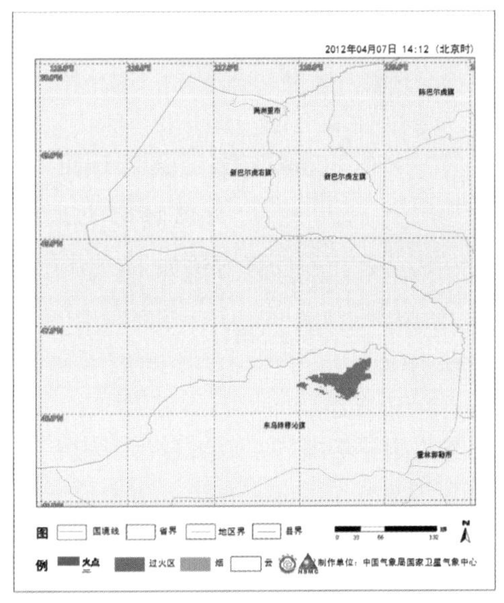

过火区监测专题图

图 14-9 草原火情监测图像产品

2. 卫星遥感草原火情监测列表产品制作　卫星遥感草原火情监测列表包括火情监测信息列表、过火区面积统计信息列表（表 14-3、表 14-4）。

表 14-3　卫星遥感草原火情监测信息表

卫星轨道时间：2012/4/7/14 时 12 分

火区号	中心经度	中心纬度	火点像元个数	像元面积（千米^2）	明火面积（公顷）	省地县	林地	草地	农田	其他
1	118.34	47.82	10	8.29	3.36	\	\	\	\	100%
2	118.36	46.44	2	1.7	0.08	内蒙古锡林郭勒盟东乌珠穆沁旗	\	100%	\	\
3	118.24	46.44	9	7.66	0.43	内蒙古锡林郭勒盟东乌珠穆沁旗	\	100%	\	\
4	118.22	46.42	1	0.85	0.03	内蒙古锡林郭勒盟东乌珠穆沁旗	\	100%	\	\
5	118.48	46.4	108	92.06	9.26	内蒙古锡林郭勒盟东乌珠穆沁旗	\	\	\	100%
6	118.28	46.38	1	0.85	0.04	内蒙古锡林郭勒盟东乌珠穆沁旗	\	100%	\	\
7	118.1	46.36	1	0.85	0.05	内蒙古锡林郭勒盟东乌珠穆沁旗	\	100%	\	\
8	117.98	46.3	9	7.68	1.21	内蒙古锡林郭勒盟东乌珠穆沁旗	\	100%	\	\
9	118.06	46.26	5	4.27	0.43	内蒙古锡林郭勒盟东乌珠穆沁旗	\	\	\	100%

表 14-4　卫星遥感草原火灾过火区面积统计表

过火区地点：内蒙古自治区锡林郭勒盟东乌珠穆沁旗

卫星轨道时间：2012/4/7/14 时 12 分

土地利用类型	覆盖面积（千米^2）	覆盖面积（公顷）
草地	1 044.9	104 490
荒漠区	284.37	28 437
合计	1 329.27	132 927

3. 卫星遥感草原火情监测报告制作　对于重要的草原火情监测信息，将制作草原火情监测分析报告，内容包括对卫星遥感草原火情监测信息的文字分析，如火场的影响范围，发展变化等，并附有卫星遥感草原火情监测图像和火情信息列表。

六、草原火情监测信息传送

1. 草原火情信息列表和图像传送

（1）传真机传送　卫星遥感草原火情监测信息列表生成后，将立即通过传真机传送至草原防火部门。

（2）电子邮件传送　卫星遥感草原火情监测信息列表和火情监测图像可通过电子邮件方式传送至草原防火部门。

2. 草原火情监测报告传送　通过电子邮件将草原火情监测报告，传送至草原防火部门。

04 第四篇 草原监测实践

DISIPIAN CAOYUAN JIANCE SHIJIAN

第十五章 草原监测工作的组织开展

第一节　草原监测工作机制

一、体系建设

自2005年来，承担全国草原监测任务的省区不断增加，已经由14个增加到目前的23个，河北、山西、内蒙古、辽宁、吉林、黑龙江、安徽、山东、河南、湖北、湖南、江西、广西、重庆、四川、云南、贵州、西藏、陕西、甘肃、青海、宁夏、新疆等主要草原省（自治区、直辖市）的草原监测机构承担了地面监测工作。监测范围覆盖了全国85%的草原面积，承担监测任务的县市由不足300个增加到500多个。大部分草原面积较大的县市参照全国草原监测工作的技术方法，自主开展了草原监测工作。目前，全国草原监测预警工作主要由各级监理机构或技术推广机构承担，通过统一组织开展全国草原监测工作，各级草原监测机构的工作职能得到强化，监测力量不断增强，草原监测队伍不断壮大。全国县级以上草原监测机构由300个增加到997个，各级草原监测工作人员由不足2 000人增加到4 000多人。监测技术人员中，省级150余人、地级700余人、县级2 800余人。其中，硕士以上学历占3%，本科学历占35%，大专学历占43%，中专学历占14%。通过监测业务工作的开展和每年定期举办监测技术培训，草原监测人员的业务能力和水平不断提高。2005年以来，农业部草原监理中心共培训各级草原监测技术骨干1 200多人次，各省区培训监测骨干达2万余人次。相关支撑单位的能力也得到明显加强。全国畜牧总站、中国农业科学院农业资源与农业区划研究所、内蒙古草原勘察设计院等一批单位在草原监测的技术力量、装备水平、科研成果等方面有了加速发展，成为了全国草原监测工作重要的技术依靠力量。

二、工作机制

经过10多年来的探索和实践，全国草原监测工作已基本形成了以农业部为枢纽，有关科研、教学和推广单位为技术支撑，地方各级草原监理监测机构为纽带，统一部署、统一规程、分工明确、密切配合、运转有序、科学规范的全国草原资源与生态监测体系。在组织方式、任务部署、技术培训、数据质量审核把关、数据报送、结果会商、信息报告发布等方面，已建立了一套相对成熟的工作机制。农业部草原监理中心每年制订《全国草原监测工作安排》，召开全国草原监测工作会议进行部署。各地按照部里要求，逐级制订工作方案，分解落实工作任务。监测过程中通过开展技术培训、现场指导、数据审核等措施，以确保质量。近年来，随着监测技术人员的增加，监测范围不断扩大，特别是在2011年草原生态保护补助奖励机制实施后，全国草原地面调查设置的样地数量及获取的样方数据均大幅增加。“十二五”期间，全国草原地面调查累计设置非工程样地2.8万个，获得非工程样方数据6.2万个，工程效益样方数据4 860组，入户调查数据3.4万条（图15-1）。每年监测结果初步形成后，邀请草原专家和重点牧区监测工作负责同志进行专家会商，大大增加了报告的权威性和科学性。

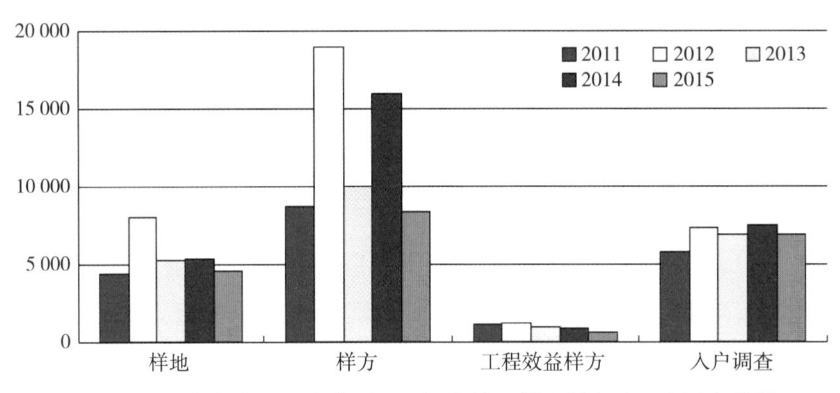

图15-1 近年来全国天然草原地面调查设置样地样方及入户调查数量

三、动态监测预警开展情况

及时掌握草原生产动态，在草原牧草关键生长期开展动态监测，是草原监测工作与时俱进，增强服务效能的重要手段。随着监测手段和监测服务意识的增强，草原动态监测越来越密集，越来越及时，为全国各地及时安排草原生产管理、安排畜牧业生产、应急救灾等发挥了重要信息支撑和技术指导作用。近年来，每年早春期间，农业部根据冬春季节气象条件和草原牧草物候状况，开展全国草原返青形势分析预估，发布《春季草原返青形势预测报告》。4月、5月，农业部采取地面观测、卫星遥感和结合气象资料分析的方法，对全国草原牧草返青状况进行了监测分析，发布《春季返青监测报告》。6～8月牧草生长盛期，采取地面观测、卫星遥感和结合气象资料分析的方法开展草原长势监测，每月定期发布《月度监测报告》。9～10 月，采取卫星遥感、地面观测和结合气象资料分析的方法，对我国北方草原牧草枯黄状况进行了监测分析，发布《草原枯黄期监测报告》（图 15-2）。各期草原动态监测报告包括气象状况、植被状况、后期形势分析和建议等内容，指导各地根据当前牧草状况组织草原畜牧业生产，合理安排草原管理措施。在特殊气象条件下，开展冬春、夏季北方草原旱情跟踪监测。每一个草原生长的关键时段和敏感时期，都及时向上级提交监测动态信息，多次被《农业部信息》、国务院《每日要情》采纳使用。

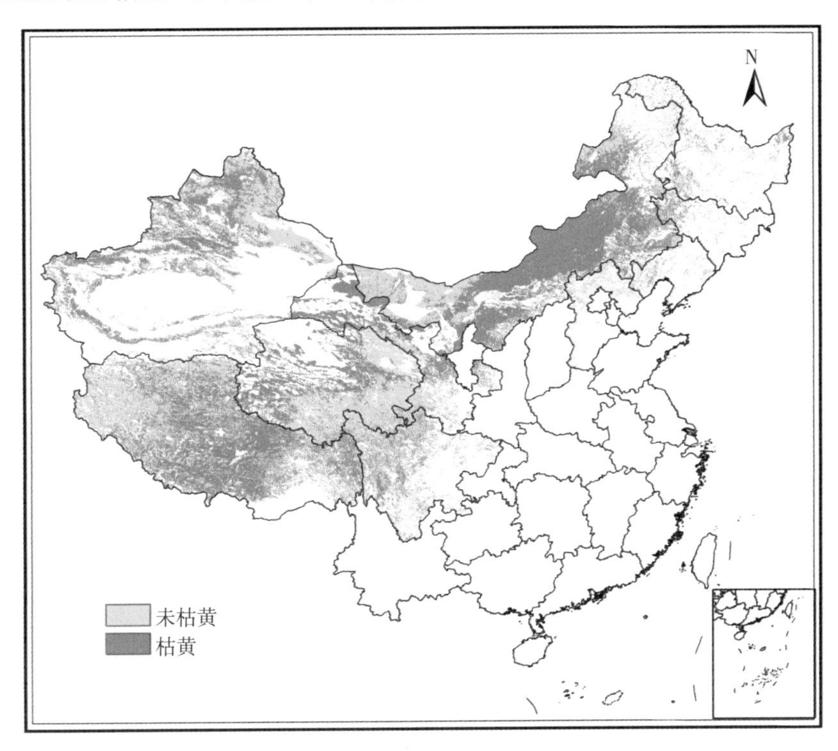

图 15-2　2015 年 9 月中旬草原枯黄状况

一些省区根据本级政府和草原管理工作需要，积极开展草原动态监测工作探索。内蒙古连续多年开展关键期监测分析，定期发布五月草情、七月草情监测报告，及时公布 33 个牧业旗天然草原冷季可食牧草储量及适宜载畜量，指导畜牧业生产和草原奖补政策落实。新疆 2011 年以来组织开展了全疆 13 个地州 70 个县冷季放牧场牧草存储量监测工作，提交了冷季放牧场载畜能力参考意见，为指导各地及时安排牲畜出栏合理存栏发挥了重要作用。

四、草地资源调查相关工作

开展草地资源调查，及时掌握草原基本状况和动态变化情况，是保护建设、合理利用草原，以及保护和改善草原生态环境的前提条件，是贯彻落实《中华人民共和国草原法》的具体体现。2012 年，农业部从草原监测专项中专门安排 65 万元用于草地资源调查的前期准备工作，重点开展了总体方案制定、编制草地资源分类系统、编制调查技术规程、开展试点调查和有关调研等 5 项工作。该前期工作由农业部畜牧业司牵头，农业部草原监理中心具体组织实施，全国畜牧总站、中国科学院地理科学与资源研究所、内蒙古草原勘察规划院、湖北草地监理（监测）站共同承担。通过各单位的努力，此次前期工作顺利完成了《第二次全国草地资源调查总体工作方案》制订及调研、《草地资源分类系统》制订、《草地资源调查技术规程》制定等各项工作，并组织内蒙古草勘院等单位在湖北和内蒙古各选择一个县进行了草地资源试点调查工作。在南方，湖北省畜牧兽医局与内蒙古草原勘察规划院合作，在麻城市开展了草地调查试点工作，获取了 19 个乡、镇、办事处的 195 个地面样点调查资料，并利用 3S 技术与地面调查技术相结合的方法，获得了调查区最新草地资源系列图件、统计数据以及 GIS 草地资源本地数据库，完成了《湖北省黄冈市麻城市试点草地资源调查报告》。在北方，内蒙古草原勘察规划院选择位于内蒙古中东部的克什克腾旗作为试点区域，结合 2008—2010 年新一轮地面调查数据（包括 110 个主样地和 160 个辅助样地的地面数据），采用 3S 技术与地面调查相结合的方法，完成了克什克腾旗草地类型与面积，生产力与载畜量，草地退化、沙化、盐渍化分级，草地等级等草原本地数据库，在此基础上分析了草原保护建设及草原区划与草地畜牧业发展对策，并提交了《内蒙古赤峰市克什克腾旗草地试点调查报告》。此次草地资源调查前期工作的顺利开展，为下一步开展全国草地资源调查做了重要的准备工作。

近年来，有关草原省区的草原监测机构筹集经费、组织力量开展了本省区的草地资源调查工作。内蒙古自治区组织草原监督管理局、草勘院等 100 多家单位于 2009 年开展了全区草地资源调查工作，1 600 余人参与调查，行程超过 90 多万千米。青海省于 2007 年组织开展了全省草地资源调查工作，获取了全省草地资源类型、分布等相关数据。西藏自治区于 2011 年委托内蒙古自治区草原勘察规划院实施全区草原普查工作，经过科技人员和基层监测技术人员 4 年多的努力，西藏第 2 次全区草原普查成果于 2015 年 12 月通过自治区级验收和鉴定。2013 年 7 月，甘肃省农牧厅全面启动了甘肃省第 2 次草原资源普查工作，截至 2015 年，普查工作取得重要进展，全省大部分县区已完成规定的地面调查任务，累计获取地面数据 6 000 组，入户调查资料 11 000 份，采集植物标本 8 400 份，调查照片资料 67 000 余张。

第二节 监测技术标准与信息化

一、标准化规范化

2005 年以来，农业部先后组织制定了《全国草原资源和生态监测技术规程》（NY/T

1233—2006)、《天然草原等级评定技术规范》(NY/T 1579—2007)、《草原监测站建设标准》(NY/T 2711—2015),组织编制了《全国草原监测技术操作手册》和《国家级草原固定监测点监测工作业务手册》。其中,监测手册对开展地面调查所涉及的各项工作,如前期准备、样地设置、样方设置、样地基本特征调查、草本及灌木样方调查、草原保护建设工程效益调查、家畜补饲情况调查、数据报送等内容进行了规范,使全国各级草原监测技术人员能够按照统一的标准和方法开展监测工作。此外,农业部还在组织制定《草原沙化监测技术规程》;组织修订《天然草地合理载畜量的计算》。

为提高技术人员监测水平,农业部每年举办全国草原监测技术培训班,邀请知名草原监测专家,就草地类型划分、牧草种类识别、地面监测实用技术、固定监测点常用监测方法、3S技术应用等方面,对各省区草原监测技术骨干进行培训。培训班每年培训各省区草原监测技术骨干人员100多人次,并先后编印了《全国草原监测培训教材(一)》《全国草原监测培训教材(二)》《国家级草原固定监测点数据管理系统用户操作手册》《草原类型和主要牧草信息系统用户操作手册》等培训教材。同时,各省区也组织了不同形式的培训班次,大大提高了监测技术人员的工作水平。通过监测业务工作的开展和每年定期举办监测技术培训,草原监测人员的业务能力和水平不断提高,一些同志成长成为草原监测工作的业务骨干和专家,草原监测标准化规范化水平显著提高。

二、信息系统建设

近年来,农业部在草原监测工作中广泛应用3S技术、数据库、网络等信息与空间技术,信息化建设取得了重要进展。开发建设了《中国草原网》《中国草业网》,网站集成了草原管理信息系统和草原地理信息系统,实现了集监测数据采集管理、动态信息实时发布、草原监测工作展示等于一体的综合网络平台;针对草原地面监测数据多,信息量庞大的状况,先后开发了“草原监测信息报送管理系统”(单机版、网络版)、“草原类型和主要牧草信息系统”“国家级草原固定监测点数据管理系统”“草原监测基础数据库录入和管理系统”“草原监测空间信息管理与分析系统”“草原生态保护与建设工程监测系统”“草原蝗虫监测预警系统”“草原生物灾害监测与治理信息统计分析系统”“草原基础数据统计软件”“鼠虫害地面调查PDA录入软件”和“工程监测地面调查PDA录入软件”等10多个专题软件和模块,通过数据汇总、管理、分析等功能的集成,形成了“农业部草原监测信息系统”。同时,建立了一支信息管理和服务队伍,提高了草原监测自动化程度,实现了监测数据的实时报送、即时审核,大大提高了地面监测数据的质量和报送效率。此外,利用信息技术集成了大量的数字化基础图件和数据资料。主要包括 20 世纪 80 年代全国第 1 次草原调查数据和《1∶100 万草地资源图》、2000—2003 年全国草原面积遥感快查数据和 1∶50 万草原类型图、7 130 余种植物的“全国草原植物资源数据库”、1999—2009 年覆盖全国的 TM 遥感影像 800 余景、2002—2009 年全国 MODIS 影像等。

第十六章 草原监测成果

第一节 草原生产力与草原利用

一、草原生产力处于较高水平

农业部组织技术支撑单位，利用在 23 个省区获得的全国草地资源地面调查数据，结合 3S 技术、计算机技术、网络技术等高新技术，通过建模对每年的全国天然草原生产力进行测算，并在组织专家会商的基础上，在全国草原监测报告中对外公布。草原监测结果表明，2005 年以来，全国天然草原鲜草产量均在 93 000 万吨以上（图 16-1），2009 年受高温少雨影响，部分草原旱情严重，天然草原鲜草产量较低。2011 年，受北方大部草原降水偏多影响，草原植被长势较好，全国天然草原鲜草产量自 2005 年农业部开展全国草原监测工作以来首次突破 10 亿吨。“十二五”期间，全国天然草原鲜草总产量连续 5 年超过 10 亿吨，2015 年，全国天然草原鲜草总产量 102 805.65 万吨，较

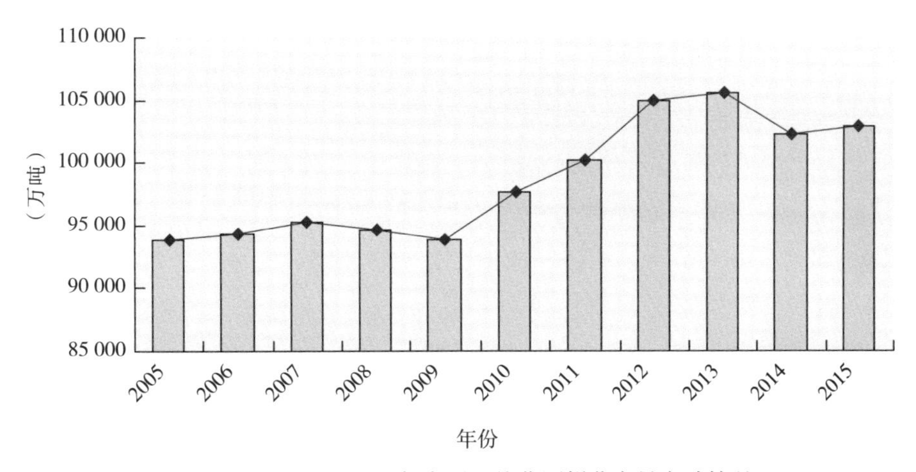

图 16-1 2005—2015 年全国天然草原鲜草产量变动情况

2011 年增加 2.55%，仍然保持较高水平。

2005 年，全国草原鲜草产量 93 784 万吨，折合干草约 29 421 万吨，载畜能力约 23 031万羊单位。

2006 年，全国草原鲜草产量 94 313 万吨，折合干草约 29 587 万吨，载畜能力约 23 161万羊单位，较上年增加 0.6%。产草量居前 10 位的省区分别是内蒙古、新疆、青海、四川、西藏、云南、黑龙江、甘肃、广西、湖北，其产草量达 21 123 万吨，占全国总产草量的 71.4%。

2007 年，全国草原鲜草产量 95 214 万吨，折合干草约 29 865 万吨，载畜能力约 23 369万羊单位，较上年增加 0.9%。产草量居前 10 位的省区分别是内蒙古、新疆、四川、西藏、青海、云南、甘肃、广西、黑龙江和湖北，其鲜草产量达 66 397 万吨，占全国天然草原总产草量的 69.7%。内蒙古、四川、新疆、西藏、青海、甘肃等六大牧区鲜草总产量 50 320 万吨，占全国鲜草总产量的 52.8%。

2008 年，全国天然草原鲜草总产量达 94 715.5 万吨，折合干草约 29 626.8 万吨，与 2007 年基本持平，载畜能力约 23 178 万个羊单位。产草量居前 10 位的省区分别是内蒙古、西藏、四川、新疆、青海、云南、甘肃、黑龙江、广西、湖北，其天然草原干草产量约 20 725.3 万吨，约占全国天然草原干草产量的 70%。内蒙古、西藏、四川、新疆、青海、甘肃等六大牧区天然草原干草产量为 16 438.4 万吨，约占全国天然草原干草产量的 55.5%。

2009 年，全国天然草原鲜草总产量达 93 840.86 万吨，较 2008 年下降 0.92%；折合干草约 29 363.77 万吨，较 2008 年下降 0.89%。产草量居前 10 位的省份依次是内蒙古、四川、新疆、青海、西藏、云南、甘肃、黑龙江、湖北和贵州，其天然草原鲜草产量 64 931.46 万吨，占全国鲜草产量的 69.2%，折合干草 20 383.09 万吨，载畜能力约 16 101.01 万羊单位。内蒙古、四川、新疆、青海、西藏、甘肃等六大牧区鲜草总产量 51 474.90 万吨，占全国鲜草产量的 54.9%，较 2008 年下降 0.86%，折合干草 16 297.67万吨，载畜能力约 12 937.53 万羊单位。

2010 年，全国天然草原鲜草总产量达 97 632.21 万吨，较 2009 年增加 4.04%；折合干草约 30 549.71 万吨，载畜能力约为 24 013.11 万羊单位。从省份上看，产草量居前 10 位的省份依次是内蒙古、新疆、四川、青海、西藏、云南、甘肃、黑龙江、湖北和贵州，10 省（自治区）天然草原鲜草产量 68 348.19 万吨，占全国鲜草总产量的 70.01%，较 2009 年增加 5.3%，折合干草 21 463.00 万吨，载畜能力约 16 988.46 万羊单位。内蒙古、四川、新疆、西藏、青海、甘肃等六大牧区鲜草总产量 54 885.15 万吨，占全国鲜草总产量的 56.22%，较 2009 年增加 6.6%，折合干草 17 377.18 万吨，载畜能力约 13 827.36 万羊单位。

2011年，全国天然草原鲜草总产量达100 248.26万吨，较2010年增加2.68%；折合干草约31 322.01万吨，载畜能力约为24 619.93万羊单位，均较2010年增加2.53%。从省份上看，产草量居前10位的省份依次是内蒙古、新疆、四川、西藏、青海、云南、甘肃、黑龙江、湖北和贵州。10省（自治区）天然草原鲜草产量70 101.41万吨，占全国鲜草总产量的69.93%，较2010年增加2.57%，折合干草22 010.34万吨，载畜能力约17 300.71万羊单位。内蒙古、四川、新疆、西藏、青海、甘肃等六大牧区鲜草总产量56 010.44万吨，占全国鲜草总产量的55.87%，较2010年增加2.05%，折合干草17 733.85万吨，载畜能力约13 939.28万羊单位。全国268个牧区半牧区县（旗、市）鲜草总产量48 596.25万吨，占全国总产量的49.48%，较2010年增加1.49%，折合干草15 368.66万吨，载畜能力约为12 115.67万羊单位。

2012年，全国天然草原鲜草总产量达104 961.93万吨，较2011年增加4.7%；折合干草约32 387.46万吨，载畜能力约为25 457.01万羊单位，均较2011年增加3.4%。从省区来看，产草量居前10位的省区依次是内蒙古、新疆、四川、西藏、青海、云南、甘肃、黑龙江、湖北和贵州。10省（自治区）天然草原鲜草产量74 416.48万吨，占全国鲜草总产量的70.90%，较2011年增加6.12%，折合干草23 379.19万吨，载畜能力约18 376.66万羊单位。内蒙古、四川、新疆、西藏、青海、甘肃等六大牧区鲜草总产量60 347.84万吨，占全国鲜草总产量的57.49%，较2011年增加7.74%，折合干草19 111.17万吨，载畜能力约15 021.89万羊单位。全国268个牧区半牧区县（旗、市）鲜草总产量52 781.29万吨，占全国总产量的50.29%，较2011年增加8.61%，折合干草16 692.19万吨，载畜能力约为13 159.05万羊单位。

2013年，全国天然草原鲜草总产量105 581.21万吨，较2012年增加0.59%；折合干草约32 542.92万吨，载畜能力约为25 579.2万羊单位，均较2012年增加0.48%。从省（自治区、直辖市）来看，产草量居前10位的依次是内蒙古、新疆、四川、西藏、青海、云南、甘肃、黑龙江、湖北和贵州。10省（自治区）天然草原鲜草产量74 778.02万吨，占全国鲜草总产量的70.83%，较2012年增加0.49%，折合干草23 494.16万吨，载畜能力约18 473.79万羊单位。内蒙古、新疆、四川、西藏、青海、甘肃等六大牧区鲜草总产量60 803.26万吨，占全国鲜草总产量的57.59%，较2012年增加0.75%，折合干草19 253.88万吨，载畜能力约15 139.60万羊单位。268县（旗）鲜草总产量为53 713.99万吨，占全国总产草量的50.87%，较2012年增加1.77%；折合干草16 987.61万吨，载畜能力约为13 391.97万羊单位。

2014年，全国天然草原鲜草总产量102 219.98万吨，较2013年减少3.18%；折合干草约31 502.20万吨，载畜能力约为24 761.18万羊单位，均较2013年减少3.20%。从省（自治区、直辖市）来看，产草量居前10位的是内蒙古、新疆、西藏、四川、青海、云南、甘肃、黑龙江、湖北和贵州。与2013年相比，10省（自治区）中除西藏产草量超过四川外，其他排名没有变化，但10省（自治区）天然草原鲜草总产量下降3.88%。2014年，内蒙古、新疆、四川、西藏、青海、甘肃等六大牧区鲜草总产量57 750.76万吨，占全国鲜草总产量的56.50%，折合干草18 289.97万吨，载畜能力约为14 365.60万羊单位。268个牧区及半牧区县（旗）鲜草总产量为50 994.86万吨，占全国总产草量的49.89%，虽然较2013年减少5.06%，但仍较2010年增加6.4%；折合干草16 127.66万吨，载畜能力约为12 714.04万羊单位。

2015年，全国天然草原鲜草总产量102 805.65万吨，较2014年增加0.57%；折合干草约31 734.30万吨，载畜能力约为24 943.61万羊单位，均较2014年增加0.74%。从省（自治区、直辖市）来看，产草量居前10位的依次是内蒙古、新疆、四川、西藏、青海、云南、甘肃、黑龙江、贵州和广西。与2014年相比，广西产草量超过湖北进入前10名，其他排名没有变化。10省（自治区）天然草原鲜草产量72 248.61万吨，占全国鲜草总产量的70.28%，较2014年增加0.88%，折合干草22 688.99万吨，载畜能力约17 825.17万羊单位。内蒙古、新疆、四川、西藏、青海、甘肃等六大牧区鲜草总产量57 310.13万吨，占全国鲜草总产量的55.75%，较2014年减少0.76%，折合干草18 143.01万吨，载畜能力约14 250.52万羊单位。268个牧区半牧区县（旗、市）鲜草总产量50 352.45万吨，占全国总产量的49.17%，折合干草15 924.49万吨，载畜能力约为12 553.87万羊单位。

二、天然草原利用更趋合理

随着草原生态保护补助奖励政策的全面实施，牧区各地继续加快推进草原畜牧业发展方式转变。牧区各地严格按照“生产生态有机结合、生态优先”的基本方针，在保护草原生态环境的前提下，积极引导广大农牧民转变生产经营方式，全国重点天然草原超载率逐年下降。2015年，全国重点天然草原的平均牲畜超载率为13.5%，较10年前下降20.5个百分点，较“十二五”初期的2011年下降14.5个百分点。

2006年，全国重点天然草原平均超载牲畜34%左右。其中，西藏平均牲畜超载率为38%、内蒙古平均牲畜超载率为22%、新疆平均牲畜超载率为39%、青海平均牲畜超载率为39%、四川平均牲畜超载率为40%、甘肃平均牲畜超载率为40%。从牧区、半农半牧区县（旗）情况看：在全国2 667[1]个牧区、半农半牧区县（旗）中，204个县（旗）处于超载状态，其中牧区县平均超载28%，半农半牧区县平均超载42%。

2007年，全国重点天然草原的牲畜超载率为33%左右，较2006年下降1个百分

[1] 2010年以后，全国牧区半牧区县（旗）数量增至268个。

点。其中，西藏平均牲畜超载率为40%、内蒙古平均牲畜超载率为20%、新疆平均牲畜超载率为39%、青海平均牲畜超载率为38%、四川平均牲畜超载率为39%、甘肃平均牲畜超载率为38%。从牧区、半农半牧区县（旗）情况看：在全国266个牧区、半农半牧区县（旗）中，牲畜超载率大于20%的有178个县（旗）。

2008年，全国重点天然草原的牲畜超载率为32%。其中，西藏平均牲畜超载率为38%、内蒙古平均牲畜超载率为18%、新疆平均牲畜超载率为40%、青海平均牲畜超载率为37%、四川平均牲畜超载率为39%、甘肃平均牲畜超载率为39%。从牧区、半农半牧区县（旗）情况看：全国266个牧区、半牧区县（旗）中，牲畜超载率大于20%的仍有176个县（旗），但超载程度较重的县（旗）个数有所减少。

2009年，全国重点天然草原的牲畜超载率为31.2%，较2008年下降了0.8个百分点。其中，西藏平均牲畜超载率为39%、内蒙古平均牲畜超载率为25%、新疆平均牲畜超载率为35%、青海平均牲畜超载率为26%、四川平均牲畜超载率为38%、甘肃平均牲畜超载率为38%。从牧区、半牧区县（旗）情况看：处于过度利用的草原面积占全国266个牧区、半牧区县（旗）草原面积的45.4%。其中，在牧区，42%的草原还存在超载过牧情况；在半牧区，56.4%的草原仍存在超载过牧情况。

2010年，全国重点天然草原的牲畜超载率为30%，较2009年下降了1.2个百分点。其中，西藏平均牲畜超载率为38%、内蒙古平均牲畜超载率为23%、新疆平均牲畜超载率为33%、青海平均牲畜超载率为25%、四川平均牲畜超载率为37%、甘肃平均牲畜超载率为36%。全国266个牧区、半牧区县（旗）天然草原的牲畜超载率为44%。其中，牧区牲畜超载率为42%；半牧区牲畜超载率为47%。

2011年，全国重点天然草原的牲畜超载率为28%，较2010年下降了2个百分点。其中，西藏平均牲畜超载率为32%、内蒙古平均牲畜超载率为18%、新疆平均牲畜超载率为30%、青海平均牲畜超载率为25%、四川平均牲畜超载率为37%、甘肃平均牲畜超载率为34%。全国268个牧区半牧区县（旗、市）天然草原的牲畜超载率为42%。其中，牧区县牲畜超载率为39%；半牧区县牲畜超载率为46%。

2012年，全国重点天然草原的牲畜超载率为23%，较2011年下降了5个百分点。其中，西藏平均牲畜超载率为29%、内蒙古平均牲畜超载率为12%、新疆平均牲畜超载率为24%、青海平均牲畜超载率为16%、四川平均牲畜超载率为29%、甘肃平均牲畜超载率为27%。全国268个牧区半牧区县（旗、市）天然草原的牲畜超载率为34.8%，较2011年下降7.2个百分点。其中，牧区县牲畜超载率为34.5%；半牧区县牲畜超载率为36.2%。

2013年，全国重点天然草原的平均牲畜超载率为16.8%，较2012年下降6.2个百分点，自2005年农业部开展全国草原监测工作以来首次降到20%以下。其中，西藏平均牲畜超载率为22%、内蒙古平均牲畜超载率为8%、新疆平均牲畜超载率为19%、青海平均牲畜超载率为14%、四川平均牲畜超载率为19%、甘肃平均牲畜超载率为19%。全国268个牧区半牧区县(旗、市)天然草原的平均牲畜超载率为21.3%,较2012年下降13.5个百分点。其中,牧区县平均牲畜超载率为22.5%;半牧区县平均牲畜超载率为17.5%。

2014年，全国重点天然草原的平均牲畜超载率为15.2%，较2013年下降1.6个百分点。其中，西藏平均牲畜超载率为19%，内蒙古平均牲畜超载率为9%，新疆平均牲畜超载率为20%，青海平均牲畜超载率为13%，四川平均牲畜超载率为17%，甘肃平均牲畜超载率为17%。全国268个牧区半牧区县（旗、市）天然草原的平均牲畜超载率为19.4%，较2013年下降1.9个百分点。其中，牧区县平均牲畜超载率为20.6%；半牧区县平均牲畜超载率为15.6%。

2015年，全国重点天然草原的平均牲畜超载率为13.5%，较2014年下降了1.7个百分点。其中，西藏平均牲畜超载率为19%，内蒙古平均牲畜超载率为10%，新疆平均牲畜超载率为16%，青海平均牲畜超载率为13%，四川平均牲畜超载率为13.5%，甘肃平均牲畜超载率为16%。全国268个牧区半牧区县（旗、市）天然草原的平均牲畜超载率为17%，较2014年下降2.4个百分点。其中，牧区县平均牲畜超载率为18.2%；半牧区县平均牲畜超载率为13.2%（表16-1）。

表16-1　2006—2015年六大牧区省份及全国重点天然草原平均牲畜超载率

省(自治区)	2006年	2007年	2008年	2009年	2010年	2011年	2012年	2013年	2014年	2015年
西藏	38%	40%	38%	39%	38%	32%	29%	22%	19%	19%
内蒙古	22%	20%	18%	25%	23%	18%	12%	8%	9%	10%
新疆	39%	39%	40%	35%	33%	30%	24%	19%	20%	16%
青海	39%	38%	37%	26%	25%	25%	16%	14%	13%	13%
四川	40%	39%	39%	38%	37%	37%	29%	19%	17%	13.5%
甘肃	40%	38%	39%	38%	36%	34%	27%	19%	17%	16%
全国	34%	33%	32%	31.2%	30%	28%	23%	16.8%	15.2%	13.5%

第二节　草原生态

一、全国草原生态加剧恶化的势头初步得到遏制

进入新世纪以来，国家不断加大力度推进草原重大生态工程建设，并从2011年开始在内蒙古等草原省（自治区）实施草原生态保护补助奖励政策，各地更加重视保护和改善草原生态环境，促进草原畜牧业发展方式转变，下工夫集中治理生态脆弱和严重退化草原，草原生态发生了一些趋好性变化，草原生态环境加剧恶化的势头初步得到遏制。

1. 重大生态工程区草原生态加快恢复　随着一系列重大生态的实施，工程区内植

被组成发生显著变化，多年生牧草增多，可食鲜草产量提高，有毒有害杂草数量下降，生物多样性明显好转，区域生态显著改善。2015 年监测结果表明，重大生态工程区草原植被盖度比非工程区平均高出 11 个百分点，高度平均增加 53.1%，草产量平均增加 52.7%，可食鲜草产量平均增加 68.7%。

（1）退牧还草工程　退牧还草工程从 2003 年开始实施，通过安排禁牧、休牧、划区轮牧围栏，建设人工饲草地，治理石漠化草地等，在保护草原生态环境、改善牧区民生方面成效显著。据 2015 年对 81 个县（旗、市）的退牧还草工程进行监测结果表明，2015 年工程区内的平均植被盖度为 67%，比非工程区高出 9 个百分点；高度、鲜草产量分别为 14.8 厘米、2791.7 千克/公顷，比非工程区分别高出 48.0%、40.2%。对 17 个县（市、旗）遥感监测显示，工程区内的平均植被盖度和鲜草产量较 2010 年工程实施前分别提高了 3 个百分点和 7.7%。

内蒙古东部工程区：2015 年，工程区内平均植被盖度为 67%，比非工程区高出 13 个百分点；高度、鲜草产量和可食鲜草产量分别为 28.8 厘米、3 638.3 千克/公顷和 3 478.4千克/公顷，比非工程区分别增加 89.2%、97.3%和 97.0%。

蒙陕甘宁工程区：2015 年，工程区内平均植被盖度为 56%，比非工程区高出 8 个百分点；高度、鲜草产量和可食鲜草产量分别为 14.5 厘米、1 494.6 千克/公顷和 1 353.4千克/公顷，比非工程区分别增加 25.2%、17.0%和 14.9%。

新疆工程区：2015 年，工程区内平均植被盖度为 53%，比非工程区高出 9 个百分点；高度、鲜草产量和可食鲜草产量分别为 20.2 厘米、1 924.8 千克/公顷和 1 822.0 千克/公顷，比非工程区分别增加 44.0%、74.8%和 76.9%。

青藏高原工程区：2015 年，工程区内平均植被盖度为 73%，比非工程区高出 8 个百分点；高度、鲜草产量和可食鲜草产量分别为 12.7 厘米、3 538.5 千克/公顷和 2 956.2千克/公顷，比非工程区分别增加 42.1%、33.2%和 42.8%（图 16-2 至图 16-4）。

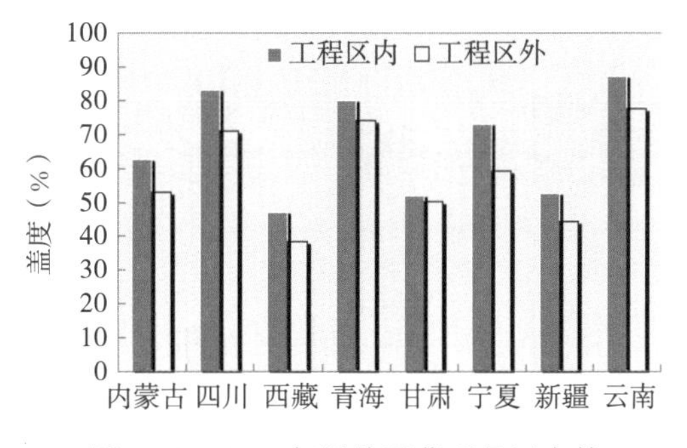

图 16-2　2015 年退牧还草项目区内外植被盖度对比

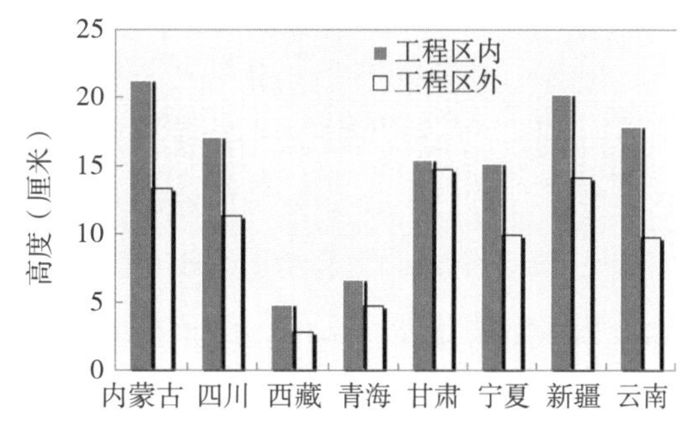

图 16-3　2015 年退牧还草项目区内外植被高度对比

（2）京津风沙源治理工程　京津风沙源治理工程于 2000 年全面启动实施，工程通过采取多种生物措施和工程措施，有力遏制了京津及周边地区土地沙化的扩展趋势。据对内蒙古、河北、山西3省（自治区）地面样点调查显示，2015年，工程区内的平均植被盖度为75%，比非工程区高出18个百分点；高度和鲜草产量分别为27.9厘米、5 232.6千克/公顷，比非工程区分别增加69.6%和93.0%。据对2001年实施工程的9个县（旗）进行遥感监测，2015年，草原植被盖度和鲜草产量比2001年分别增加13个百分点和22.1%。京津风沙源治理工程的实施，有效遏制了严重沙化草地的扩张，其中内蒙古镶黄旗、锡林浩特市、东乌珠穆沁旗三旗（市）严重沙化草地面积较2000年减少约35.7%（图16-5至图16-7）。

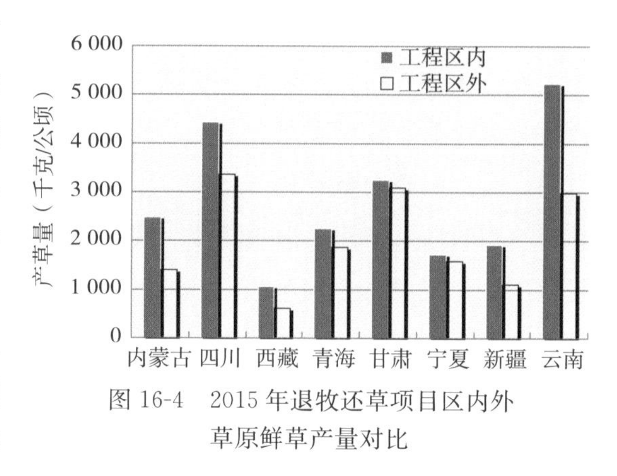

图16-4　2015年退牧还草项目区内外草原鲜草产量对比

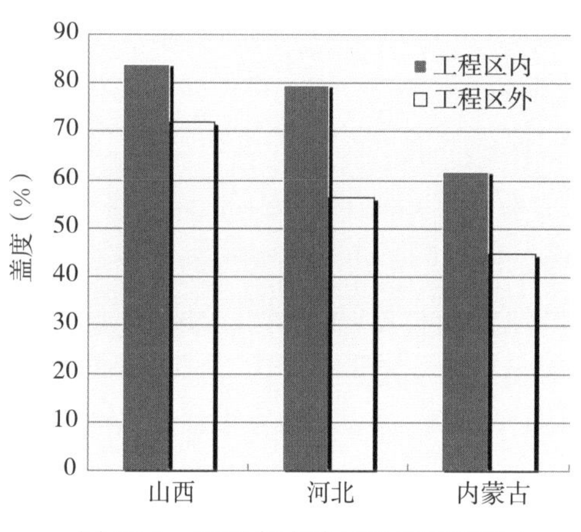

图16-5　2015年京津风沙源项目区内外植被盖度对比

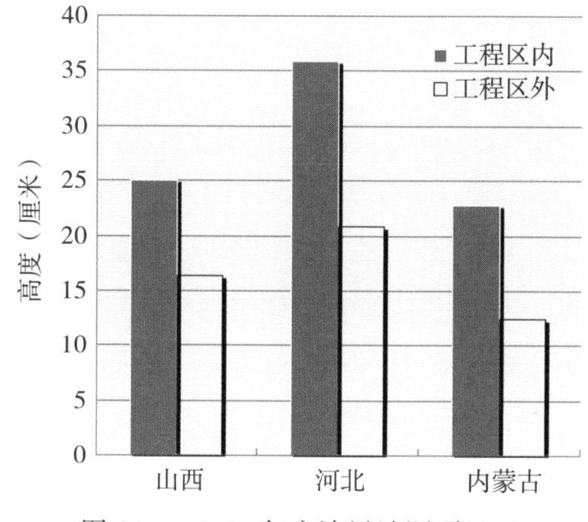

图16-6　2015年京津风沙源项目区内外植被高度对比

（3）西南岩溶地区草地治理试点工程　自2006年开始，西南岩溶地区草地治理试点工程在贵州和云南省实施。据对工程区监测显示，改良草地工程区植被盖度、高度、鲜草产量比非工程区分别提高了11个百分点、12.8%和33.3%；围栏封育工程区植被盖度、高度、鲜草产量比非工程区分别提高14个百分点、32.4%和

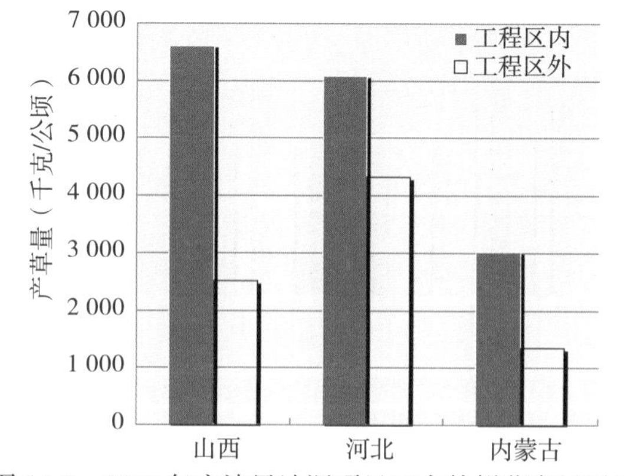

图16-7　2015年京津风沙源项目区内外鲜草产量对比

45.0%；人工草地工程区植被盖度、高度、鲜草产量比非工程区分别提高28个百分点、90.5%和156.4%。

2. 部分重点草原地区生态环境明显改善 据2009年、2010年监测结果显示，与2000年相比，新疆北部退化草原比例降低2.4个百分点；青海通过冬春草场禁休牧，牧草增产率达48.8%，三江源自然保护区黑土滩治理区植被覆盖度由30%提高到70%，产草量提高6倍以上，“江河源”和“气候源”的功能日益增强，青海草原生态整体恶化势头得到初步遏制；自2003年实行全区禁牧以来，宁夏天然草原产草量平均增长30%，盖度提高25%～50%，“塞上江南”的景象开始显现；在内蒙古，鄂尔多斯市禁牧区植被盖度提高50%～70%，高度提高到70～100厘米。

3. 全国草原植被盖度保持较高水平 随着国家草原生态保护补助奖励政策的实施，依据开展政策实施效果评估工作的需要，农业部对全国天然草原综合植被盖度进行了监测。监测结果表明，2011年以来，全国天然草原综合植被盖度呈逐年增加趋势。2011年，全国草原综合植被盖度为51%，2012年为53.8%，2013年为54.2%，2014年为53.6%，2015年全国草原综合植被盖度达到了54%，较“十二五”初期的2011年提高3个百分点。

二、典型区域草原生态明显改善

2008年以来，农业部组织中国农业科学院农业资源与农业区划研究所等有关单位在内蒙古、西藏、新疆和宁夏等典型区域开展了草原沙化遥感监测试点工作，摸清了监测区域草原沙化动态变化，监测结果表明，草原生态保护建设工程和管理措施对沙化草原治理成效显著。2013年以来，农业部草原监理中心组织内蒙古草原勘察规划院等单位，对锡林郭勒草原和呼伦贝尔草原开展了生态综合监测评价工作。总的来看，这些重点草原区草原生态明显改善，北方草原生态屏障的作用日益凸显。

1. 典型草原区域草原生态恢复显著

（1）锡林郭勒草原 2013年监测结果显示，20世纪80年代以来，受牲畜数量激增和气候的影响，锡林郭勒盟草原生态先期呈现加剧退化的状态，至21世纪初到达最差状态。之后，随着草原生态保护力度的加大，全面实施草畜平衡，实施退耕还草，锡林郭勒盟草原生态逐渐恢复，但还未达到20世纪80年代的水平。

与20世纪80年代相比，2002年草原植被盖度下降，牧草产量降低，一年生杂草增多。其中，草甸草原的平均盖度降低15个百分点，草群平均高度降低2.2厘米，每公顷牧草鲜重降低1 460.2千克，一年生牧草比例增加8个百分点；温性典型草原的平均盖度降低6个百分点，草群平均高度降低17.9厘米，每公顷牧草鲜重降低786.7千克，一年生牧草比例增加21.3个百分点；温性荒漠草原的平均盖度降低1.9个百分点，草群平均高度降低 0.3 厘米；每公顷牧草鲜重降低 109.4 千克，一年生牧草比例增加 22.3 个百分点。

与 21 世纪初相比，目前锡林郭勒草原盖度和牧草产量明显提高，草群中多年生牧草比例有所增加，草群中一年生植物比例显著降低，草原生态系统功能正在逐步恢复。其中，温性典型草原的平均盖度增加 5.8 个百分点，每公顷牧草鲜重增加 59.2 千克，一年生杂草所占比例降低 16.6 个百分点。但与 20 世纪 80 年代相比，优良的多年生牧草种类和种群密度仍较低，一年生杂草种群密度较高，除盖度较接近外，各类型草原牧草高度、产量均较低，生态状况还没有恢复到 20 世纪 80 年代的水平（图 16-8 至图 16-10）。

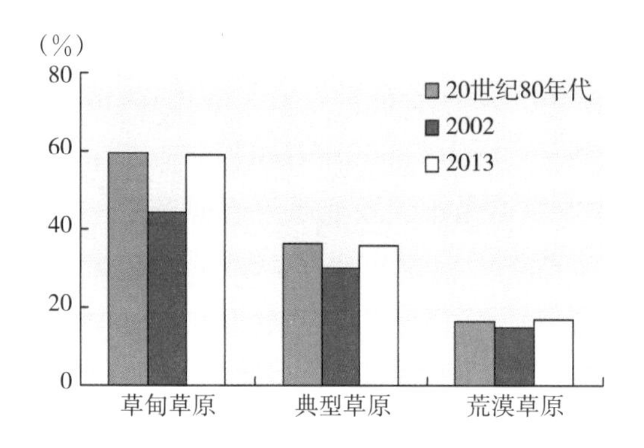

图 16-8 锡林郭勒草原不同时期植被盖度比较

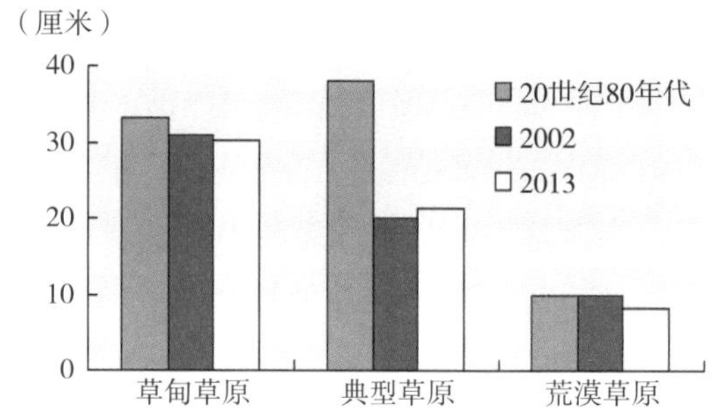

（厘米）
40
30
20
10
0
20世纪80年代
2002
2013
草甸草原
典型草原
荒漠草原

图 16-9 锡林郭勒草原不同时期植被高度比较

（2）呼伦贝尔草原 2014 年，监测结果显示（图 16-11），20 世纪 80 年代以来，受超载放牧和气候变化等因素影响，呼伦贝尔草原生态退化趋势明显；但在 2004 年以后，随着草原生态保护工程力度的加大，草原生态逐渐好转。目前，呼伦贝尔草原植被盖度和生产力水平与 20 世纪 80 年代接近，均位于内蒙古 12 个盟市之首。

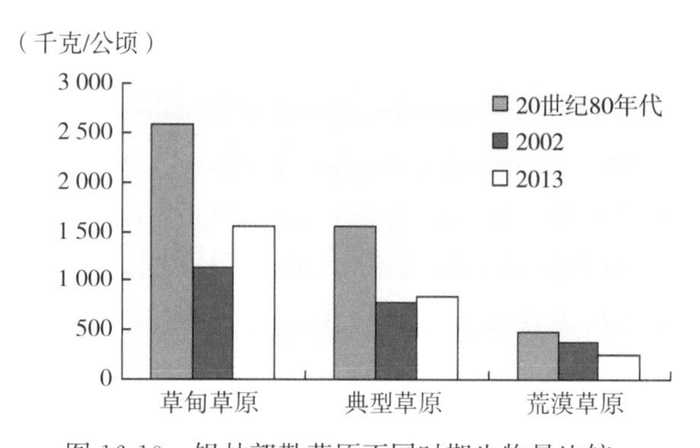

图 16-10 锡林郭勒草原不同时期生物量比较

2004 年，呼伦贝尔草原覆盖度降到历史最低值 65.2%，较 20 世纪 80 年代的最高值 85.1%，下降约 20 个百分点。其间，呼伦贝尔草原生产力呈现出同样的下降趋势。2005—2014 年，呼伦贝尔草原生态逐渐恢复。2014 年，草原植被盖度 79.9%，较 2004 年约增加 15 个百分点，特别是 2011 年至今，草原植被盖度始终处于相对较高水平，基本接近 20 世纪 80 年代平均水平。在生产力方面，2014 年草原生产力为 1 979.7 千克/公顷，较 2001—2003 年增加约 88.5%，略低于 20 世纪 80 年代 1 988 千克/公顷的水

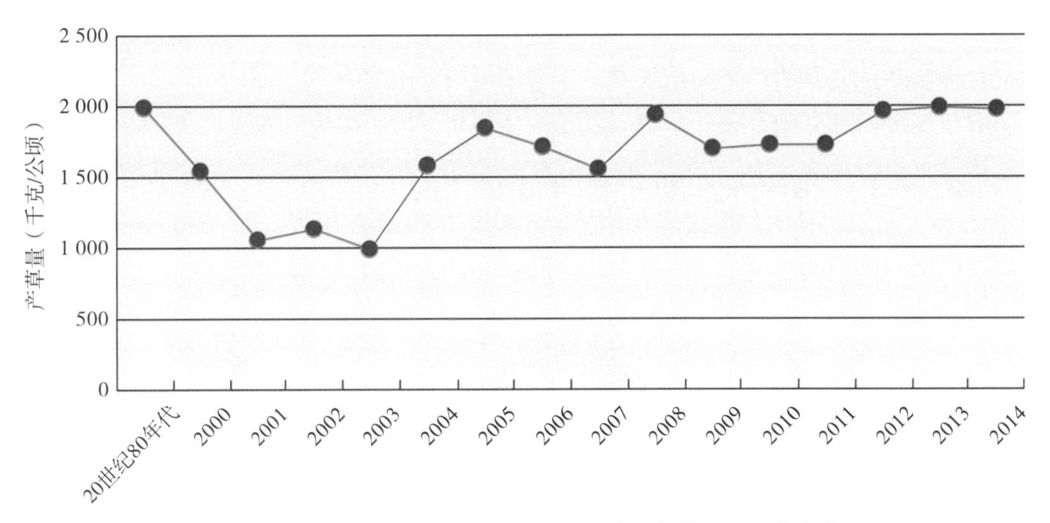

图 16-11　20 世纪 80 年代至 2014 年呼伦贝尔草原生产力变化

平。其间，呼伦贝尔草原退化、沙化速度趋缓，草原开垦现象得到有效控制，耕地面积出现负增长，草原开垦开矿得到基本遏制。21 世纪初以来，呼伦贝尔市的新巴尔虎左旗、新巴尔虎右旗、鄂温克旗和陈巴尔虎旗 4 个牧业旗退耕还草面积达到 8.7 万公顷，约占 21 世纪初耕地总面积的 34%。

（3）鄂尔多斯草原　20 世纪 80 年代至 21 世纪初，鄂尔多斯草原开垦、开矿及退化、沙化、盐渍化草原面积逐年增加，鄂尔多斯天然草原面积减少 9.4%，草原生态退化趋势明显。2000 年以来，鄂尔多斯市草原开垦得到有效遏制，鄂尔多斯草原面积逐渐恢复到了 20 世纪 80 年代的水平。虽然露天煤矿占用草原面积仍然呈现增加趋势，但在 2000—2010 年的 10 年间，鄂尔多斯退化、沙化、盐渍化草原面积整体减少 59.1 万公顷，约占 21 世纪初“三化”草原面积的 11.9%，其中草原退化和盐渍化程度明显降低。2000—2014 年期间，鄂尔多斯市天然草原生产力整体呈上升趋势，近 3 年平均草原生产力约为 618.7 千克/公顷，较 2001—2003 年 3 年平均值增加 47.9%；草原植被盖度趋势与生产力趋势相近，近 3 年平均植被盖度约为 35%，增加近 11 个百分点，特别是近 3 年来草原植被盖度始终处于相对较高水平，甚至达到 20 世纪 80 年代平均水平。监测表明，鄂尔多斯草原生态系统对气候、人为因素干扰比较敏感，草原植被受降水量影响动态变化较为剧烈。与 20 世纪 80 年代相比，鄂尔多斯天然草原单位面积内物种数平均下降 26.2%，一年生植物所占比重平均增加 15 个百分点，多年生优质牧草比重显著下降，群落稳定性仍然较低，草原生态系统依然脆弱。

2. 沙化草原沙化状况得到遏制　对内蒙古锡林郭勒盟部分地区（西乌珠穆沁旗、锡林浩特市、阿巴嘎旗和正蓝旗）的监测结果表明，20 多年来，监测区沙化草原总面积一直呈减少趋势。2008 年，沙化草原约占其草原总面积的 42.8%左右，较 1987 年减少 10.8%，并以轻度沙化草原为主，部分草原地区重度沙化草原呈现增加趋势。总体而言，锡林郭勒盟监测区草原沙化处于“面上好转，局部发展”阶段。

对科尔沁沙地（内蒙古、吉林、辽宁 3 省区的 18 个旗县）的感监测结果表明，科尔沁沙地草原沙化在 1985—1992 年呈现快速发展趋势，1992—2001 年草原沙化状况总体稳定，21 世纪初以来草原沙化面积减小，沙化状况加速改善。2013 年，科尔沁沙地草原沙化面积为 165.6 万公顷，比 2001 年减少 23.3 万公顷（图 16-12）。

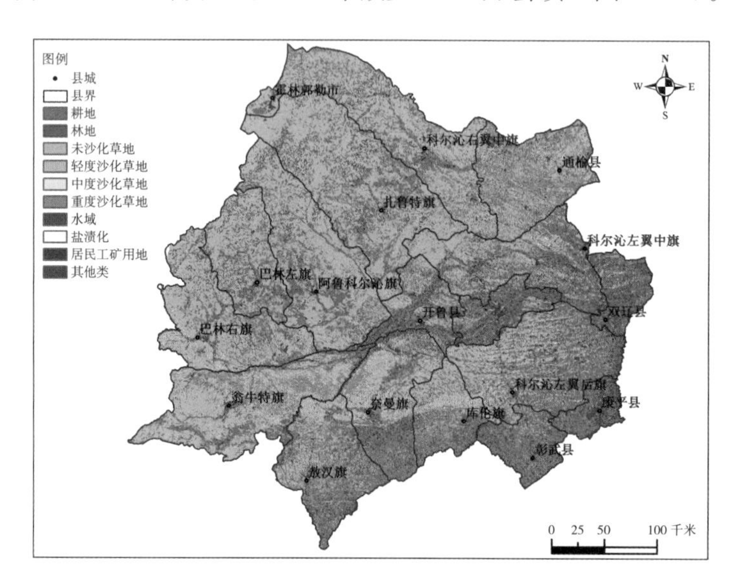

图 16-12　2013 年科尔沁沙地沙化现状

对西藏的安多县、班戈县、措勤县和仲巴县监测结果表明，从 1990—2000 年，再到 2009 年，草原沙（砾）化总面积呈现先增加后减少的趋势。2009 年，草原沙（砾）化总面积为 1 096 万公顷，2009 年较 1990 年减少 3.9%，占研究区总面积的 78.9%。总体而言，虽然近 10 年来，西藏四县研究区草原沙（砾）化出现了面上好转的迹象，但整体逆转效果并不显著，草原沙（砾）化状况依然较为严峻。

对新疆的富蕴县、青河县、奇台县以及木垒哈萨克自治县的监测结果表明，1990 年、2002 年和 2010 年 3 个时期草原沙化总面积相差不大，但重度沙化草地的面积呈现先增后减的趋势。2010 年，草原沙化总面积为 736 598 公顷，约占研究区土地总面积的 9.7%。总体上，新疆研究区草原沙化状况呈现“面上稳定、局部好转”的特点。

对宁夏中北部的银川市、中卫市、吴忠市、石嘴山市的 16 个县（市、区）的监测结果表明，宁夏草原沙化状况明显改善。一方面，沙化草原面积明显减少，1993—2011 年近 20 年的时间内，该区域沙化草原面积占国土面积的比例下降了 4.5 个百分点，1 585千米^2 沙化草原恢复为未沙化草原；另一方面，草原沙化程度明显减轻。近 20 年的时间内，2 441 千米^2 的重度沙化草原转化为中度、轻度或未沙化草原，1 099 千米^2

的中度沙化草原恢复为轻度或未沙化草原。

从全国草原生态现状和主要草原牧区的生态治理效果看，我国草原生态工程建设取得了一些成绩，部分地区生态环境明显改善。同时，必须清醒地看到，全国大部分草原仍处于超载过牧状态，容易受到人为破坏、气候变化、灾害肆虐的严重威胁，加上我国草原类型复杂多样，因此草原生态状况的好转需要一个长期的过程，草原生态生态恢复和保护工程建设任务仍然十分繁重，我国草原生态环境治理还面临着严重挑战。

第三节　牧草种植

一、牧草种植

近年来，全国牧草种植生产整体呈现稳中有升的态势。截至 2014 年年底，全国保留种草面积 2 200.7 万公顷，同比增长 5.5%。其中，人工种草 1 282.2 万公顷、改良种草 859.7 万公顷，分别同比增长 2.9%和 11.3%；飞播种草 58.8 万公顷，同比下降 13.7%。从牧草类型来看，多年生牧草保留面积同比增长 5.8%，一年生牧草面积同比增长 4.1%。多年生牧草种植面积前 6 位的省区为内蒙古、甘肃、四川、新疆、青海和陕西，主要种类为紫花苜蓿、披碱草、柠条、老芒麦、沙打旺和多年生黑麦草等；一年生牧草主要种植省区为内蒙古、四川、新疆、辽宁、甘肃和吉林，主要种类为青贮专用玉米、多花黑麦草和燕麦（图 16-13）。按照 2012 年中央 1 号文件关于“启动实施振兴奶业苜蓿发展行动”的要求，中央财政每年安排 3 亿元，农业部负责组织实施，在奶牛主产省和苜蓿优势区建设 50 万亩高产优质苜蓿示范基地，“十二五”期间共计划建设 200 万亩。目前，项目已经实施 3 年，覆盖全国 14 个省（自治区、直辖市）。3 年来，已基本建成 150 万亩高产优质苜蓿示范基地，项目取得阶段性成效，带动了我国苜蓿产业提质增效，促进了奶业生产和质量安全水平提升，受到行业广泛欢迎和好评。

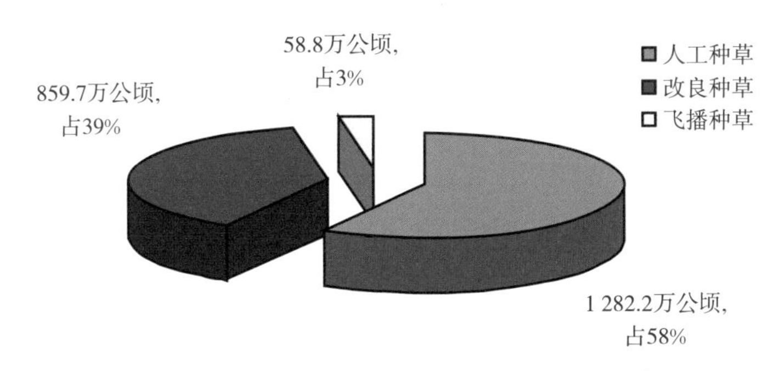

图 16-13　截至 2014 年年底全国保留种草面积及其占比

二、牧草种子生产

牧草种子是退化草原改良、人工草地建植、水土保持等必要的生产资料，是牧草生产的基本要素。近年来，随着草原补奖政策的全面实施和振兴奶业苜蓿发展行动的启动，饲草需求量剧增。

2013年，全国牧草种子田面积约为144.4万亩，同比减少19.14%。其中，一年生牧草种子田、多年生牧草种子田分别为44.79万亩、98.12万亩，同比分别减少27.35%和14.54%。2013年，全国牧草种子生产量为8.14万吨，同比减少2.99%。从采种方式看，种子田、天然采种田分别生产种子7.22万吨和0.92万吨，同比分别减少1.39%和13.86%。草种销售量为3.20万吨，同比增长35.16%。从省区来看，2013年，全国牧草种子田面积较大的省区主要有甘肃、四川、青海、内蒙古、陕西等，种子田面积分别为58.89万亩、21.27万亩、17.90万亩、9.45万亩、7.80万亩，分别占全国种子田面积的40.78%、14.73%、12.40%、6.55%、5.40%；该6省区作为牧草种子的主产区，牧草种子产量分别为3.91万吨、1.40万吨、1.40万吨、0.66万吨、0.26万吨，分别占全国34.99%、12.50%、12.54%、5.91%、2.30%。从牧草种子种类来看，2013年种子田面积较大的一年生牧草有燕麦、小黑麦、多花黑麦草，分别占全国牧草种子田面积的7.66%、4.24%、2.51%；种子产量分别为2.04万吨、0.92万吨、0.23万吨，分别占全国牧草种子总产量的18.23%、8.24%、2.02%。种子田面积较大的多年生牧草有紫花苜蓿、披碱草、老芒麦，种子田面积分别占全国牧草种子田面积的39.78%、25.69%、4.29%；种子产量分别为1.28万吨、0.81万吨、0.24万吨。

2014年，全国牧草种子田总面积约为142.68万亩，同比减少1.19%。其中，一年生牧草种子田41.12万亩，同比减少8.19%；多年生牧草种子田101.56万亩，同比增加2.00%。2014年，全国牧草种子生产量为8.23万吨，同比增加1.11%。从采种方式看，种子田、天然采种田分别生产种子7.42万吨和0.81万吨，同比分别增长2.77%、减少11.96%。草种销售量为2.15万吨，同比减少32.81%。从省区来看，2014年，全国牧草种子田面积较大的省区主要有甘肃、青海、四川、内蒙古、陕西等，种子田面积分别为54.15万亩、23.01万亩、15.95万亩、11.39万亩、7.10万亩，分别占全国种子田面积的37.95%、16.13%、11.18%、7.98%、4.98%；该6省区作为牧草种子的主产区，牧草种子产量分别为3.92万吨、1.76万吨、0.75万吨、0.72万吨、0.25万吨，分别占全国47.63%、21.39%、9.11%、8.75%、3.04%。从牧草种子种类来看，2014年，种子田面积较大的一年生牧草有燕麦、小黑麦，分别占全国牧草种子田面积的8.57%、4.28%；种子产量分别为2.52万吨、0.92万吨，分别占全国牧草种子总产量的30.62%、11.18%。种子田面积较大的多年生牧草有紫花苜蓿、披碱草、老芒麦，种子田面积分别占全国牧草种子田面积的 40.52％、9.83％、5.47％；种子产量分别为 1.43 万吨、0.76 万吨、0.31 万吨。

三、商品草生产

2013 年，全国商品草生产种植面积为 4 767 万亩，同比增长 173.18％；全国商品草总产量 924.57 万吨，同比增长 15.58％。2013 年，商品草总销售量 622.15 万吨。商品草生产面积最大的牧草种类为羊草，生产面积 3 937.71 万亩，总产量 257.51 万吨，销售量为 86.31 万吨。其次，为紫花苜蓿，生产面积达 581 万亩，总产量 343.62 万吨，销售量为 341.2 万吨。之后，是青饲、青贮玉米，生产面积 160 万亩，总产量 257.3 万吨，销售量为 144.2 万吨。商品草主要生产省区为甘肃省、内蒙古自治区、黑龙江省、新疆维吾尔自治区等。

2014 年，全国商品草生产种植面积为 3 827.35 万亩，同比下降 19.71％；全国商品草总产量 936.67 万吨，同比增长 1.31％。商品草生产面积最大的牧草种类为羊草，生产面积 2 948.36 万亩，总产量 230.40 万吨。其次，为紫花苜蓿，生产面积达 598.11 万亩，总产量 357.93 万吨。之后，是青贮专用玉米，生产面积 142.76 万亩，总产量 208.71 万吨。商品草主要生产省区为内蒙古自治区、黑龙江省、吉林省、甘肃省等。

四、草产品进口

1. 牧草干草进口　近年来，我国牧草干草进口量一直呈现快速增长趋势。2013 年，全国干草进口约 80 万吨，较 2012 年增长 74％，是 2008 年的 4.8 倍。进口的牧草干草中，主要以苜蓿、燕麦为主。2013 年，苜蓿干草进口量 75.6 万吨，占干草进口总量的 95％，较 2012 年增长 71％，为 2008 年的 39 倍；燕麦干草进口量为 4.3 万吨，是 2012 年的 2.3 倍，为 2008 年的 28 倍。苜蓿干草主要从美国进口，燕麦干草主要从澳大利亚进口。

2014 年，全国干草进口 100.5 万吨，较 2013 年增长 25.9％，为 2008 年的 4.8 倍。进口的牧草干草主要以苜蓿、燕麦为主。2014 年，苜蓿干草进口量 88.5 万吨，占干草进口总量的 88％，较 2013 年增长 17％；燕麦干草进口量为 12.1 万吨，是 2013 年的 2.8 倍。苜蓿干草主要从美国、西班牙和加拿大进口，燕麦干草主要从澳大利亚进口。

2015 年，全年进口干草累计 136.5 万吨，同比增加 35.7％。其中，进口苜蓿草总计 121.3 万吨，同比增加 37.2％，占干草进口总量的 88.9％；进口燕麦干草总计 15.1 万吨，同比增加 25.2％。苜蓿干草主要从美国、西班牙和加拿大进口，燕麦干草主要从澳大利亚进口（图 16-14）。

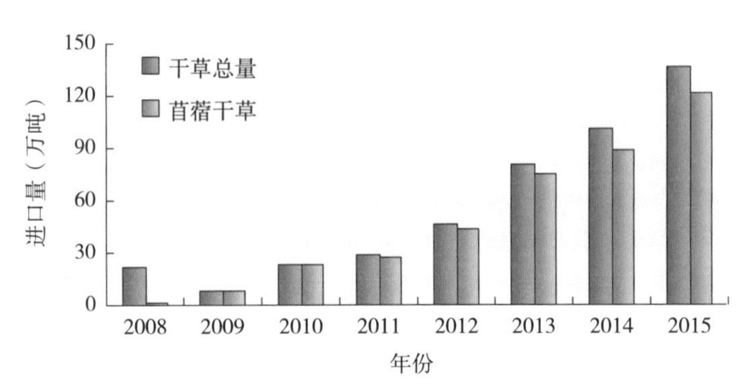

图 16-14　2008—2015 年我国苜蓿干草进口情况

2. 草种进口　2013 年，我国进口草种 3.48 万吨，较 2012 年减少 7.3%，但仍为 2008 年的 2.2 倍。进口草种主要以黑麦草、羊茅、草地早熟禾、三叶草和紫花苜蓿为主。其中，紫花苜蓿、黑麦草、羊茅、草地早熟禾草种进口量增加趋势明显。2013 年，紫花苜蓿种子进口量 1 880.9 吨，较2012 年增加 20%，为 2008 年的 39 倍；黑麦草、羊茅、草地早熟禾种子进口量分别为 2008 年的 3 倍、2倍、1.7 倍；三叶草草种进口量较上年减少 5%。

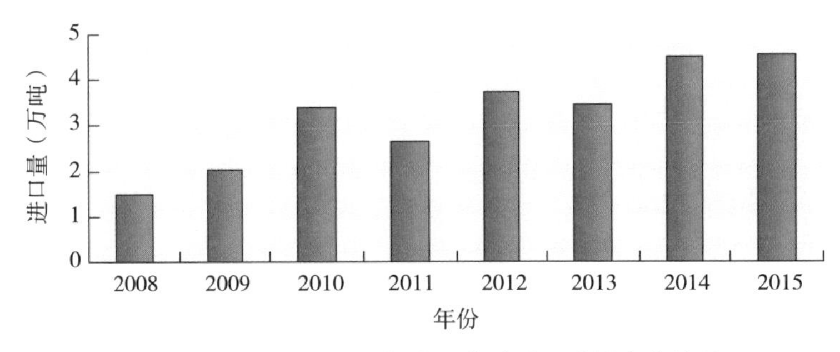

图 16-15　2008—2015 年我国草种进口总量变化情况

2014 年，我国进口草种 4.5 万吨，较 2013 年整年增加 29.4%，为 2008 年的 3.1 倍。进口草种主要以黑麦草、羊茅、草地早熟禾、紫花苜蓿和三叶草为主。2014 年，除草地早熟禾草种外，其他草种进口量均较 2013 年有明显的增加。其中，紫花苜蓿种子进口 2 462.3吨，较 2013 年整年增加 30.9%；羊茅种子进口 14 018.5 吨，较 2013 年整年增加 45.1%；黑麦草和三叶草种子进口量分别较 2013 年整年增加 29.6%和 19.7%。

2015 年，我国进口草种 4.55 万吨，同比增加 0.9%。进口草种主要以黑麦草、羊茅、草地早熟禾、三叶草和紫花苜蓿为主。其中，羊茅种子、紫花苜蓿种子进口数量较上年略有减少，其他草种进口数量略有增加(图 16-16)。

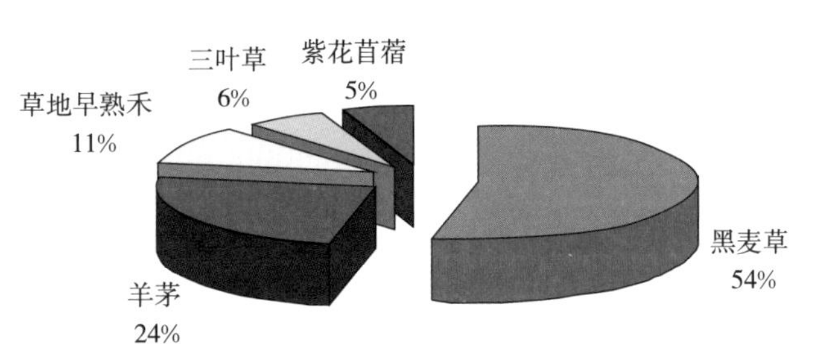

图 16-16　2015 年我国进口草种所占比例情况

05 第五篇 草原监测体系介绍

DIWUPIAN CAOYUAN JIANCE TIXI JIESHAO

第十七章 草原监测机构和技术支撑机构

农业部畜牧业司

农业部畜牧业司为农业部内设机构，核定编制 30 人，现有 28 人。

主要职责

负责畜牧业、饲料业和草原的行业管理。拟定畜牧业、饲料业、草原的发展战略、政策、规划、计划并组织实施；起草行业的法律、法规、规章并监督实施。负责监测畜牧、饲料行业经济运行和草原生态状况，承担行业统计有关工作；参与畜牧业产品供求信息、价格信息的收集和分析工作。提出畜牧业、饲料业和草原科研、技术推广项目建议，承担重大科研、推广项目的遴选及组织实施工作；指导行业技术推广体系改革与建设。负责畜禽遗传资源、饲料资源和草原资源的普查、保护及开发利用工作。负责畜牧、饲料、草原的行政许可工作。指导畜牧业结构和布局调整，组织标准化生产及规模饲养，拟订畜牧业、饲料业、草原的有关标准和技术规范并组织实施；指导畜禽养殖场（小区）备案、档案管理，参与畜禽养殖场的污染防治。负责饲料、饲料添加剂的管理工作。负责草原监督管理工作；负责草原保护、资源合理开发利用和生态建设；负责草原鼠虫害防治和草原防火工作。负责奶畜饲养以及生鲜乳生产环节、收购环节的监督管理。编制畜牧行业基本建设规划，提出项目安排建议并组织实施；编制本行业财政专项规划，提出部门预算和专项转移支付安排建议并组织或指导实施。开展有关国际交流与合作。指导归口管理的事业单位和社团组织的业务工作。承办部领导交办的其他工作。

内设机构

内设：综合处、行业发展与科技处、监测分析处、畜牧处、饲料处、草原处、奶业处（农业部奶业管理办公室）。

联系方式

单位地址：北京市朝阳区农展馆南里 11 号农业部

邮政编码：100125

联系电话：010-59193361

农业部草原监理中心

农业部草原监理中心是参照公务员法管理的农业部直属正局级事业单位，核定编制 40 人，现有干部职工 34 人。

主要职责

依法承担全国草原保护的执法工作；负责查处破坏草原的重大案件；负责对地方草原监理工作的指导、协调；负责草原法律、法规的宣传和全国草原监理系统的人员培训。协助有关部门协调和处理跨地区的草原所有权、使用权争议。组织协调、指导、监督全国草畜平衡工作，拟定草原载畜量标准，组织核定草原载畜量。组织编制全国草原资源与动态监测规划和年度计划，组织、协调、指导全国草原面积、生产能力、生态环境状况及草原保护与建设效益的监测、测报；组织国家级草原资源与生态监测和预警体系的建设、管理工作；组织编制草原资源与生态监测报告；承担全国草原资源的调查和普查工作。组织协调、指导、监督全国草原防火及其他草原自然灾害预警和防灾、减灾工作，承担农业部草原防火指挥部办公室的日常工作。受农业部委托承办草原野生植物资源的保护和合理开发利用工作，承办草原自然保护区的管理工作。受委托组织草原保护和建设项目执行情况的监督检查工作。承办农业部及有关领导交办的其他事项。

内设机构

中心内设办公室、执法监督处、保护处、防火处、指导处、监测处、宣传信息处 7 个职能处室。

联系方式

单位地址：北京市朝阳区农展馆南里 11 号

邮政编码：100125

联系电话：010-59191707

全国畜牧总站

全国畜牧总站是农业部的直属事业单位（正厅级），与中国饲料工业协会一套机构，两块牌子。全国畜牧总站（中国饲料工业协会）是国家级技术支撑机构，业务归口农业部畜牧业司管理，机构规格为正局级。目前核定编制 108 人，局级领导职数 6 人。

主要职责

全国畜牧总站（中国饲料工业协会）主要职责是协助畜牧行政主管部门工作，承担全国畜牧技术推广体系建设与业务指导、畜禽牧草品种资源保护与利用、畜产品质量安全与养殖环境监督管理、畜牧业统计和经济运行分析、畜牧业市场体系建设与畜产品加工业务指导、畜牧行业项目的相关管理、草原监测技术支持与服务等工作，组织实施全国畜牧业技术推广与专业技术人员培训、畜牧业职业技能鉴定、畜牧业技术合作与交流、草场改良与草原病虫鼠害防治等工作，负责中国饲料工业协会的日常工作。

内设机构

下设 15 个处室和 3 个中心，即办公室、人事处（党委办公室）、财务处、项目与资产管理处、行业统计分析处、国际合作处、体系建设与推广处、质量标准与认证处、牧业发展处、草业处、饲料行业指导处、奶业与畜产品加工处、协会工作处、饲料评审处、畜禽资源处、信息中心、农业部全国草产品质量监督检验测试中心、农业部种畜品质监督检验测试中心。

联系方式

单位地址：北京市朝阳区麦子店街 20 号楼

邮政编码：100125

电子信箱：bgsnahs@163.com

联系电话：010-59194608，010-59194611（传真）

中国农业科学院农业资源与农业区划研究所

中国农业科学院农业资源与农业区划研究所是以土壤肥料、农业资源利用和区域发展为主导的国家级公益性综合研究机构。截至 2015 年 3 月底，全所在职职工 301 人。其中，院创新团队首席科学家及团队 14 个，高级职称研究人员 162 人（研究员 70 人、副研究员 92 人），研究生导师 105 人。

研究领域

研究所围绕现代农业发展和生态文明建设中的国家战略需求和农业资源环境学科科学前沿，以植物营养与肥料、农业遥感与信息、农业土壤、农业微生物资源与利用、农业生态、农业区域发展为核心研究领域，开展综合性的基础与应用基础研究。

内设机构

研究所下设 25 个机构，包括管理机构、服务机构、支撑机构和研究机构。研究机构建有草地生态与环境变化、农业遥感与数字农业、农业布局与区域发展、农业资源利用与区划、农业灾情监测与防控、植物营养、肥料及施肥技术、土壤培肥与改良、土壤植物互作、碳氮循环与面源污染、土壤耕作与种植制度、食用菌遗传育种与微生物资源与利用等研究室。

其中，草地生态与环境变化研究室为该所较具特色的下设机构之一。该研究室组建的草地生态遥感团队包括 4 名骨干、9 名助理以及 2 名后备人员，主要承担草地生态系统对全球变化的响应与适应机制、草地生态遥感前沿方法及监测技术研究应用两方面的科研任务。近 3 年来，该团队在创新工程实施中成果斐然，共发表学术论文 99 篇，其中 SCI 收录 33 篇，EI 收录 8 篇，核心期刊论文 53 篇；出版著作 4 部；获发明专利 5 项、实用新型专利 16 项；软件著作权 29 项；国家级科研立项 7 项。

联系方式

单位地址：北京市海淀区中关村南大街 12 号

邮政编码：100081

联系电话：010-82109640

国家气象中心

国家气象中心为中国气象局直属司局级全额事业单位。农业气象中心为国家气象中心一个处级单位，业务科技人员有 29 人，其中从事草原生态和畜牧业生产服务的研究员有 2 人、高级工程师 4 人、工程师 2 人。

主要职责

国家气象中心是专门开展全国天气预报、气象为农和生态保护等服务的业务单位。农业气象中心每年开展农业和生态气象条件评价、关键农时农牧业气象影响评估、农牧业天气预报、作物产量预报、农业和生态气象灾害监测预警评估、生态质量气象监测评估、特色农业气象监测预测等方面的研究和服务。围绕大农业、生态建设对气象服务的需求，不断研发服务技术和产品，每年发布服务产品上千期。

内设机构

内设：办公室、业务科技处、天气预报室、强天气预报室、农业气象中心、环境气象中心等。

联系方式

单位地址：北京市中关村南大街 46 号

邮政编码：100081

联系电话：010-68406375

内蒙古自治区草原勘察规划院

内蒙古自治区草原勘察规划院为内蒙古农牧业厅直属正处级全额事业单位。全院现有专业技术人员 45 人，其中，正高级职称 8 人、副高级职称 17 人、中级职称 20 人。

主要职责

承办全区草地资源普查规划、保护利用与建设研究；承担全区草地生产力、草情、草地生态工程及草地灾害等遥感监测与评价；承担草原生态状况及草资源鉴定评估工作；承担全区草地及农牧业工程的勘察规划、咨询设计和评估论证。

内设机构

内设：设办公室、财务科、后勤服务中心、草原监测室、草原遥感研究室、草业规划设计室、草原保护与利用研究室和工程勘察规划室。

联系方式

单位地址：内蒙古自治区呼和浩特市新城区呼伦北路 28 号

邮政编码：010051

联系电话：0471-6512270

河北省草原监理监测站

河北省草原监理监测站为河北省农业厅直属处级全额事业单位，核定编制 11 人。现有技术人员 11 人，其中，研究员 4 人、高级畜牧师 4 人、畜牧师 3 人。

主要职责

负责草原法律、法规执行情况的监督检查，对违反草原法律法规的行为进行查处；指导草原资源保护、调查、生态环境监测和预警体系建设；指导全省草原防火及草原鼠虫害灾害预警和防灾减灾工作；负责全省牧草种子生产、经营许可的具体事务性工作；负责饲草饲料新品种、新技术引进推广工作。

内设机构

内设：办公室、业务科、监理科（防火科）和牧草种子质检中心。

联系方式

单位地址：河北省石家庄市高新区长江大道 19 号

邮政编码：050035

联系电话：0311-85889181

山西省牧草工作站

山西省牧草工作站是山西省农业厅直属的处级全额事业单位，核定编制 31 个，现有高级畜牧师 10 人，中、初级畜牧师 11 人，管理和工勤人员 8 人。

主要职责

制定并实施山西省草业发展规划，承担草地资源规划管理、保护和合理开发利用，开展草地资源调查、动态监测和监理工作，实施草原防火、鼠虫害监测与防治工作，指导全省人工种草、饲料生产、开发与技术研究工作，负责优质高产牧草和饲料作物的引种、试验、选育、推广和培训工作，以及省内牧草、草坪草种子质量的监管和检测。

内设机构

站内设机构为 7 个科室，分别是：办公室、综合科、技术科、建设科、保护科、发展科和监理科。

联系方式

单位地址：山西省太原市迎泽大街 312 号

邮政编码：030001

电子邮箱：sxsmcgzz@163.com

联系电话及传真：0351-4124422

内蒙古草原监督管理局

内蒙古草原监督管理局是农牧业厅属处级事业单位。核定事业编制 23 名，处级领导职数 3 名，科级职数 7 名。2008 年经自治区人事厅批准并报人事部备案，同意列入参照《公务员法》管理。

主要职责

负责草原法律、法规实施情况的监督检查，对违反草原法律、法规的行为进行查处；承担对全区草原监理工作的指导、协调和监督以及对草原监理人员的培训；承担全区草原资源、草原生态和草畜平衡的动态监测工作；负责草原权属的审核、登记、管理的相关工作及其争议的调解、调剂工作；承担草原野生植物资源的保护、合理开发利用和草原自然保护区的管理工作。

内设机构

内设办公室、执法监督科、监测科、保护管理科。

联系方式

单位地址：内蒙古呼和浩特市赛罕区乌兰察布东街70号

邮政编码：010011

联系电话：0471-6502913

辽宁省草原监理站

辽宁省草原监理站为辽宁省动物卫生监督管理局直属处级全额事业单位，编制22人。

主要职责

依法承担全省草原保护的执法工作，查处破坏草原的各类重大案件；负责草原法律、法规的宣传和全省草原监理系统的人员培训；实施草地资源保护及动态监测等草原管理工作；负责草原防火及其他草原自然灾害的防治和预警工作；监督维护全省草畜平衡工作；组织开展全省草原资源的调查或普查工作；受省局委托承担草原野生植物资源的保护和合理开发利用工作，负责草原自然保护区的管理工作；受省局委托开展草原保护和建设项目执行情况的监督工作；负责全省草业技术推广和服务工作。

内设机构

内设监理一科、监理二科、综合科等3个职能科室。

联系方式

单位地址：辽宁省沈阳市沈河区东陵路58号

邮政编码：110161

电子信箱：lngrassland@163.com

联系电话：024-88415941　024-88426733（传真）

吉林省草原监理中心

2005年，经吉林省机构编制委员会批准，吉林省草原管理总站加挂了吉林省草原监理中心牌子。2008年，经吉林省人民政府批准，吉林省草原管理总站列入参照公务员法管理事业单位。2014年，正式确定为参公单位。中心现有编制28人，在岗职工28人。

主要职责

中心的工作职责分两部分。一是草原行政执法工作。主要承担草原法律法规的宣传、贯彻和落实；草原违法案件的查处；草原禁牧休牧；草原防火以及草原征占用项目的现场勘验工作。二是草原生态保护和建设工作。主要承担天然草原改良、人工草地建设、草原鼠虫病害防治、草原生态监测、牧草种子扩繁及草原业务数据统计工作。

内设机构

中心内设办公室、人事监察、草原监理、保护建设、草原防火、草种管理6个科室。

联系方式

单位地址：吉林省长春市西安大路4510号

邮政编码：130062

联系电话：0431-81908920

黑龙江省草原监理总站

黑龙江省草原监理总站是2003年经黑龙江省编委批准正式成立的全额事业单位。该站与黑龙江草原饲料中心实验站、黑龙江省牧草种子质量监督检验站合署办公。2011年9月经黑龙江省编制委批准，黑龙江省草原监理总站独立开展工作。

主要职责

负责全省草原执法监督检查工作；负责查处破坏负责查处破坏草原的重大案件；负责对地市县草原监理工作的指导、协调；负责草原法律、法规的宣传和全省草原监理系统的人员培训。协助有关部门协调和处理跨地区的草原所有权、使用权争议。组织协调、指导、监督全省草畜平衡和草原禁牧工作。组织编制全省草原资源与动态监测规划和年度计划，组织、协调、指导全省草原面积、生产能力、生态环境状况与草原保护建设效益的监测、测报；草原征占用前期调查、审评；组织省级草原资源与生态监测和预警体系的建设、管理工作；组织编制草原资源与生态监测报告；承担全省草原资源的调查和普查工作。组织协调、指导、监督全省草原防火及其他草原自然灾害预警和防灾、减灾工作。受黑龙江省畜牧兽医局委托承办草原野生植物资源的保护和合理开发利用工作，承办草原自然保护区的管理工作。受省畜牧兽医局委托组织草原保护和建设项目执行情况的监督检查。负责全省草种执法监督工作。负责做好对口农业部草原监理中心的其他各项工作。

内设机构

内设办公室、执法科、监理科。

联系方式

单位地址：哈尔滨市香坊区哈平路243号

邮政编码：150069
联系电话：0451-86383561

安徽省草业监理总站

安徽省草业监理总站为安徽省农业委员会直属处级事业单位，与安徽省畜牧技术推广总站合署办公，编制15人，在职人员15人，其中，研究员1名、高级职称5人。

主要职责

负责提出全省草业建设、利用和保护规划，并监督实施；承担《中华人民共和国草原法》的执法和草业（种）市场的管理工作；组织草业重大项目申报并监督实施；负责全省草种试验、示范和草业技术推广工作。

联系方式

单位地址：安徽省合肥市徽州大道197号农业大厦15楼
邮政编码：230001
电子信箱：ahxm2658642@163.com
联系电话：0551-62658642　0551-62658642（传真）

山东省草地监理站

山东省草地监理站隶属于山东省畜牧兽医局，与山东省畜牧总站合署办公，山东省草地监理站现有在职人员5人，其中，具有博士学位2人、硕士学位1人、正高级职称1人、副高级职称2人。

主要职责

负责全省牧草及饲料作物种植利用新技术的推广和全省牧草种植的规划与技术培训工作；负责全省天然草地的保护、监测和建设工作；致力于地方品种资源的保护和科学开发利用及优质高产牧草和饲料作物的引种、试验和选育推广；下设有山东省草产品质量检测中心，负责全省牧草及草种的质量检验检测。

联系方式

单位地址：济南市槐村街68号
邮政编码：250022
电子信箱：sdcdjlz@163.com
联系电话：0531-87198853（传真）

河南省草原监理中心

河南省草原监理中心为河南省畜牧局直属处级事业单位，经河南省机构编制委员会以豫编办〔2003〕101号文件批准，于2003年12月11日成立，与河南省饲草饲料站合署办公，实行一套班子两块牌子，目前核定编制18人，处级领导职数3人。

主要职责

河南省草原监理中心的主要职责是：宣传贯彻草原法律、法规和规章，监督检查草原法律、法规和规章的贯彻执行；依法对违反草原法律、法规和规章的行为进行查处；拟定全省草原资源与动态监测规划和年度计划，指导全省草地生产力、生态环境状况及草原保护与建设效益的监测、测报工作，负责省级草原监测与生态监测和预警体系的建设、管理工作；编制草原资源与生态监测报告；承担全省草原资源的调查和普查工作等。

河南省饲草饲料站的主要职责是：承担全省饲草、饲料开发利用，研究推广农作物秸秆养畜新技术；负责优良牧草品种引进与示范推广；组织开展全省人工种草和天然草场的改良和开发利用；开展有关技术培训和咨询。

内设机构

设有4个科室，即综合科、非常规饲料科、草地建设科、草业监理科。

联系方式

单位地址：河南省郑州市经三路91号

邮政编码：450008

电子信箱：hnsscslz@126.com

联系电话：0371-65778755　0371-65778755（传真）

湖北省草地监理（监测）站

湖北省草地监理（监测）站是2003年经湖北省编委鄂编函〔2003〕40号文批准成立的正处级单位，为原“湖北省草地站”更名“草业管理处［挂湖北省草地监理（监测）站牌子］”，为湖北省畜牧兽医局机关处室。目前全处7人，其中，硕士研究生3人、大学本科4人。

主要职责

负责草地监督管理工作，依法承担草地保护的执法工作；负责草地资源调查、普查和草地保护与建设效益的监测、测报工作；负责牧草品种资源的保护及草种生产、加工、检验的监督管理；负责草原法律、法规和规章的贯彻落实及宣传。

联系方式

单位地址：湖北省武汉市武昌区雄楚大街69号

邮政编码：630064

电子信箱：87365285@163.com

联系电话：027-87317526　027-87317535　027-87272215

湖南省草地监理站

湖南省草地监理站是2003年经湖南省机构编制委员会湘编办函〔2003〕173号文批准成立的事业单位，与湖南省畜牧水产局草食牧业处合署办公，是湖南省畜牧水产局局机关处室，业务科室暂未划分。目前全站共有4人，有硕士研究生3人、大学本科1人。

主要职责

承担全省草地执法任务；负责全省草地资源调查、动态监测；负责草地防火监督和规划管理；负责保护草地生态环境、草地野生植物管理；草原承包管理；草地项目指导等。

联系方式

单位地址：湖南省草地监理站（湖南省畜牧水产局机关院内）长沙市潇湘中路61号

邮政编码：410006

联系电话：0731-85131953　0731-88881907　0731-88612481

江西省草地监理站

江西省草地监理站于2002年经江西省编委批准成立，属正处（县）级、全额拨款事业单位，与江西省畜牧技术推广站、江西省草地工作站合署办公，全站现在职人员61人，其中，正高级职称4人、副高级职称15人、中级职称15人。

主要职责

依法承担全省草地监理工作，负责对全省草地监理工作进行指导、协调。宣传草原法律、法规，查处破坏草地的违法行为。开展全省草地资源与生态监测工作，参与省级草原资源生态监测和预警体系的建设、管理工作，承办全省草地基本保护制度的落实工作。承办草地野生植物资源的保护和合理开发利用工作。受委托开展草地保护和建设项目执行情况的监督检查。承办省农业厅、省畜牧兽医局交办的其他事项。

联系方式

单位地址：南昌市文教路359号（江西省农业检验检测大楼6、7楼）

邮政编码：330046

电子信箱：caoyeke0791@163.com

联系电话：0791-88500572　0791-88500970　0791-88591381（传真）

广西壮族自治区草地监理中心

广西草地监理中心是隶属于广西水产畜牧兽医局的正处级事业单位，前身是广西草业开发中心，成立于1989年，承担全区草地畜牧业综合开发、优良牧草种植与技术推广等工作。2004年3月增挂了广西草地监理中心牌子，全称“广西草业开发中心（广西草地监理中心）”，承担广西草地执法监督管理行政职能任务，2008年4月，获准参公管理。2013年2月起，根据自治区水产畜牧兽医局所属事业单位清理规范意见的通知（桂编〔2013〕89号文件），更名为广西草地监理中心。中心核定全额拨款事业编制26人，其中，处级领导职数3人（主任1名，副主任2名）。现有职工38人，在职职工24人，其中，有高级职称的技术人员5人、中级职称8人、初级职称1人。

主要职责

2013年2月自治区编委、自治区人民政府规范确定主要职责为：依照法律和规定，负责草原法律、法规执行情况的监督检查，对违反草原法律、法规的行为进行查处；承担草地资源与生态状况监测工作和草地资源的保护与利用工作；履行草原防火的有关职责。目前承担着全区草地监理执法和草业技术推广双重任务。

内设机构

中心内设5个科室：办公室、草地执法监督科、草地保护与监测科、草地建设指导科、信息与宣传科。

联系方式

单位地址：广西壮族自治区南宁市鲤湾路5号

邮政编码：530022

联系电话：0771-5849790

重庆市草原监理站

重庆市草原监理站是2003年9月经重庆市编委以渝编〔2003〕73号文件批准成立、与重庆市畜牧技术推广总站合署办公、重庆市农业委员会直属的全额拨款事业单位。同时挂重庆市饲料饲草站、重庆市牧草种子质量检验测试站、重庆市奶业管理办公室、重庆市种畜禽性能测定站牌子。核定事业编制 49 人，现有职工 48 人。

主要职责

主要从事草地资源保护、建设、开发和利用指导，草原生态和灾害监测防治、草原监理，畜牧技术推广服务，畜禽和饲草饲料品种引进、示范、推广，畜禽良种繁育，奶业生产技术指导等工作。

内设机构

办公室、政工科、财务科、草原监理科、信息科、种畜禽管理科、牛羊产业科、生猪产业科、特色产业科。

联系方式

单位地址：重庆市北部新区黄山大道东段 186 号农业大厦 11 楼

邮政编码：401121

电子信箱：cqscyjlzh@126. com

联系电话：023-89133671　023-89133675　023-89133683（传真）

四川省草原工作总站

四川省草原工作总站是四川省农业厅直属县（团）级事业单位，经四川省编制委员会以川编发〔1984〕09 号文件批准，于 1984 年 6 月 8 日成立，目前核定编制 28 人，处级领导职数 3 人。

主要职责

负责开展草原和牧草技术推广、示范、培训及生产技术规范指导，协调全省市（州）县草原技术推广体系建设；参与起草草原保护与建设的法律、法规和规章，提出草业发展重大技术进步措施建议；拟定全省草原资源与动态监测规划，指导全省草原生产力、生态环境状况及草原保护与建设效益的监测，负责草原监测与生态监测预警体系的建设、管理工作，编制草原资源与生态监测报告，承担全省草原资源的调查和普查工作，为全省草原雪灾、旱灾、火灾等灾害评估提供技术支撑与服务，参与全省草品种及草原方面的标准制修订工作；组织实施全省草原鼠害、病虫害和毒害草的监测与防治工作，拟定防治规划和年度计划，并组织实施；开展牧草种质资源的调查、保护与收集工作，拟定全省牧草种质资源保护与收集规划，协助有关部门建立草地自然保护区；承担全省草品种监测、评价、认定，开展国家和省草品种区域试验，负责西南地区的草种子和草产品质量检测工作；组织实施全省飞播种草工作，为全省牧草种植、收贮和利用提供技术服务；开展有关技术培训和咨询。

内设机构

站内设四科一室一中心，即：监测科、草建科、保护科、种子科、办公室和牧草种子检验中心。

联系方式

单位地址：四川省成都市武侯祠大街 4 号

邮政编码：610041

电子信箱：scgrassland@126. com

联系电话：028-85565805　028-85563173（传真）

云南省草原监督管理站

云南省草原监督管理站是隶属于云南省农业厅的正处级事业单位。本站是 2012 年 6 月 28 日经中共云南省委机构编制办公室云编办〔2012〕199 号文批准成立的。目前全站共有 6 人，其中，研究生 2 人、本科 3 人、专科 1 人。

主要职责

负责全省草原法律法规执行情况的监督检查，对违反草原法律法规的行为进行查处；负责全省草地资源调查、动态监测；草地野生植物管理；草原征占用管理；草地项目指导等。

联系方式

单位地址：云南省昆明市盘龙区万华路 169 号（云南省农业厅办公楼附楼二楼）

邮政编码：650224

联系电话：0871-65652308　0871-65652427　0871-65652308

贵州省草原监理站

贵州省草原监理站前身为贵州省饲草饲料工作站，始建于 1980 年。2002 年，经贵州省机构编制委员会办公室《关于贵州省饲草饲料工作站加挂贵州省草原监理站牌子及有关事项的批复》（省编办发〔2002〕207 号）同意，贵州省饲草饲料工作站加挂贵州省草原监理站牌子，实行一个机构，两块牌子，并增加了相应的宗旨和业务范围。全站核定编制为 15 人，现实有人员 10 人，其中，农推研究员 1 人、高级职称 6 人、中级职称 2 人、高级技师 1 人。

主要职责

负责全省草地的发展计划、技术指导和新品种引进、草原建设、草原确权承包、草原监理监测和草原保护工作。负责全省草原改良、牧草飞播、草业和饲草技术试验示范。负责草原与饲草饲料的资源调查、动态监测、草原鼠虫害监测、草原监理工作，开展饲草饲料技术开发、成果转让和草坪工程建设与牧业咨询服务工作，承担省饲料工业协会的日常工作。

联系方式

单位地址：贵州省贵阳市延安中路 62 号

邮政编码：550001

联系电话：0851-5286719　0851-5286490

西藏自治区草原监理站

2005 年 3 月，自治区编制委员会批准成立西藏自治区草原监理站（藏机编发〔2005〕6 号），为自治区农牧厅管理的正县级事业单位。核定编制 10 名，领导职数 2 名。2007 年 1 月，自治区组织部、人事厅批复为参照公务员制度管理事业单位（藏组发〔2007〕8 号）。西藏自治区落实和完善草场承包经营责任制领导小组办公室、冬虫夏草采集管理办公室和草原防火指挥部领导小组办公室均设在自治区草原监理站。

主要职责

根据有关授权，对草原保护、管理、建设、利用实施监督，对违反草原法律、法规的行为进行查处。负责草原所有权、使用权的审查登记，发放所有证和使用证，办理草原征用和临时使用的有关事宜，指导草原使用权的合理流转，处理草原权属争议。监测草原载畜量，组织实施以草定畜、草畜平衡制度；对严重退化、沙化、盐碱化、荒漠化的草原和生态脆弱区的草原，组织实施禁牧、休牧制度。编制全区草原资源动态监测规划、计划，组织、指导全区草原生产力测报、草原生态系统变化趋势的监测。负责草原防火及草原鼠害、病虫害、毒草监测预警、调查和防治工作。按照《西藏自治区冬虫夏草采集管理暂行办法》（政府令第 70 号）的规定，负责本行政区域的冬虫夏草采集管理和资源保护工作。

内设机构

内设草原监理科、草原监测与保护科、综合科。

联系方式

单位地址：西藏自治区拉萨市林聚路 29 号（自治区农牧厅草原监理站）

邮政编码：850000

电子信箱：mlnckb5482258@163.com

联系电话：0891-6339766　0891-6320408（传真）

陕西省草原工作站

陕西省草原工作站是陕西省农牧厅陕农牧人发〔1992〕26号文件《关于省畜牧兽医总站加挂“草原工作站”牌子的批复》而设立的。陕编发〔1992〕006号文批复，同意加挂“陕西省草原工作站”的牌子，现有编制11人。

主要职责

宣传贯彻落实《中华人民共和国草原法》和《陕西省实施〈中华人民共和国草原法〉办法》等法律法规；负责全省草原监理监测工作；负责全省草业技术推广工作；协调全省牧草种子的引种实验、生产，负责全省牧草种子管理、监督检验和调剂工作；开展草产品的开发利用，搞好草产品产前、产中、产后服务和经营活动；开展飞播牧草、草地治虫灭鼠工作；完成上级部门交办的有关工作和事宜。

联系方式

单位地址：西安市莲湖区未央路28号

邮政编码：710016

联系电话：029-86254324　029-86280166　029-86254607

甘肃省草原技术推广总站

甘肃省草原技术推广总站（挂甘肃省动物营养研究所牌子），成立于1954年。目前在职职工97人，其中，研究员11名、副高职称专业技术人员31人、甘肃省领军人才3名。

主要职责

全省草原资源勘测、动态监测以及对草原的保护利用等工作。全省饲料生产与饲料资源调查。动物营养研究及饲料加工。全省草原建设与草业生产。全省草原鼠、病虫害防治工作。

内设机构

内设职能科室11个，办公室、政工科、资产管理科、信息科、动态监测科、植保科、草原建设科、草业科、饲料技术推广科、动物营养研究室、牧草区域试验站。

联系方式

单位地址：甘肃省兰州市火车站西路92号

邮政编码：730010

联系电话：0931-8738201　0931-8738202

青海省草原监理站

青海省草原监理站是隶属于青海省农牧厅的参照公务员管理的正处级事业单位，编制为 14 人，现有人员 12 人。

主要职责

组织、协调、指导全省草原生产能力、生态环境状况及草原保护与建设效益的监测。制定全省草原监测工作方案，并组织实施。组织开展全省草原监测培训，测算天然草地产草量及合理载畜量。编制全省草原监测报告组织运行全省 30 个国家级草原固定监测点的业务。完成站领导交办的其他工作。

内设机构

下设办公室、执法监督科、资源保护 3 个科室。

联系方式

单位地址：青海省西宁市胜利路 81 号

邮政编码：810008

联系电话：0971-6136038（传真）　0971-6117110

宁夏草原监理中心

宁夏草原监理中心于 2006 年 7 月挂牌成立，与自治区草原工作站合署办公。

主要职责

负责全区草原资源调查、规划和草地生产力动态监测，并提出建设、利用和保护的技术措施。负责全区草原建设改良和利用技术的引进、试验和示范推广。负责全区人工草地规划、建设、利用及牧草品种引进、培育、试验示范推广、审定工作，牧草种子监督检验和牧草种子生产许可管理工作。依法开展草原监理工作。负责草原保护与建设重大项目的规划、设计和组织实施工作。负责全区草原鼠、虫、病害及毒草防治和监测工作。负责全区草原防火管理工作。承办自治区农牧厅交办的其他工作。

内设机构

下设办公室、草原监理科、草原建设科、人工种草科、牧草种子检验站、草原防火办公室 6 个科室。

联系方式

单位地址：宁夏银川市金凤区北京中路 159 号

邮政编码：750002

联系电话：0951-5169951（传真） 0951-5169956（传真）

新疆维吾尔自治区草原总站

新疆维吾尔自治区草原总站为新疆维吾尔自治区畜牧厅直属处级全额拨款事业单位，核定编制155人，在编121人。现有技术人员102人，其中农业技术推广研究员7人、高级畜牧师36人、畜牧师47人、助理12人。

主要职责

负责对全疆草原进行调查、区划、规划、保护、建设、管理；承担全疆草原生产力预测预报、生态环境监测和预警体系建设；负责制定草原等级的评定标准和基本草原的确定；负责全疆草原生态保护、草原建设项目新技术的研究、示范和推广应用。承担全疆牧草与草坪草种子的质量监督检验工作；承担或参与有关检测技术、检测方法的研究制定；签发牧草与草坪草种子质量合格证书和合格标签；负责饲草饲料新品种、新技术引进推广工作。承担全疆草地类自然保护区的业务管理；负责对全疆基层草原站进行业务指导和技术培训。

内设机构

内设办公室、组织人事科、财务科、草原资源监测科、草业技术推广科、草原建设科、牧草种子质检中心。

联系方式

单位地址：新疆乌鲁木齐市燕尔窝路618号
邮政编码：830049
联系电话：0991-8531054

参考文献

REFERENCES

陈述彭 . 1990. 遥感地学分析 [M]. 北京：测绘出版社：209-229.

戴昌达，等 . 2002. 遥感物理 [M]. 北京：清华大学出版社：19-34.

杜青林 . 2006. 中国草业可持续发展战略 [M]. 北京：中国农业出版社：43，88.

董玉祥 . 2000. “荒漠化”与“沙漠化”[J]. 科技术语研究，4（2）：18-21.

高鸿宾 . 2012. 中国草原 [M]. 北京：中国农业出版社：13，42.

高会军 . 李小强，张峰，等. 2005. 青海湖地区生态环境动态变化遥感监测 [J]. 中国地质灾害与防治学报，（3）：100-103.

宫鹏 . 2009. 遥感科学与技术中的一些前沿问题 [J]. Journal of Remote Sensing. 18-24.

宫鹏，黎夏，徐冰. 2006. 高分辨率遥感影像解译理论和应用方法中的一些研究问题 [J]，遥感学报，10（1）：1-4.

侯向阳 . 2013. 中国草原科学 [M]. 北京：科学出版社：617-618.

贾宝全，慈龙骏 . 2003. 绿洲景观生态研究 [M]. 北京：科学出版社：65-106.

李金亚，徐斌，杨秀春，等. 2011. 锡林郭勒盟草原沙化动态变化及驱动力分析——以正蓝旗为例 [J]. 地理研究，30（9）：1669-1682.

刘玉洁，等 . 2001. MODIS 遥感信息处理与算法 [M]. 北京：科学出版社：144-232.

梅安新，彭望琭，等. 2001. 遥感导论 [M]. 北京：高等教育出版社：1-115.

南京林业大学 . 1985. 田间试验和统计方法 [M]. 第 2 版 . 北京：农业出版社：63-126.

农业部计划司 . 2002. 全国草原生态建设规划 [M]. 北京：中国农业出版社 .

农业部畜牧业司，全国畜牧总站 . 1996. 中国草地资源 [M]. 北京：中国科学技术出版社：26.

彭望琭 . 2002. 遥感概论 [M]. 北京：高等教育出版社：10-50.

乔五十，郭喜绒，刘妍，等. 2013. 地表覆盖遥感制图耕地要素提取的方法与相关问题探讨 [J]. 测绘标准化，29（3）：21-23.

石霞，郝敦元，任涛，等. 2001. 内蒙古典型草原动态监测的取样问题 [J]. 干旱区资源与环境，15（2）：80-84.

史培军，宫鹏，李晓兵，等. 2000. 土地利用/覆盖变化研究的方法与实践 [M]. 北京：科学出版社：14-69.

肖笃宁，李秀珍，高峻. 2010. 景观生态学 [M]. 第 2 版 . 北京：科学出版社：5-100.

徐斌，陶伟国，杨秀春，等. 2006. 中国草原植被长势 MODIS 遥感监测 [J]. 草地学报，28（4）：68-74.

杨邦杰，裴志远．1999. 农作物长势的定义与遥感监测 [J]. 农业工程学报，15 (3)：214-218.

杨建锋，马军成，王令超．2012. 基于多光谱遥感的耕地等别识别评价因素研究 [J]. 农业工程学报，28 (17)：230-236.

张文军．2009. 生态学研究方法 [M]. 广州：中山大学出版社：20-110.

赵庚星，窦益湘，田文新，等. 2001. 卫星遥感影像中耕地信息的自动提取方法研究 [J]. 地理科学，21 (3)：224-229.

赵英时. 2003. 遥感应用分析原理与方法 [M]. 北京：科学出版社：366-409.

竺可桢，宛敏渭. 1999. 物候学 [M]. 长沙：湖南教育出版社：1-4.

庄大方. 2012. 宏观生态环境遥感监测技术与应用 [M]. 北京：科学出版社：65-120.

Jinya Li，Xiuchun Yang，Yunxiang Jin，et al. 2013. Monitoring and analysis of grassland desertification dynamics using Landsat images in Ningxia，China [J]. Remote Sensing of Environment，138：19-26.

Nicholas J Middleton，David S G Thomas. 1997. World atlas of desertification（second edition） [M]. London：Arnold.

Schwartz M D. 2013. Phenology：An Integrative Environmental Science. Springer Dordrecht Heidelberg London New York.

UNCCD. 1994. United Nations Convention to Combat Desertification：In Those Countries Experiencing Serious Drought And/or Desertification，Particularly in Africa [M]. Geneva：UNEP.

Xu，B.，Yang，X. C.，et al. 2013. MODIS-based remote-sensing monitoring of the spatiotemporal patterns of China’s grassland vegetation growth [J]. International Journal of Remote Sensing，34 (11)：3867-3878.